U0067704

脫穎而出的
品牌致勝秘密

從小公司到大企業都要看！
品牌經營者必讀聖經

Alina Wheeler 著
Debbie Millman 導讀
蔡伊斐 譯

one eye sees

the other feels

—PAUL KL...

Who are you?
Who needs to know?
How will they find out?
Why should they care?

感謝您購買旗標書，
記得到旗標網站
www.flag.com.tw
更多的加值內容等著您…

<請下載 QR Code App 來掃描>

1. FB 粉絲團：旗標知識講堂

2. 建議您訂閱「旗標電子報」：精選書摘、實用電腦知識
搶鮮讀；第一手新書資訊、優惠情報自動報到。

3. 「更正下載」專區：提供書籍的補充資料下載服務，以及
最新的勘誤資訊。

4. 「旗標購物網」專區：您不用出門就可選購旗標書！

買書也可以擁有售後服務，您不用道聽塗說，可以直接
和我們連絡喔！

我們所提供的售後服務範圍僅限於書籍本身或內容表達
不清楚的地方，至於軟硬體的問題，請直接連絡廠商。

● 如您對本書內容有不明瞭或建議改進之處，請連上旗標
網站，點選首頁的 讀者服務 ，然後再按右側 讀者留言版 ，
依格式留言，我們得到您的資料後，將由專家為您解答。
註明書名 (或書號) 及頁次的讀者，我們將優先為您解答。

學生團體	訂購專線：(02)2396-3257 轉 362
	傳真專線：(02)2321-2545
經銷商	服務專線：(02)2396-3257 轉 331
	將派專人拜訪
	傳真專線：(02)2321-2545

國家圖書館出版品預行編目資料

脫穎而出的品牌致勝秘密　2：
從小公司到大企業都要看！品牌經營者必讀聖經
Alina Wheeler 著, Debbie Millman 導讀 / 蔡伊斐 譯
臺北市：旗標, 2018.10　面；　公分

譯自: Desiging brand identity：
an essential guide for the entire branding team (5th Edition)

ISBN 978-986-312-547-1 (軟精裝)

1. 品牌　2. 品牌行銷　3. 個案研討

496.14　　　　　　　　　　　107012358

作　　者／Alina Wheeler

翻譯著作人／旗標科技股份有限公司

發 行 所／旗標科技股份有限公司

　　　　　　台北市杭州南路一段15-1號19樓

電　　話／(02)2396-3257(代表號)

傳　　真／(02)2321-2545

劃撥帳號／1332727-9

帳　　戶／旗標科技股份有限公司

監　　督／陳彥發

執行企劃／蘇曉琪

執行編輯／蘇曉琪

美術編輯／林美麗

封面設計／古鴻杰

校　　對／蘇曉琪

新台幣售價：　780 元

西元 2018 年　10　月 初版

行政院新聞局核准登記-局版台業字第 4512 號

ISBN　978-986-312-547-1

版權所有‧翻印必究

Designing
Brand Identity：
An Essential Guide
for the Whole
Branding Team
5th Edition

WILEY

想成功，不能只靠自己

一本書就像一個品牌，也需要時間打造。這本書不僅是我自己的書，同時也是我們共同創作的書：我和分散在全球各地的同事展開大規模的合作，才完成這本書。這群人是品牌塑造的未來，他們擁有智慧、清晰的思路和無盡的創意，謝謝你們願意犧牲時間、分享所學，帶給讀者如此深入的剖析。

在製作這本書的過程中，每當我面臨挑戰時，這個夢幻團隊總會即時出現。我永遠感激這些人的專業、耐心以及幽默感。

創造全球皆可用的資源庫，是我心中的遠大目標，我相信愛就能戰勝一切。我先生 Eddy 的能量與笑聲總是讓一切不可能變成可能，Tessa 與 Tearson 是我們的小星星，有天窗的我家「天光之家」就是我的香格里拉。

僅以本書紀念
邁克・克朗儂（Michael Cronan）、
沃利・奧林斯（Wally Olins）與
西維亞・哈里斯（Sylvia Harris）。

再次感謝

整個 Wheeler 家族
摯愛的堂表兄弟姐妹
Joel Katz
Paula Scher
Richard Cress
Mark Wills
Ange Iannarelli
Heather Norcini
Richard Stanley
Meejoo Kwon
Stephen Shackleford
Tomasz Fryzel
Margie Gorman
Michal Levy
Hilary Jay
Cathy Jooste
Quest sisters
Marie Taylor
Marc Goldberg
Liz Merrill
Chris Grillo
一直問電影什麼時候上映的我弟

夢幻團隊

(英文版) 封面設計師
Jon Bjornson

本書企劃
Lissa Reidel

資深設計師
Kathy Mueller

設計師＋助理
Robin Goffman

文法學家
Gretchen Dykstra

角色設計
Blake Deutsch

我在 Wiley 出版社的出版團隊

副總裁 ＋ 發行人
Amanda Miller

執行編輯
Margaret Cummins

助理行銷總監
Justin Mayhew

編輯助理
Kalli Schultea

資深製作經理
Kerstin Nasdeo

攝影：Ed Wheeler

A. Aiden Morrison
Adam Brodsley
Adam Waugh
Adrian Zecha
Al Ries
Alain Sainson Frank
Alan Becker
Alan Brew
Alan Jacobson
Alan Siegel
Albert Cassorla
Alex Center
Alex Clark
Alexander Haldemann
Alexander Hamilton
Alex Maddalena
Alfredo Muccino
Allie Strauss
Alvin Diec
Alyssa Boente
Amanda Bach
Amanda Duncan
Amanda Liu
Amanda Neville
Amy Grove
Anders Braekken
Andrew Baldus
Andrew Ceccon
Andrew Cutler
Andrew Welsh
Andy Gray
Andy Sernovitz
Angora Chinchilla
Aniko DeLaney
Ann Willoughby
Anna Bentson
Anne Moses
Anthony Romero
Antônio C. D. Sepúlveda
Antonio R. Oliviera
Antony Burgmans
Arnold Miller
Ashis Bhattacharya
Aubrey Balkind
Audrey Liu
Ayse Birsel
Aziz Jindani
Bart Crosby
Bayard Fleitas
Becky O'Mara
Becky Wingate
Beryl Wang
Beth Mallo
Betty Nelson
Blake Howard
Bob Mueller
Bob Warkulwiz
Bobby Shriver
Bonita Albertson
Brad Kear
Brady Vest
Brendan deVallance
Brian Collins
Brian Faherty
Brian Fingeret
Brian Jacobson
Brian Resnik
Brian Tierney
Brian Walker
Bridget Duffy

Bridget Russo
Brie DiGiovine
Bruce Berkowitz
Bruce Duckworth
Bruce Palmer
Bryan Singer
Cale Johnson
Carla Hall
Carla Miller
Carlos Ferrando
Carlos Martinez Onaindia
Carlos Muñoz
Carlos Pagan
Carol Moog
Carol Novello
Caroline Tiger
Cassidy Blackwell
Cassidy Merriam
Cat Bracero
Cathy Feierstein
Charlene O'Grady
Cherise Davis
Charlotte Zhang
Cheryl Qattaq Stine
Chris Ecklund
Chris Grams
Chris Hacker
Chris Marshall
Chris Pullman
Christina Arbini
Christine Sheller
Christine Mau
Clark Malcolm
Clay Timon
Clement Mok
Cliff Goldman
Colin Drummond
Colleen Newquist
Connie Birdsall
Cortney Cannon
Craig Bernhardt
Craig Johnson
Craig Schlanser
Cristian Montegu
Curt Schreiber
Dan Dimmock
Dan Maginn
Dan Marcolina
Dana Arnett
Dani Pumilia
Danny Altman
Darren Lutz
Dave Luck, Mac
Daddy
Dave Weinberger
David Airey
David Becker
David Bowie
David Erwin
David Ferrucci
David Kendall
David Korchin
David Milch
David Rose
David Roth
David Turner
Davis Masten
Dayton Henderson
Dean Crutchfield
Debbie Millman
Deborah Perloe

Delphine Hirasuna
Denise Sabet
Dennis Thomas
Dick Ritter
DK Holland
Donald K. Clifford, Jr.
Donna MacFarland
Dr. Barbara Riley
Dr. Delyte Frost
Dr. Dennis Dunn
Dr. Ginny Redish
Dr. Ginny Vanderslice
Dr. Karol Wasylyshyn
Dustin Britt
Ed Wheeler
Ed Williamson
Eddie Opara
Ellen Hoffman
Ellen Shapiro
Ellen Taylor
Emelia Rallapalli
Emily Cohen
Emily Kirkpatrick
Emily Tynes
Erich Sippel
Fo Wilson
Francesco Realmuto
Frank Osbourne
Gabriel Cohen
Gael Towey
Gail Lozoff
Gavin Cooper
Gayle Christiansen
Geoff Verney
George Graves
Gerry Stankus
Gillian Wallis
Ginnie Gehshan
Greg Farrington, PhD
Greg Shea
Gustavo Koniszczer
Harry Laverty
Hans-U. Allemann
Heather Guidice
Heather Stern
Heidi Caldwell
Heidi Cody
Helen Keyes
Hilly Charrington
Howard Fish
Howard Schultz
Ian Stephens
Ilise Benum
Ioanna Papaioannou
Isabella Falco
Ivan Cayabyab
Ivan Chermayeff
J. T. Miller
Jacey Lucas
Jack Cassidy
Jack Summerford
Jaeho Ko
Jaime Schwartz
Jamie Koval
Jane Randel
Jane Wentworth
Janette Krauss
Janice Fudyma
Jason Orne
Jay Coen Gilbert
Jay Ehret
Jaya Ibrahim

Jaye Peterson
Jayoung Jaylee
Jean-Francois Goyette
Jean Pierre Jordan
Jean-Michel Gathy
Jeffrey Fields
Jeffrey Gorder
Jeffrey R. Immelt
Jen Jagielski
Jen Knecht
Jenie De' Ath
Jenn Bacon
Jennifer Francis
Jennifer Knecht
Jennifer L. Freeman
Jenny Profy
Jerome Cloud
Jeremy Dooley
Jeremy Hawking
Jerry Greenberg
Jerry Selber
Jessica Berwind
Jessica Robles Worch
Jessica Rogers
Jim Barton
Jim Bittetto
Jinal Shah
Joan Carlson
Joanna Ham
Joanne Chan
Jody Friedman
Joe Duffy
Joe Pine
Joe Ray
Joel Grear
Joey Mooring
John Bowles
John Coyne
John Gleason
John Hildenbiddle
John Klotnia
John M. Muldar, PhD
Jon Iwata
Jon Schleuning
Jonah Smith
Jonathan Bolden
Jonathan Mansfield
Jonathan Opp
Joseph Cecere
Josh Goldblum
Joshua Cohen
Joshua Davis
Juan Ramírez
Julia Hoffman
Julia McGreevy
Julia Vinas
Justin Peters
Karin Cronan
Karin Hibma
Kate Dautrich
Kate Fitzgibbon
Kathleen Hatfield
Kathleen Koch
Katie Caldwell
Katie Clark
Katie Wharton
Kazunori Nozawa
Keith Helmetag
Keith Yamashita
Kelly Dunning
Ken Carbone
Ken Pasternak

Kent Hunter
Kevin Lee
Kieren Cooney
Kimberli Antoni
Kim Duffy
Kim Mitchell
Kit Hinrichs
Kurt Koepfle
Kurt Monigle
Larry Keeley
Laura Des Enfants
Laura Scott
Laura Silverman
Laura Zindel
Laurie Ashcraft
Laurie Bohnik
LeRoux Jooste
Leslie Smolan
Linda B. Matthiesen
Linda Wingate
Lisa Kline
Lisa Kovitz
Lori Kapner
Lory Sutton
Louise Fili
Luis Bravo
Lynn Beebe
Malcolm Grear
Marc Mikulich
Marco A. Rezende
Margaret Anderson
Maria D'Errico
Maribel Nix
Marie Morrison
Marilyn Sifford
Marius Ursache
Marjorie Guthrie
Mark Lomeli
Mark McCallum
Mark Selikson
Martha G. Goethals, PhD
Martha Witte
Marty Neumeier
Mary Sauers
Mary Storm-Baranyai
Matt Coffman
Matt Macinnis
Matt Petersen
Matt Salia
Matthew Bartholomew
Max Ritz
Megan Stanger
Megan Stephens
Mehmet Fidanboylu
Melinda Lawson
Melissa Hendricks
Melissa Lapid
Meredith Nierman
Michael Anastasio
Michael Bierut
Michael Cronan
Michael Daly
Michael Deal
Michael Donovan
Michael Flanagan
Michael Graves
Michael Grillo
Michael Hirschhorn
Michael Johnson
Michael O'Neill
Michal Levy

Michele Barker
Michelle Bonterre
Michelle Morrison
Michelle Steinback
Miguel A. Torres
Mike Dargento
Mike Flanagan
Mike Ramsay
Mike Reinhardt
Milton Glaser
Mindy Romero
Moira Cullen
Moira Riddell
Mona Zenkich
Monica Little
Monica Skipper
Nancy Donner
Nancy Tait
Nancye Green
Natalie Nixon
Natalie Silverstein
Nate Eimer
Ned Drew
Niall FitzGerald
Nick Bosch
Nicole Satterwhite
Noah Simon
Noah Syken
Noelle Andrews
Oliver Maltby
P. Fouchard–Filippi
Pamela Thompson
Parag Murudkar
Pat Duci
Patrick Cescau
Paul Pierson
Peggy Calabrese
Per Mollerup
Pete Colhoun
Peter Emery
Peter Wise
Phil Gatto
Philip Dubrow
Philippe Fouchard-Filippi
Q Cassetti
R. Jacobs-Meadway
Rafi Spero
Randy Mintz-Presant
Ranjith Kumaran
riCardo Crespo
Ricardo Salvador
Rich Bacher
Rich Rickaby
Richard C. Breon
Richard de Villiers
Richard Felton
Richard Kauffman
Richard Saul Wurman
Richard Thé
Rick Bacher
Rob Wallace
Robbie de Villiers
Robbin Phillips
Robin Goffman
Rodney Abbot
Rodrigo Bastida
Rodrigo Galindo
Roger Whitehouse
Ronnie Lipton
Rose Linke
Rosemary Ellis

Rosemary Murphy
Roy Pessis
Russ Napolitano
Ruth Abrahams
Ryan Dickerson
Sagi Haviv
Sally Hudson
Samantha Pede
Sandra Donohoe
Sandy Miller
Santa Claus
Sara Rad
Sarah Bond
Sarah Brinkman
Sarah Swaine
Scot Herbst
Sean Adams
Sean Haggerty
Sera Vulaono
Shantini Munthree
Sharon Sulecki
Simon Waldron
Sini Salminen
Sol Sender
Spike Jones
Stefan Liute
Steff Geissbuhler
Stella Gassaway
Stephen A. Roell
Stephen Doyle
Stephen Sapka
Stephen Sumner
Steve Frykholm
Steve Perry
Steve Sandstrom
Steve Storti
Sunny Hong
Susan Avarde
Susan Bird
Susan Schuman
Susan Westerfer
Suzanne Cammarota
Suzanne Tavani
Sven Seger
Ted Sann
Terrence Murray
Terry Yoo
Theresa Fitzgerald
Thor Lauterbach
Tim Lapetino
Tim O'Mara
TJ Scimone
Tom Birk
Tom Geismar
Tom Nozawa
Tom Vanderbauwhede
Tom Watson
Tosh Hall
Tracy Stearns
Travis Barteaux
Trevor Wade
Tricia Davidson
Trish Thompson
Victoria Jones
Vince Voron
Virginia Miller
Wandy Cavalheiro
Wesley Chung
Will Burke
Woody Pirtle
Yves Behar

I LOVE YOU ELON MUSK (伊隆·馬斯克·我愛你)

1 品牌基本概念

Part 1 闡明「品牌」與「品牌識別度」的差異，以及要如何成為最好的品牌。在新專案快速進行時，不要忽視品牌的基礎，請為整個品牌塑造團隊建立共通的語彙。

這是一本方便快速查找的品牌經營參考指南。在令人目眩神迷、高速運轉的業務與人生中，本書將整理所有的品牌相關議題供你快速查閱，你唯一需要的，只有成為頂尖的渴望與熱情。

2 品牌塑造流程

Part 2 說明通用的品牌塑造流程，不論專案規模或特性都能適用。如果你曾問：「為什麼品牌塑造需要花這麼久的時間？」本篇將回答這個問題。

3 最佳實踐個案

Part 3 收錄全球最佳的品牌實踐個案，包括了地方企業和全球企業、上市公司和私人公司，這些成功的品牌可為我們帶來啟發，找出原創又富有彈性，歷久不衰的解決方案。

導讀 / 黛比・米曼
Foreword by Debbie Millman

《脫穎而出的品牌致勝秘密》不是傳統的行銷教科書，本書為大家揭開品牌塑造的秘密，告訴您經驗豐富的業界同行都在用什麼工具和技術。本書自從 2003 年發行第一版以來，Alina Wheeler 的書已經是獨一無二的資源庫，為品牌塑造團隊帶來共通語言。

《脫穎而出的品牌致勝秘密》說明品牌策略與設計之間的關係，為您介紹最引人注目的品牌執行方法個案研究，書中案例遍及全球的知名公家單位與私人企業。本書受到全世界讀者的喜愛，在出版後 14 年間再版了 5 次，翻譯成 7 種語言。這本書能在文化方面引起深刻共鳴，清楚證明了品牌塑造需要智慧、創意、想像力和情感，與任何其他商業準則大相逕庭。

《脫穎而出的品牌致勝秘密》已成為世界各國設計師、品牌顧問、數位產業菁英與其客戶所仰賴的品牌資源和流程指引。很少有一本書能同時適用於行銷與創意發想，唯有本書完成這項壯舉，不論是在品牌塑造團隊中扮演哪一個角色，都能作為教育用途與靈感來源。這本書是全球通用的品牌設計與商業規劃教科書。

總而言之，我認為《脫穎而出的品牌致勝秘密》比這個年代其他任何書籍，更能說明品牌塑造的奧祕與重要性。

您現在正在閱讀的已經是《脫穎而出的品牌致勝秘密》的第五版（編註：中文版為第二版）。隨著科技演進、使用者行為不斷改變，以及我們所知的品牌塑造過程也在發生變化，因此每一次再版都會大幅更動內容。作者在了解這些變化之後為本書所付出的努力，是史無前例的。

設計賦予智慧形體。
路易・丹齊格
Lou Danziger

黛比・米曼（Debbie Millman）是紐約視覺藝術學院品牌專業研究碩士學程的共同創辦人兼學程主任。她的工作就是培育新一代品牌領導人。此外她也身兼廣播節目《Design Matters》的主持人，訪問過三百多位設計界名人與文化評論家。1995 年至 2016 年，黛比・米曼在 Sterling Brands 品牌顧問公司擔任設計部門總裁，合作過的品牌累計超過兩百多個。

此次本書發行最新版，我有機會和作者討論為什麼要改版，以及改版的目的。以下就是對談的內容。

為什麼需要這本書？

我想要揭開品牌塑造的秘密，拆解品牌塑造的過程，提供良好工具給品牌團隊，讓他們可以建立信任關係、完成出色的成果。雖然市面上已經有許多品牌策略書籍，也有很多能帶來靈感的設計書，但卻沒有一本書提到品牌活化的嚴謹流程。我認識很多聰明的領導人，都渴望了解品牌塑造的基礎與好處，也想知道為什麼好設計是企業的當務之急。

自第一版發行以來，你看到什麼改變？

這本書記錄著我們的成長。在 2003 年發行第一版的時候，還沒有智慧型手機 App（應用程式）也沒有社群媒體。到了現在，競爭越來越激烈，單靠大聲叫賣來做銷售，只會越來越困難。所有數位平台上的品牌表達多到爆炸，演算法大軍也正在動員，我看到越來越多非常棒的操作方法，許多大大小小的上市公司、私人企業、營利與非營利組織等等，都是新一代機智的領導人帶動的。

你在本書中談到嚴謹的品牌塑造流程，在不同版本中，這個流程是怎麼逐步發展出來的？

我在第二章會提到品牌塑造的五階段，那只是基礎，不過很有用。世界各地的讀者常會和我分享他們的組織如何按照這個流程取得成功，有讀者的回饋意見可讓每個版本變得更豐富，而且增加了重要的國際觀點。

我發現有些執行長不知道什麼是好設計，這很可怕，你覺得他們為什麼沒有意識到設計的力量？

我不覺得可怕，就像我打開藍寶堅尼的引擎蓋，我也看不出來這款引擎性能有多好。如果沒有人分享過最佳操作方法或是最佳個案研究是怎麼做的，執行長怎麼有機會知道設計的力量呢？有太多行銷個案研究裡從來沒有把「D」開頭的字 (Director) 納入，而我的焦點一直是讓領導策略與設計相輔相成。

從第一版發行之後，你有什麼改變？

我對客戶有更多的同理心。改變任何事都需要很大的勇氣，因為某件事是對的所以要做，並不代表做這件事很容易。

為什麼你覺得難以推動改變？

這完全和人有關，讓人接受改變總是很困難，總會有阻力。但是我很樂觀，很多人已經開始接受讓員工參與改變。在我的品牌流程中，有個關鍵很花時間，就是前置作業。彼此要先建立信任、對品牌策略達成共識。多行動、少遊說。

你對準備開始進行品牌活化的組織有什麼建議？

要遵守品牌塑造的流程，以客戶為中心，要相信步驟流程，鼓勵你的員工，與終身客戶建立情感連繫，抓住每個機會去強調自己的獨特。要創新、原創、保持動力，在無止盡如雲霄飛車橫衝直撞的變化中保持冷靜，然後繼續前進。

你希望讀者在最新版中得到什麼？

深入的見解、勇氣與工具，用對的理由做對的事，我希望給讀者信心，為未來塑造品牌。

了解我。
使我的人生變得不同。
經常給我驚喜。
給我的比我付出的更多。
讓我知道你愛我。

艾倫・雅各布森
Alan Jacobson

Ex;it Design 總裁
J2 Design 共同創辦人

1 品牌基本概念

Part 1

闡明「品牌」與
「品牌識別度」的差異，
以及要如何成為最好的品牌。
在新專案快速進行時，
不要忽視品牌的基礎，
請為整個品牌塑造團隊
建立共通的語彙。

品牌基本概念

打造理想的品牌識別

品牌識別元素

當代品牌潮流

品牌改造前後

品牌

　　由於市場競爭激烈，為消費者帶來無數的選擇，企業無不費盡心思尋找與消費者建立情感連結的方法，讓自己變得更無可取代，進而建立終身的關係。一個強而有力的品牌，可從擁擠的市場中脫穎而出，人們會愛上品牌、信任品牌，相信這個品牌更優越。無論品牌代表的是新創公司、非營利組織，或是產品，人們對該品牌的認知度，都將影響其成功與否。

你是誰？
誰需要知道你是誰？
別人要怎麼發現你？
為什麼別人要在乎你？

現在許多公司的資產損益表也會反映品牌價值的變化。無形的品牌價值通常會高於企業的有形資產。

沃利・奧林斯
Wally Olins

出處：《The Brand Book》
(暫譯：品牌手冊)

品牌的 3 個主要功能*

引導 Navigation

品牌能夠幫助消費者從眼花撩亂的眾多選擇中找到他想要的。

安心 Reassurance

品牌能向消費者傳達出產品或服務的品質，讓消費者安心，確信自己做了正確的選擇。

參與 Engagement

品牌使用獨特的圖像、語言與聯想，使消費者對品牌產生認同感。

*由品牌顧問公司 Brand Finance 執行長大衛・海格 (David Haigh) 提出

今天的品牌已經成為成功的全球性貨幣。

出處：《Brand Atlas》
(暫譯：品牌地圖)

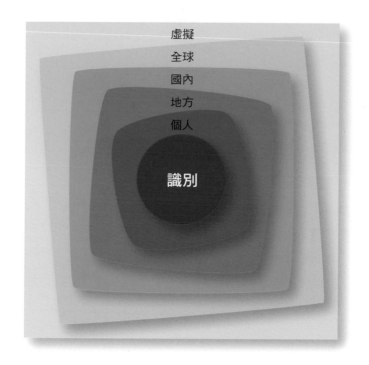

品牌多強大，公司就有多強大，品牌能為企業領導者帶來無可比擬的潛在影響力。

吉姆·斯登格
Jim Stengel

出處：《Grow: How Ideals Power Growth and Profit at the World's Greatest Companies》
(簡體中文版書名為《增長力：如何打造世界頂級品牌》，機械工業出版社出版，2012)

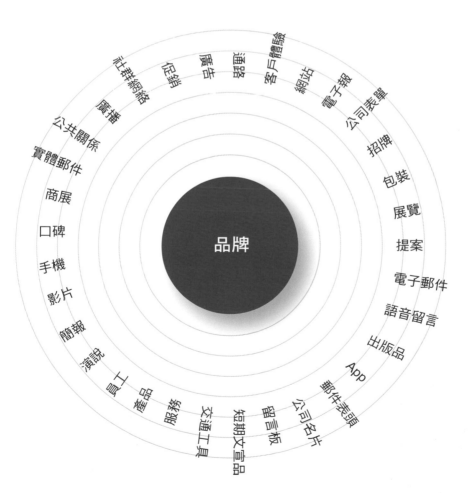

品牌接觸點

每一個品牌接觸點都是增加品牌知名度、建立顧客忠誠度的機會。

品牌識別

　　品牌識別是有形並能訴諸感官的,你能看見它、觸摸它、聆聽它、看著它移動。品牌識別能激起消費者對品牌的認知、強化品牌差異,讓消費者更容易了解品牌背後的龐大概念與意涵。

知名的品牌就像你的朋友,你每天都會遇到很多人,但你只會記得你最喜歡的那幾個朋友。

路克・斯佩瑟
Luc Speisser

朗濤品牌諮詢公司
董事總經理
Managing Director
Landor

透過設計能找出事物間無形的差異,
使看不見的概念具體化,
例如情感、情境與品牌的精髓等,
這些正是消費者最在意的。

莫拉・庫倫
Moira Cullen

百事可樂全球飲料設計副總裁
Vice President,
Global Beverage Design,
PepsiCo

Laura Zindel 藝術彩繪陶瓷

Target 百貨公司

COOPER HEWITT

Smithsonian Design Museum

Apple Watch 上的 7 分鐘高強度間歇運動 App

Bevel 刮鬍系列用品

麥當勞

維他命運動飲料 vitaminwater

卡內基訓練

必能寶科技 Pitney Bowes

墨爾本市

萬事達卡

品牌塑造

　　品牌塑造是一套嚴謹的流程，用來建立品牌知名度，吸引新顧客，提高顧客忠誠度。要塑造出無可替代的品牌定位，需要強烈的動機，這個動機就是每天都渴望自己成為最好的。創立品牌的人，如果想要獲得成功，必須堅持基本原則，並且能對永無止盡、大起大落的變化保持冷靜，抓緊每個成為嚴選品牌的機會。

品牌塑造就是
審慎地為品牌創造差異。

黛比‧米曼
Debbie Millman

紐約視覺藝術學院
品牌學程碩士課程
系主任暨共同創辦人

我們持續將資源投注在
我們的核心強項。
首先要進一步了解
顧客永遠不嫌多，
其次是創新......
第三是品牌塑造，
傳達更多訊息給我們的顧客。

雷富禮
A. G. Lafley
寶僑執行長
CEO, P&G

出處：2009 年《商業週刊》
Business Week, 2009

品牌塑造的類型

聯名品牌塑造：
與其他品牌合作
達成最終結果。

數位品牌塑造：
利用網路、社群媒體、
搜尋引擎最佳化，
帶動電子商務。

個人品牌塑造：
建立個人品牌的方法。

原則品牌塑造：
讓品牌符合慈善原則，
或是以企業社會責任為
重點來塑造品牌。

國家品牌塑造：
致力吸引遊客與企業。

感性層面的品牌塑造，
就像一杯滋味豐富多變
的雞尾酒，其中調和了
人類學、想像力、感官
體驗和因應對策，以及
對未來充滿願景。

馬克‧葛伯
Marc Gobé

出處：《Emotional Branding》（中文
版書名為《感動：創造情感品牌的關
鍵法則》，寶鼎出版社，2011年）

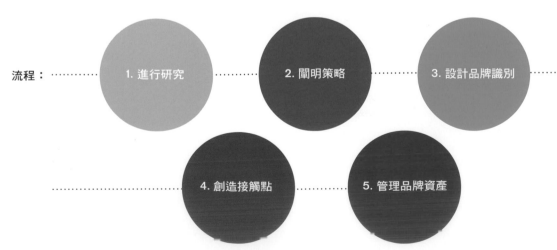

流程：　1. 進行研究　　2. 闡明策略　　3. 設計品牌識別　　4. 創造接觸點　　5. 管理品牌資產

品牌塑造的時機

成立新公司或創造新產品時

我開始從事新的業務，需要新的名片與網站。

我們昨天開發出新產品，它需要一個名字和一個商標。

我們需要募集數百萬資金，這個活動需要有自己的識別系統。

我們今年秋天要掛牌上市。

我們需要募集創投的資金，雖然我們還沒找到第一個客戶。

更改名稱時

我們的名稱無法代表我們是誰，也不符合我們的業務內容。

我們的商標和其他人重覆，因此需要改名字。

進入新市場時，發現我們的名字在當地語言中有負面的意義。

我們的名字可能會誤導顧客。

我們和其他公司合併了。

為了進軍中國市場需要新名字。

需要活化品牌時

我們需要重新定位品牌，以提振為全球品牌。

我們需要更清楚傳達我們是誰。

我們即將成為全球品牌，為了進入新市場需要幫助。

沒有人知道我們是誰。

我們的股價貶值了。

我們想要吸引更富庶的新市場。

需要活化品牌識別度時

我們是新創團隊，要展望未來。

我們希望我們的顧客將有很棒的行動體驗。

我們的品牌識別度在定位上遠遠落後我們的競爭者。

我們有 80 個部門，但是每個部門名稱全都不一樣。

每次遞上我的名片時，我自己都覺得很丟臉。

世界上每個人都認識我們公司的 LOGO 圖示，可是承認吧，這個 LOGO 圖示需要改頭換面。

我們很喜歡我們的象徵符號，在市場上幾乎家喻戶曉，問題是，沒人看得懂商標上的文字。

創造整合系統時

在顧客的面前，我們沒有呈現出一致的品牌樣貌。

和其他品牌整合時，我們需要新的品牌架構。

我們的包裝不夠獨特，競爭者的包裝看起來比我們更漂亮，而且他們的銷售額也在成長。

我們在不同市場中的形象看起來就像來自不同公司。

我們需要看起來更強大有力，讓消費者知道我們是全球化企業。

行銷企劃上每個部門各自為政、很沒效率、讓人超挫敗，而且也不符合成本效益，每個人都在做重覆的事情。

公司合併時

我們想對股東傳達清楚的訊息，表示這次併購是站在平等地位。

我們希望傳達 1+1=4。

我們希望在公司併購的同時，能建立品牌權益。

我們希望讓全世界了解，我們是新的產業領導者。

我們需要新的名字。

我們如何評估收購的品牌，並把它加入我們的品牌架構？

我們兩個業界領導品牌合併後，要怎麼管理我們新的品牌識別？

品牌管理

管理品牌需要策略、規劃與協調,從思考縝密的領導階層開始,對品牌的核心目的與品牌基礎有共通的了解,並將品牌資產的成長視為必要任務,找到方法讓顧客開心、鼓舞員工,展現競爭優勢。

一個強大的品牌,能讓企業內部更有向心力,也能使我們顯得更與眾不同。

布萊恩·雷斯尼克
Brian Resnick

德勤有限公司
全球品牌部副總監
Director,
Global Brand &
Communication Services
Deloitte

我們承諾將品牌帶入每天的生活中,讓品牌能不斷成長。

梅莉莎 · 漢德瑞克斯
Melissa Hendricks

塞納醫療科技
行銷策略副總裁
Vice President,
Marketing Strategy
Cerner

每一位 Spectrum Health 醫療系統的員工、設計顧問、經銷商以及支援廠商,都會有一份品牌參考指南,透過一致的系統向同一個目標建立品牌,整合這個組織的願景與特色,並能找到品牌塑造的構成要素。

巴特 · 克勞斯比
Bart Crosby

Crosby 品牌顧問公司總裁
President,
Crosby Associates

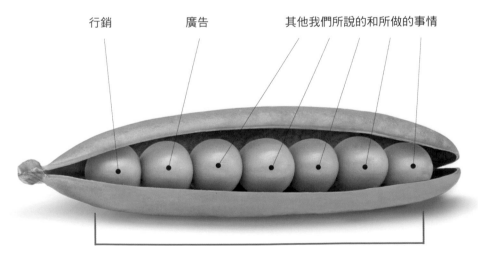

行銷　　　廣告　　　其他我們所說的和所做的事情

品牌塑造

美國非營利組織 Spectrum Health 醫療系統圖表 (出處:Crosby 品牌顧問公司)

品牌管理的原則

出處：由 Monigle 品牌諮詢機構行銷長蓋柏瑞爾・戈罕（Gabriel Cohen）提出

人事

向員工解釋品牌為什麼重要，而不是告訴他們該做什麼。

應將權力下放，而不是墨守規定。

讓你的同事輕鬆成為該品牌的一份子。

透過開設工作坊、製作影片、製作訓練教材、舉辦品牌論壇和員工自助服務等方式，來教育內部成員。

流程

讓流程更具有彈性、更靈敏，並能回應改變。品牌塑造更數位化、社群化，以經驗為基礎。

在創意發想的早期就要參與並檢視，而不是在後端扮演接收的角色。

經常修正最佳執行方法，並建立靈感銀行。

並非所有的品牌元素都一樣重要，要從這些元素是否可以犧牲、是否方便說明，或能否客製化等角度來加以管理。

工具

創造品牌大使計劃，要包含自認是品牌擁有人的關鍵人物。

創造對使用者友善的線上品牌中心，將品牌的資產集中在一個地方，流程化地處理各種請求並擷取相關數據。

要為不同的使用者族群量身訂做使用者指南和內容。

品牌管理是管理眾多事項之間的相互作用，包含行為、傳播、設計、法律規範、流程與採取措施等，帶動整個企業的品牌表現。

漢普頓布瑞德威爾
Hampton Bridwell

品牌顧問 Tenet Partners
執行長暨管理合夥人
CEO and Managing Partner
Tenet Partners

品牌管理要如何逐步發展

原本是這樣	要改成這樣
集中指揮與控管	教育，將權力下放，提供自助服務
在最後階段才審核批准	讓策略夥伴參與整個流程
一成不變	彼此合作並不斷調整
固定的 PDF 指南	不斷更新、逐步發展因應方法
拿同一套方法用在全部管道	為不同客群訂製內容

品牌塑造與行銷的差異

出處：由 Matchstic 品牌顧問公司提出

品牌塑造	行銷
品牌塑造是找出「為什麼」	行銷是找出「怎麼做」
品牌塑造是長期作業	行銷是短期作業
品牌塑造是宏觀全局	行銷是鉅細靡遺
品牌塑造在定義常軌	行銷在定義策略
品牌塑造是讓人們想買的原因	行銷是讓人們第一次購買的原因
品牌塑造會建立忠誠度	行銷會產生迴響
品牌塑造就是本質	行銷就是實作

品牌策略

　　有效的品牌策略能提供一致的核心概念，讓與該品牌相關的行為、行動與傳播方式都能依這個概念進行。品牌策略適用於所有的產品與服務，並且會隨著時間推移持續發揮效力。最好的品牌策略能徹底把品牌與競爭對手區隔開來，作用強大，足以扭轉競爭局勢。好的品牌策略要能讓任何人都能輕鬆說明，不論是執行長或是基層員工。

品牌策略建立在願景上，並與企業策略息息相關，它是從公司的價值與文化中萃取出來的，它能反映企業對顧客的需求與感受高度理解。品牌策略明確勾勒出品牌定位，品牌差異化，展現品牌競爭優勢與獨一無二的價值主張。

品牌策略必須要和所有的利益關係人產生共鳴，包括外部客戶、媒體、以及內部客戶 (例如：企業員工、董事會、核心供應商等)。品牌策略是張引領行銷活動的地圖，讓銷售人員更容易進行銷售，並且能鼓舞員工，讓他們更清楚地理解品牌的概念。

> 如何成功活化品牌：從你的顧客身上獲得靈感；敢為品牌策略承擔風險；為創造品牌差異大膽突破。
>
> 馬里奧‧巴斯蒂達
> Mario Bastida
>
> Imagen 媒體集團行銷暨傳播部長
> Marketing and Communications
> Director,
> Grupo Imagen

身為品牌策略師，我們的工作就是
找出品牌歷久不衰的最高價值。

香蒂尼‧曼特里
Shantini Munthree

The Union 行銷集團經營合夥人
Managing Partner,
The Union Marketing Group

維持在同一水平

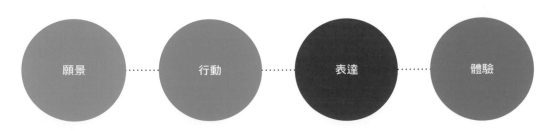

願景 ⋯⋯ 行動 ⋯⋯ 表達 ⋯⋯ 體驗

誰來開發品牌策略？

品牌策略的開發工作通常是由整個團隊來負責，沒有人可以獨自完成。品牌策略是領導團隊的延伸對話，以顧客為主軸。在全球化的公司裡，通常會將下列人士帶入品牌策略的開發：獨立顧問及品牌專業權威、策略行銷公司與品牌顧問。品牌策略通常需要找具備策略與創意思考經驗的外部人士參與，才能幫助公司將現有的想法清楚地整理和表達出來。

有時候在公司草創時，具有卓越遠見的創始人已經先完成了品牌策略，像是蘋果創始人賈伯斯、創業家馬斯克、媒體女王歐普拉或是亞馬遜創辦人貝佐斯等等。有時候則需要另請具有願景的團隊來重新定義品牌策略。公司若是擁有清晰的品牌策略，通常能長久經營、繁榮發展；相反地，經營路坎坷的公司往往沒有明確的品牌策略。

品牌策略的核心是我們承諾要讓我們的顧客滿意，不斷給予結合創新、設計與價值的正確組合。這是我們品牌承諾「期待多一點，付出少一點」的精髓所在。

鮑伯‧烏立克
Bob Ulrich

塔吉特百貨董事長暨執行長
(1987-2009)
Chairman and CEO,
Target, 1987-2009

如果要用一句話來代表 Target 百貨的品牌承諾，那就是：「Expect more. Pay less.」(期待多一點，花費少一點。) Target 百貨長期以來一直藉由創新、設計與物超所值，將自己與其他大型量販店區隔開來。Target 百貨透過與知名度高的設計師合作，以及非傳統的新潮廣告，吸引年輕、追逐潮流的人們。2016 年，Target 百貨開始擴展，開設比較小型的都會區商店，吸引居民、上班族和遊客。Target 百貨也與麻省理工學院媒體實驗室和 IDEO 合作，探索食物未來的可能性，讓人們更能掌握自己所選擇的食物，吃得更健康。

為什麼要投資品牌策略？

　　最好的品牌識別規劃，是能透過公司所支持與期望的觀點，體現出公司品牌並推進未來發展。品牌識別能在每個接觸點展現品牌優勢，成為公司文化內涵，品牌識別是公司核心價值與核心相關事務的一致象徵。

品牌是強力資產，可以創造消費者欲望、形塑品牌體驗，並改變消費者需求。

里克·懷斯
Rick Wise

Lippincott 品牌設計執行長
Chief Executive Officer,
Lippincott

我們不該把品牌識別設計當作行銷支出。品牌識別設計就像企業投資的其他資產一樣，設計優良的視覺資產可傳達公司價值，一次付費後能使用很久，品牌獲益年限可長達數十年，且不會衍生額外費用。請想想我們設計的亞馬遜商標，二十年來亞馬遜寄出的數億盒包裹上，每個盒子正面都有那個微笑商標，這個創意永遠不會變老，還可以用在所有東西上，從包貨單到飛機機身都可以。

大衛·特納
David Turner

Turner Duckworth 設計公司
設計師暨創辦人
Designer and Founder,
Turner Duckworth

產生影響

當你對行為產生影響時，就能對效能產生衝擊。

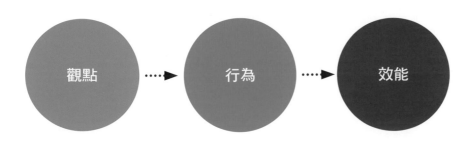

觀點 ┈┈▶ 行為 ┈┈▶ 效能

企業的最高階層與不同職務領域的員工，都該認識品牌策略的重要，並理解建立品牌的成本是不可或缺的，這不只是業務與行銷人員，還包含法務、財務、營運與人力資源等相關人員都應該要一起參與。

莎莉·哈德森
Sally Hudson

行銷顧問
Marketing Consultant

投資品牌塑造與設計的理由

讓顧客更容易購買

有競爭力的品牌塑造能為任何公司帶來即時識別度與獨特的專業形象，不論公司大小、地點，幫助公司定位並取得成功。品牌識別能幫助管理公司的觀感，將公司與競爭對手區隔開來，聰明的識別系統可以傳達對客戶的尊重，讓客戶輕鬆明白公司的功能與強項。一個好的產品設計或是更好的公司通路能讓客戶滿意，創造顧客忠誠度，有效的識別系統可以包含不同要素，像是容易記得的品牌名稱，或是獨特的產品包裝設計等。

讓業務員更容易銷售

每個人都在銷售，無論是CEO向董事會傳達新願景，或是企業家向風險投資公司尋求首次融資，或是財務顧問在推銷投資產品，都是銷售行為。即使是非營利組織，無論要籌款還是招募新志工，也需要銷售自己的賣點。塑造品牌識別，可適用於不同的受眾和文化，建立對自己公司與優勢的理解。透過視覺化設計過的訊息，有效的品牌識別可傳達公司獨特的價值主張。在對應各種媒體時保持一致的品牌識別，可令客戶印象深刻。

更容易建立品牌資產

所有股票上市公司的目標，都是提升股東心中的價值感。一般都認為品牌或公司聲譽是具有價值的公司資產之一。因此，即使是小公司和非營利組織也需要建立品牌資產，其未來的成功將取決於建立公眾意識，保持良好聲譽並維護其品牌價值。品牌資產是透過提高品牌辨識度和品牌意識來建立的客戶忠誠度，反過來說，提高客戶忠誠度又能使公司更成功。經理人們總是會抓住每個機會來傳達公司的價值，這樣他們晚上才能安穩入睡。他們知道自己正在建立品牌資產。

品牌塑造勢在必行

承認吧，我們活在一個充斥各種品牌的世界。

要把握任何機會，在你的顧客腦中深植公司定位。

要一次又一次地，不斷傳遞強力的品牌概念。

不要只用嘴巴宣告競爭優勢，要用行動展現出來！

要瞭解你的顧客，建構品牌時，要符合你顧客的感受、喜好、夢想、價值觀與生活風格。

定義品牌接觸點，也就是客戶能接觸到你產品的地方或時機。

為消費者的五官感受創造磁鐵，吸引客戶並留住他們。

利益關係者

　　想抓住機會建立冠軍品牌，就要找出影響品牌成功與否的擁護者。商譽的影響範圍其實遠超出品牌的目標顧客，現在其實都將員工稱為品牌的「內部顧客」，因為員工的力量太深遠了，深入瞭解品牌利害關係者的特性、行為、需求和感受，將會獲得更高的回饋。

你的客戶正在變成共同創造品牌的人，而你的競爭對手則即將成為你的合作夥伴。

卡爾・海瑟爾曼
Karl Heiselman

Wolff Olins 品牌諮詢執行長
CEO, Wolff Olins

品牌不是隨你自己說，
而是聽他們怎麼說。

馬蒂・紐邁爾
Marty Neumeier

出處：《The Brand Gap》
（中文版書名為《品牌魔力丸》，
巨思文化股份有限公司，2005）

找出各種利益關係者的意見與偏見，並利用這些資訊來規劃出有意義的品牌區隔。

安・威洛比
Ann Willoughby

Willoughby Design 設計公司
總裁暨創新長
President and Chief Innovation
Officer ,
Willoughby Design

Willoughby Design 設計公司為他們的品牌工作坊製作了一副紙牌，平常常用來做練習題，內容大概是「找到代表關鍵利益關係者的圖片，並告訴我們這些人最在乎什麼。」參與遊戲的人一定要完全了解自己所扮演的角色。

角色卡片：
Willoughby Design 設計公司

關鍵利益關係者

隨著品牌塑造的過程推進，研究利益關係將提供各種全方位的解決方案，從品牌定位和品牌訊息的取向，到發佈品牌策略與規劃，全都囊括在內。

X 世代或千禧世代？

市場研究學者經常使用特定名詞來將世代間隔分類，但是年份不太一樣。

世代	出生年份
高齡者	生於 1946 年前
嬰兒潮世代	1946-1965
X 世代	1966-1980
千禧世代	1981-1995
Z 世代	1996 至今

光是「Z 世代」組成也是多元的，我十五歲的隔壁鄰居血統是四分之一西班牙裔美國人、四分之一非裔美國人、四分之一臺灣人、四分之一白人。Z 世代中往往混合了不同種族。

雅莉珊卓・賴維特
Alexandra Levit

紐約時報
New York Times

全世界約有八千萬名「千禧世代」，他們是第一批在數位文化中成長的，比起炫富的消費模式，千禧世代更渴望追求整套的價值觀，像是自由、知識、充滿創造力的表達方式等。

帕翠莎・馬汀
Patricia Martin

RenGen 金融科技公司
RenGen

公司文化

　　如果企業經營一直都很成功，會影響員工分享其公司文化的方式，例如公司的價值、故事、代表符號和英雄人物。從內而外建立品牌，意思是員工要接受組織的目標計劃，鼓勵個人差異與自由表達的公司文化，最有可能產生出吸引顧客的新創意與新產品。

人們對組織和組織規則的信任度，
對公司成敗有舉足輕重的影響力。

小托馬斯·沃森
Thomas Watson Jr.

IBM 總裁暨執行長（1952–1971）
President and CEO IBM,
1952–1971

必須將公司文化當作戰略上的資產，比照其他有價的公司資產進行全面管理。
SYPartners 品牌顧問公司

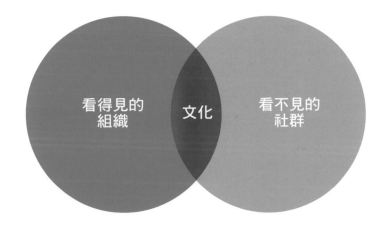

看得見的 組織　文化　看不見的 社群

看得見的組織	看不見的社群
透過階級制度與上下階層管理	以互相信賴的關係組成的網絡
官方價值與願景	經驗豐富的價值觀與願景
書面規則、政策、程序	不成文的規定與社會習俗
商業合約（包含內部與外部）	非正式合約（包含內部與外部）
企業責任	社會責任
資訊/通訊系統	公司後門與醞釀謠言的來源

出處：由 Authentic Connections 創辦人亨利·布萊特（Hanley Brite）提出

有力的品牌文化主要好處

摘錄自線上印刷品牌 MOO《讓品牌由內而外活起來》(Live your brand from the inside out)

提升品牌知名度

一個品牌越成功,員工熱心參與的比例就越高。員工是品牌對外最大的代言人,比任何廣告活動都更能提升品牌知名度。

吸引(並留下)正確的人

品牌如果擁有清晰的願景,並且與之銜接良好的價值觀,自然會吸引有同樣想法的人。你的員工應該是品牌真實的體現。

更快樂的客戶

客戶會被分享自我價值觀的品牌吸引,如果員工無法表現品牌的理想,可能會造成客戶不滿意,公司面臨內部挑戰,最後導致不佳的形象。

更好的人際關係

在跨職務的團隊合作時,若人們有共通的東西,感覺自己共享相同的價值觀,並覺得自己是延續故事的一環,工作起來就會更加容易。

競爭優勢

品牌文化是幕後龐大的推動引擎,每天每分每秒為你推動品牌,你所僱用的人會為你創造比競爭對手更清晰的品牌區隔。

提升生產力

許多研究都發現,若員工越積極參與工作團隊、工作越快樂,生產力就會越高,更容易達成公司目標,讓公司內部價值得以延續下去。

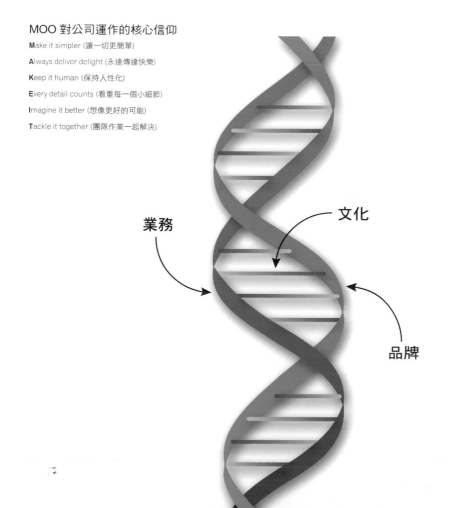

MOO 對公司運作的核心信仰

Make it simpler (讓一切更簡單)
Always deliver delight (永遠傳達快樂)
Keep it human (保持人性化)
Every detail counts (看重每一個小細節)
Imagine it better (想像更好的可能)
Tackle it together (團隊作業一起解決)

業務

文化

品牌

林肯說過,人的品格就像是一棵樹,名譽則是影子。很多人都誤會他們的工作是操控影子,而不是讓樹保持健康。在這個透明的世界裡,媒體全然民主化,組織或個人越來越難擁有雙面人生,若想投資創造出最佳的企業特色,就要投資企業文化。

喬恩.岩田
Jon Iwata

IBM 行銷與傳播資深副總裁
SVP, Marketing and
Communications
IBM

圖表謹改編自
SYPartners 品牌顧問公司

17

客戶體驗

　　全球競爭非常激烈，消費者被各式各樣的選擇淹沒，品牌的創始者需要思考的遠不只銷售賣點，還要利用自己對策略擬定的想像力以及商業敏銳度，提供消費者獨一無二又具有吸引力的客戶參與及體驗，並使競爭對手無法複製自己的商業模式。請試著想想進入的門檻。

吸引人的客戶體驗能引來新的客戶，加深客戶忠誠度，如果這些客戶的體驗果真與眾不同，就能獲得額外收入。每個讓人印象深刻的客戶體驗都能產生正面迴響，例如因為很有趣，所以讓人樂於分享；但反之，不好的客戶體驗可能會打壞品牌印象，造成失敗。

例如，顧客可以在「Apple Store」預約「天才吧」的教育課程，或是到「American Girl Place」娃娃訂製店喝個下午茶，或是上「Wegmans」超市買菜前，先吃個晚餐、聽現場演奏等等。客戶體驗有無窮的可能性。

別再假裝「網路」與「真實人生」有差別，
我們生活的各方面早就離不開網路了。

安娜莉・納威茲
Annalee Newitz

Ars Technica 科技新聞網站

所謂的消費者體驗，是品牌透過產品與服務創造與策劃出來的，可讓客戶心中的品牌形象更鮮明。

納森・威廉斯
Nathan Williams

Wolff Olins
品牌諮詢資深策略師
Senior Strategist,
Wolff Olins

偉大零售商的本領，就是維持核心價值，同時加強顧客體驗。

霍華德・舒爾茨
Howard Schultz

星巴克董事長暨執行長
Chairman and CEO,
Starbucks

到「庫柏休伊特設計博物館」參觀的民眾可以用數位導覽筆從館藏中選擇壁紙，或是在大型平板電腦的觸控螢幕上設計自己的壁紙，然後壁紙會投影到房間的牆上，從地板直達天花板，讓人擁有身臨其境的絕佳體驗。

卡羅琳・鮑曼
Caroline Baumann

庫柏休伊特設計博物館
館長
Director,
Cooper Hewitt,
Smithsonian Design Museum

攝影：Peter Ascoli #immersionroom

客戶體驗的基礎

出處：摘錄自《體驗經濟時代》(The Experience Economy)，作者為約瑟夫‧派恩 (B. Joseph Pine II) 和詹姆斯‧吉爾摩 (James H. Gilmore)

工作就像是劇院，每筆生意是劇院中的舞台。

客戶體驗就是行銷。

即使是最平凡的交易，都有可能變成最難忘的客戶體驗。

你創造的客戶體驗應被視為獨特的經濟商品，能與客戶互動、創造與客戶之間的獨特回憶。

公司不需要把自己侷限在實體範圍內，可利用虛擬的線上客戶體驗，開啟一系列的、流暢且連貫發生的相關客戶體驗。

這個世界越來越商品化，改變客戶體驗是製造營收與利潤新來源的機會。

客戶體驗的每個元素一定要遵循一個有組織的原則。

創造數位客戶體驗的原則

出處：由 Carbone Smolan 品牌代理公司的保羅‧皮爾森（Paul Pierson）提出以下原則

創造數位體驗不僅僅是做一個網站，要考慮到受眾運用科技與品牌互動的全部範圍。

體驗要具有人性。大眾通常會把數位工具當作與真人互動的替代品，但是客戶體驗不應該像機器人一樣呆板。

要與人對話，和受眾對話、互動並傾聽他們的聲音，這樣可以建立彼此之間的信任。

請到達受眾所在的位置。客戶體驗不應侷限於單一目的地。

要真誠，以「.com」結尾的網址應該真實呈現你的產品或服務。

如果要為你的使用者解決問題，與其發佈訊息，个如考慮建置可用工具。

> 品牌可以仔細思考其顧客的使用流程，察看實體體驗與吸引人的虛擬數位體驗之間如何相互作用，提高顧客的參與度，鞏固正面印象。
>
> 保羅‧皮爾森
> Paul Pierson
>
> Carbone Smolan 品牌代理公司經營合夥人
> Managing Partner
> Carbone Smolan Agency

個人空間　　品牌空間

圖表製作：Carbone Smolan 品牌代理公司

跨文化

　　全球化讓不同文化之間的界線變得模糊，但是最好的品牌會反過來關注文化差異。在網路世界、我們的電腦桌面或是在我們的手機裡，地理疆界已經變得不太有意義，因此，每個建立品牌的人未來都必須具備跨文化的洞察力。

創意團隊在品牌命名、商標設計、影像開發、配色、關鍵訊息和零售空間的設計上，都需要特別留意每個文化之間細微複雜的文化差異。行銷的歷史上有太多前例，例如當某家公司企圖讓客戶留下深刻印象時，卻不小心觸碰了目標市場的禁忌。預設立場或刻板印象會阻礙品牌了解客戶，讓品牌無法向客戶展現自己的獨特性。

了解每個文化的各個不同層面，
展現你的尊重，讓彼此的文化更有關聯。

卡洛斯・馬汀尼斯・歐納帝亞
Carlos Martinez Onaindia

德勤全球創意工作室領導人
Global Creative Studio Leader,
Deloitte

從地方到國家、從區域到全球，世界各地最好的品牌一次只會開發一位客戶，他們會創造對話，了解個別客戶的需求，超越所有地理上的阻礙。

古斯塔瓦・柯尼切
Gustavo Koniszczer

FutureBrand品牌顧問公司
西語美洲區董事總經理
Managing Director
FutureBrand
Hispanic America

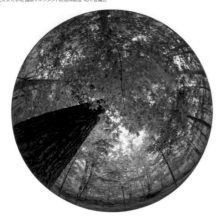

德勤(Deloitte)是一家提供各式專業服務的公司，集團內各公司連結成全球網絡，分佈於超過 150 個國家，要將這些成員公司整合為一，就是靠品牌。左圖是日本的雜誌封面，説明德勤如何在尊重全球文化的前提下，竭盡全力用一貫的方式展現品牌，圖片風格反映日本對平衡與和諧的理想，並以白色主導畫面。這個封面原本在世界上其他地方是使用黑色，但在日本會被認為不吉利，因此改用白色。

由 http://emojione.com 提供的表情符號圖像作品

文化的層次

出處：由德勤公司的卡洛斯・馬汀尼斯・歐納帝亞 (Carlos Martinez Onaindia) 提出

客觀參數	主觀參數	文化參數
命名	靈感	社會
語言	價值觀	經濟
寫作風格	情感	精神
符號	幽默	宗教
配色	期待	知識
聲音	感受	道德倫理

拉丁美洲市場並不是
一個整體、不是單色
調、不是扁平的，更
不沈悶。請負起責任
做好調查，然後張開
你的雙眼、你的耳朵
與你的心，開始與這
個市場產生關聯。

喬・雷
Joe Ray

設計工作室 Estudio Ray
總裁暨創意總監
President/Creative Director,
Estudio Ray

基本原則

出處：Ronnie Lipton《跨文化設計》(Designing Across Cultures)

要預設文化的複雜度，例如「西班牙裔」、「亞裔」、「中國人」等族群
並不是單指「一個」市場。

讓你的團隊融入客戶的文化中，研究客戶的感受、價值觀、行為和傾向。

確保你的團隊內有可信賴的當地專業人士，身為外來者通常看不出細微的
文化差異和取向。

為了避免發生刻板印象，要進行研究與測試。

測試範圍要廣，確保品牌能將該國家或區域內的各種文化連結起來。

經常測試，保持品牌不與現實脫節，要規劃在目標區域內保留一組團隊，
或是持續與該區域保持緊密連繫。

品牌架構

　　品牌架構是指同一間公司旗下各個品牌的層級結構關係，以及各個品牌與母公司、子公司、產品、服務彼此之間的關係。品牌架構應與公司的行銷策略相互呼應，此外需要注意的是，各品牌在視覺或文字上的呈現方式、品牌的想法及目標上，都要有連貫性，才能幫助公司更有效率地行銷並獲得成長。

當公司與其他公司整併，或是收購新公司、推出新產品，則品牌塑造、命名和行銷決策會變得更複雜，決策者要檢驗行銷、成本、時間與法律的影響。

品牌架構的需求，並不限於財經雜誌所選出的百大企業或盈利單位才需要，任何正在成長的公司或組織都要評估品牌架構策略，才能有助未來的成長。

Google 生命中最令人期待的新章節
就是「Alphabet」集團的誕生。

賴利・佩吉
Larry Page

Alphabet 公司執行長
CEO, Alphabet

Alphabet

Alphabet 集團的子公司

iGoogle	Google 行事曆
Google 圖片	Google 翻譯
Google 地圖	Chrome
Google 翻譯	Android
Google Play	YouTube
Google 地球	Picasa
Google +	Android
Gmail	DoubleClick
Google 文件	AdMob
Google 快訊	Feedburner

品牌架構的類型

銷售產品與服務的大型公司，大部份都有混合的品牌戰略。

單一品牌架構

單一品牌架構以一個強大的主要品牌為架構中心。顧客將依品牌忠誠度做選擇。對顧客而言，功能與優點是其次，品牌承諾與品牌個性才是重點。子品牌將延伸使用母公司的識別系統與通用說明。

Google + Google Maps
FedEx Express + FedEx Office
GE + GE Healthcare
Virgin + Virgin Mobile
Vanguard + Vanguard ETF

背書品牌架構

背書品牌架構是產品 (或子公司) 與母公司 (主品牌) 之間有著行銷相互效力。該產品或子公司已經有明確的市場地位，並且因為母公司的背書以及母公司的品牌能見度而得利。

iPad + Apple
Polo + Ralph Lauren
Oreo 餅乾＋ Nabisco 食品集團
美軍海豹突擊隊 (Navy Seals)＋美國海軍 (US Navy)

多元品牌架構

多元品牌架構的特徵是母公司旗下有一系列知名的品牌，但除了投資界，一般消費者幾乎不太會留意到母公司的名字。母公司是誰也許對消費者無關緊要。許多母公司發展出不強調品牌背書的多元品牌架構。

Tang 橘子汁 (億滋國際 Mondelez)
Godiva 巧克力 (星辰控股公司 Yildiz Holding)
麗思卡爾頓酒店 (萬豪國際集團)
Hellmann's 美乃滋 (聯合利華 Unilever)
Bevel 刮鬍系列 (Walker & Company)
舒潔 (金百利克拉克)
Elmer's 牛頭牌白膠 (Newell Brands)

策略性問題

利用母公司的名字發揮影響力，可以獲得什麼好處？

我們成立新公司的品牌定位，是否要與母公司切割？

聯合品牌會不會使消費者感到混淆？

如果我們收購了競爭者的品牌，要繼續沿用它的品牌還是更換成新品牌名稱呢？

我們是否要確保一直在次要位置顯示母公司的名稱？

我們要如何為新併購的對象塑造品牌？

品牌符號

　　品牌知名度與品牌認知度都是透過視覺識別系統來實現的，所以，視覺識別系統必須設計得簡單而且容易記憶，一看到就能辨識出來。視覺識別觸發感官，讓大腦開啟聯想，比起其他任何感官，視覺提供更多有關這個世界的訊息。

舉例來說，許多知名品牌例如「Target」、「Apple」、「Nike」都把商標的識別標誌置入到全球廣告裡，讓品牌符號透過經常曝光，變得讓每個人都一望即知。此外，品牌代表色也能加深記憶，當你看到一輛深咖啡色的卡車從眼前閃過，你馬上就會知道那是一輛「UPS 全球快遞」的卡車。

識別系統的設計師會整合意義與獨特的視覺形式，管理感官覺察，理解視覺感官與認知的順序，可提供寶貴且深入的見解，知道什麼方法最有效。

符號是人類目前所知最快捷的溝通形式。

布雷克・德
Blake Deutsch

認知順序

透過知覺科學的研究，可檢驗個體如何辨識與解讀感官刺激，腦部會首先辨認並記住的是形狀，並且記憶與辨識出視覺圖像，至於詞語，則必須先解讀出意義後才能被記得。

形狀

辨認形狀不一定要用眼睛看，但看東西時會辨認其形狀。大腦能辨認獨特的形狀，而且該形狀能更快地留在記憶裡。

顏色

顏色是大腦辨認事物的第二順位。顏色可觸發情緒，引發聯想。使用顏色要特別小心，因為顏色不只能建立品牌知名度，也會傳達品牌差異。像是「柯達」或是「Tiffany」這樣的公司，都有註冊自己主要品牌代表色。

文字形式

大腦需要花較多時間處理語言，所以排在第三順位。

只看到一個字母或品牌縮寫,我們就能辨認出整個品牌,這不是很不可思議嗎?品牌透過提高曝光頻率,留下獨特的形狀讓人回想,這個概念最初是藝術家與人類學家海蒂·科迪(Heidi Cody)提出的,出現在她這幅作品「美國字母 American Alphabet」。

a. 亞馬遜 Amazon	n. 雀巢 Nespresso	m. M&Ms	z. 蘇黎世保險 Zurichinsurance
b. 百威啤酒 Budweiser	o. 奧利奧 Oreo	l. 來舒抗菌 Lysol	y. 雅虎 Yahoo
c. 可樂娜啤酒 Corona	p. Pinterest	k. 家樂氏 Kellogg's	x. X-Box
d. 迪士尼 Disney	q. Q-tips	j. Jell-O	w. 華納音樂 Warner Music Group
e. ESPN	r. 雷朋 Ray-Ban	i. IBM	v. 維珍行動 Virgin Mobile
f. 臉書 Facebook	s. Subway	h. H&M	u. 聯合利華 Unilever
g. Google	t. T-Mobile		

25

品牌命名

　　好的品牌名稱是雋永而不乏味的，唸起來琅琅上口讓人容易記憶，而且品牌名稱有其代表意義，能幫助品牌拓展。好的品牌名稱唸起來會很有節奏感，而且放在電子郵件的內文與商標處看起來也很漂亮。精心挑選的品牌名稱是不可或缺的品牌資產，為品牌全年無休效力。

品牌名稱會透過談話、電子郵件、語音訊息、網站、產品、名片、簡報等各種媒介，不斷傳送出去。不論是公司、產品或服務，若是使用了不佳的品牌名稱，例如會造成溝通不良，或導致大眾無法正確唸出品牌名稱，又或是會讓人很難記住，這些都會削弱行銷的成效。不佳的品牌名稱會讓公司承擔不必要的法律風險，或造成市場區隔轉向。找到可以註冊且受法律保障的品牌名稱是個挑戰，品牌命名需要創意，也需要嚴謹又有策略的處理方法。

把品牌名稱背後的故事告訴大眾，
這個故事就會變成記憶點，
讓別人記住你是誰。

霍華·費雪
Howard Fish

Fish Partners 策略顧問公司品牌策略師
Brand Strategist,
Fish Partners

好的品牌命名將開啟想像，讓你能和預期的客群產生連結。

丹尼·奧特曼
Danny Altman

A Hundred Monkeys
品牌命名顧問公司
創辦人暨創意總監

Founder and Creative Director,
A Hundred Monkeys

品牌命名的迷思

為公司命名很簡單，就像幫新生兒取名字一樣。

品牌命名是嚴苛且費力的過程，在找到可以註冊且受法律保障的名稱之前，經常要審核過上百個名稱。

我一聽就知道哪個名稱是可以用的

一般人聽到某個名字後，通常覺得自己就可以決定可不可以拿來當作品牌名稱。事實上，好的名字需要策略，需要通過檢驗、測試、試售並證明是可行的。

我們可以自己研究命名

要分析品牌名稱的功效，必須使用各種審慎思考過的技術，確保這個名字在目標市場中具有正面意義。

我們無法負擔測試品牌名稱的費用

智慧財產權律師通常需要做大範圍的搜尋，確定品牌名稱沒有與其他名字衝突，並且記錄、比對其他類似的名字。這都是因為冒險的代價太大，品牌的名稱要能長久使用，這是必要的花費。

只要將流程、一定程度的服務或新的服務功能命名，你就能創造寶貴的資產，為自己的業務增添價值。

吉姆·比泰托
Jim Bitetto

專利授權公司 Keusey Tutunjian & Bitetto, PC
合夥人
Partner,
Keusey Tutunjian & Bitetto, PC

電視劇《Zoom》的延伸名詞：

Zoomers　　　　Zoomerang
ZoomNooz　　　Zoomzones
Zoomphenom　　CafeZoom
ZoomNoodle

推特「Twitter」的延伸名詞：

推特 Twitter
發文 Tweet
推特界 Twittersphere
轉推 Retweet

有效的品牌名稱特質

具有意義

傳達某些關於品牌精髓的東西，支持公司想要傳達的形象。

獨特

名稱很特別，很好記、好發音、方便拼寫，與競爭品牌有區隔，在社群網路上分享也很容易。

未來導向

找到公司的成長、改變與成功的定義，能永續經營但保有彈性，方便延伸使用。

可以組合

讓公司在品牌拓展時，可以輕易建立副牌。

受到保護

可以註冊所有權和商標，並具有可用的網域名稱。

正面意義

在目標市場有中具有正面意義，沒有強烈的負面意義。

視覺化

不論是放在商標、文字或是品牌架構，都很適合用圖像表達。

品牌命名的類型

創辦人

許多公司以創辦人的名字命名，例如：福特汽車、麥當勞、Christian Louboutin 時尚女裝、Ben & Jerry's 冰淇淋、Tory Burch 時尚女裝等。這類命名很容易保護，且能夠滿足創辦人的自我意識。其缺點是該品牌與這位真實人物的關係將密不可分。

描述

描述式命名是在描述企業的本質，例如約會網站 Match.com、玩具反斗城 Toys "R" Us、億創理財公司 E *TRADE、筆記軟體 Evernote、基因族譜網站 Ancestry.com、花旗銀行 Citibank 等。描述式命名的好處，是用名稱就清楚表達公司的專業，潛在的缺點則是隨著公司成長越來越多元，此品牌名稱可能會變得綁手綁腳。

虛構

使用虛構的名字，像是 Pinterest 網站、柯達 Kodak 或是 Activia 優格等，名字是獨一無二的，申請著作權也許很容易。但是公司必須投入大量的資金來做教育，讓市場認識公司的本質、服務或是產品。例如冰淇淋品牌哈根達斯 Häagen-Dazs 是虛構的名字，但在消費市場上的推廣效果非常好。

隱喻

隱喻式命名是指利用物品、地點、人物、動物、過程、神話人物或外國單字來暗示該企業的特質，成功的例子包括：Nike 運動用品、Patagonia 戶外用品、Monocle 雜誌、Quartz 媒體網站、特斯拉汽車 Tesla、Kanga 服飾、亞馬遜網站 Amazon.com、哈勃太空望遠鏡 Hubble，以及 Hulu 串流影音網站等。

縮寫

使用縮寫的品牌名字比較難記，申請著作權也會有困難。例如 IBM 與奇異公司 GE，他們的縮寫能夠廣為人知，是因為公司已經先以完整名稱成為知名企業。只有縮寫的品牌名稱，較難讓消費者學會，因此需要持續花很多資金去宣傳縮寫名稱。成功的例子包括：USAA 保險、AARP 樂齡會、時尚品牌 DKNY、CNN 新聞和紐約現代藝術博物館 MoMA。

特殊拼法

有些品牌命名時會刻意改變單字的拼寫方式，創造出獨一無二、可註冊保護的名字，像是 Flickr 相簿、Tumblr 微網誌、Netflix 串流影音和 Google 等。

綜合以上

有些很棒的命名結合了不同形式，像是 Airbnb 網站、Under Armour 運動用品、Trader Joe's 生活雜貨、Shinola Detroit 腕錶和 Santa Classics 系列攝影作品。消費者與投資者通常會喜歡這些容易理解的品牌名稱。

品牌標語 (Taglines)

　　品牌標語就是用一個簡短句子來捕捉公司品牌的精髓、個性和定位，並將公司與競爭對手區隔開來。標語看似簡單，但並不是隨意產生的，品牌標語往往來自嚴謹的品牌策略與創意發想過程。

品牌標語濃縮了該品牌代表的意義，以及該品牌想要傳達的概念。標語一向用在廣告，經常在全球行銷活動中扮演核心角色。有些標語的生命週期比商標短得多，但是最好的標語能超越市場與生活潮流的轉變，其實生命週期會比較長。標語必須有意義，讓人難忘，且可以不斷反覆使用。有些標語，像是「Nike」的「Just do it」變成流行文化的一部份。「Target 百貨」的標語「期待多一點，花費少一點」(Expect more. Pay less.) 則成為該品牌對消費者的承諾。

品牌箴言是一首詩。
品牌箴言是強而有力的品牌工具，
不只能建立品牌，也能建立組織。

克里斯・葛拉姆斯
Chris Grams
出處：《The Ad-Free Brand》
(暫譯：無須廣告的品牌)

阿育王的願景

全球知名的社會企業「阿育王基金會」(Ashoka Foundation)曾提出，希望這個世界「每個人都能帶來改變。」讓世界對社會變遷的回應更快速有效率，且每個人都有自由、自信與社會支持來因應任何社會問題，並且推動改變。

基本特質

簡短

與競爭品牌有差異

獨特

捕捉品牌精髓與定位

容易唸也容易記憶

沒有負面意義

用較小的字體呈現

受法律保護且能註冊為商標

可以觸發情感回應

難以創造

品牌標語可以是一個口號（slogan）、一項澄清、一句箴言、一個主張、或一個指導準則、一個重點，以引起人們的興趣。

德布拉·昆茨·特拉弗索
Debra Koontz Traverso

出自《Outsmarting Goliath》一書
（中文版書名為《以小搏大》，
藍鯨出版，2000）

「slogan」這個字是源於蘇格蘭蓋爾語中的「slaughgai-irm」，這在蘇格蘭俚語中是代表「作戰時的吶喊」。

跨領域的標語

命令：指揮引領行動，通常以動詞開頭

YouTube	Broadcast yourself（表現你自己）
Nike	Just do it（放手去做）
MINI Cooper	Let's motor（我們開車吧）
博士倫 Bausch + Lomb	See better. Live better.（看得更清楚，生活更美好）
蘋果 Apple	Think different.（不同凡想）
東芝 Toshiba	Don't copy. Lead.（不追逐潮流。我引領潮流。）
維珍行動 Virgin Mobile	Live without a plan.（隨心所欲，生活不綁約）
Unstuck 思維引導軟體	Live better everyday.（每天生活更美好）
卡駱馳 Crocs	Feel the love.（感受愛）
可口可樂 Coca-Cola	Open happiness.（暢爽開懷）

描述：描述服務、產品或是品牌承諾

TOMS Shoes	One for one（賣一雙，捐一雙）
TED	Ideas worth spreading（精彩理念，值得傳遞）
Ashoka	Everyone a changemaker（每個人都能帶來改變）
飛利浦 Philips	Innovation & You（創新為你）
Target 目標百貨	Expect more. Pay less.（期待多一點，花費少一點。）
Concentrics 顧問公司	People. Process. Results.（人員、流程、績效）
MSNBC 電視公司	This is who we are（見樹又見林）
安永全球 Ernst & Young	Building a better working world（建設更美好的商業世界）
Allstate 汽車保險	You're in good hands（一切都在掌握中）
奇異 GE	Imagination at work（夢想啟動未來）
Nature Conservancy	Protecting nature. Preserving life.（保育自然，守護生命）

盛讚：將品牌定位成業界領導者

DeBeers 戴比爾斯	A diamond is forever（鑽石恆久遠，一顆永流傳）
BMW	The ultimate driving machine（極致駕馭工具）
德國漢莎航空 Lufthansa	Nonstop you（一路為你）
美國國民警衛隊 National Guard	Americans at their best（美國人的驕傲）
百威 Budweiser	King of beers（啤酒之王）
愛迪達 Adidas	Impossible is nothing（沒有不可能）

刺激：透過標語刺激受眾，通常是提問

威訊通信 Verizon Wireless	Can you hear me now?（現在，你能聽見我嗎？）
微軟 Microsoft	Where are you going today?（你今天想去哪裡？）
賓士 Mercedes-Benz	What makes a symbol endure?（是什麼讓符號成為永恆？）
乳業協會 Dairy Council	Got milk?（喝牛奶了沒？）

特點：展示業務內容

紐約時報 The New York Times	All the news that's fit to print（天下大小事一覽無遺）
歐蕾 Olay	Love the skin you're in（寵愛你的肌膚）
福斯汽車 Volkswagen	Drivers wanted（誠徵駕駛）
eBay	Happy hunting（快樂上網尋寶）
彩虹糖 Skittles	Taste the rainbow（吃定彩虹）

保持一致的品牌訊息

　　品牌要保持傳達一致的品牌訊息或是品牌箴言。成功的品牌只會用一種特定的語調發聲，不論是在網路上或 Tweet 上，不論是銷售人員簡報還是總裁演講，公司都必須傳達出一致的品牌訊息，一定要讓人難忘，具有品牌識別度，並且以客戶為中心。

不論客戶是聆聽、翻閱或細讀公司訊息，都要使用清晰且充滿個性的聲音與語調來傳達訊息，才能吸引客戶。

這些公司資訊不論是為了號召客戶採取行動或是描述產品，使用的語言一定要擊中要害、直截了當、有說服力而且感覺實在。

任何品牌所表達的資訊，其內在本質都是語言與溝通。傳達統一且高度連貫的品牌訊息，需要公司上下階層都齊心一致，整合傳播出需要的文字內容，且與設計完美契合，才能做出品牌差異。

想呈現果斷的風格，文字必須簡明扼要，篇章中不用不必要的文句，文句中也不用不必要的字。同樣地，手繪中沒有不必要的線條，機器中也沒有不必要的零件。

威廉·史傳克與 E.B. 懷特
William Strunk, Jr. and
E.B. White

出處：《The Elements of
Style》（暫譯：風格的要素）

讓我們給大眾一點話題聊聊吧。

美國藍調創作歌手
邦妮·雷特
Bonnie Raitt

文字越簡短，傳達越深遠。

約翰·前田
John Maeda

Automatiic 網站
互聯網設計與包容性設計
全球總監
Global Head,
Computational Design and
Inclusion

電梯簡報※

由 Marketing-Mentor.com 的伊莉絲·彼農 (Ilise Benun) 提出

電梯簡報的重點應該放在客戶身上，而不是你自己。此論點聽起來也許似是而非，但請試試下面 3 種方法，哪個對你的目標客戶最有用。

※編註：「電梯簡報」(Elevator Pitch) 是指用簡短的說明快速打動受眾，就像突然有機會和重要人物一起搭電梯時，要把握機會在搭電梯的數十秒內打動對方。

強調
客戶的需求

強調
客戶的結果

強調
客戶的痛苦

我們請客戶的團隊從長長的科學名詞取出每個字，放在演講中不同位置（當作動詞、形容詞、副詞、名詞使用）。這是個起點，去探討字義、瞭解用字遣詞細微的差異，讓客戶參與探索的過程，將團隊凝聚在一起，討論品牌的關鍵訊息。

瑪格麗特・安德森
Margaret Anderson

傳播設計公司 Stellarvisions
管理負責人

Managing Principal
Stellarvisions

依照這三個重點發佈的訊息，會讓其他人自願扛起你的品牌：「真理、啟發性、值得加上主題標籤」。

瑪姬・戈爾曼
Margie Gorman

大眾傳播顧問
Communications Consultant

基本原則

出處：由顧問麗莎・瑞戴爾（Lissa Reidel）提出

使用能引起共鳴、具有一定意義的語言，讀者會依據自己經驗的不同層面來補足訊息。

目標要清晰、簡明、精確，就像是忙碌的行政人員只有幾分鐘能整理自己需要的資訊。

就像珠寶商一樣，把每個文句好好地精雕細琢，面對客戶時，每個句子都要看起來充滿魅力。

整理雜亂無章的文字，製造音律，讓文字一次又一次被聽見時，獲得鮮明生動的識別度，透過反覆重述建立連貫性。

編輯時把修飾詞、副詞和多餘文字刪掉，留下淬煉過的精華，減少干擾閱讀的參考資料，讓文字更有影響力。文字越精簡，表達越豐沛。

「三」的力量

在品牌傳播時，主要訴求由三個主要關鍵訊息支撐。

這個概念原本用於風險溝通策略，是由文森・考維洛博士（Dr. Vincent Covello）提出的。他主張人會在腦海中建構訊息地圖，是因為處在危機中的人最多只能理解三個訊息，這個概念用在品牌傳播與媒體關係經營方面特別有幫助。

每個字都有機會展現意圖

專業術語	品牌精髓	傳播	資訊	接觸點
公司正式名稱	任務描述	聲音	內容	網頁 + 部落格
公司傳播用的名稱	願景描述	語調	呼籲採取行動 (CTA)	新聞
標語 (Taglines)	價值描述	頭條風格	電話號碼	問與答 (FAQ)
描述	關鍵訊息	標點符號	URL	媒體資料包
產品名稱	指導準則	大寫	電子郵件簽名檔	年度報告
過程名稱	客戶呼籲	強調	語音訊息	文宣手冊
服務名稱	字彙	準確	縮寫	股東溝通
部門名稱	歷史	清晰	標題	客服中心
	制式文件	一致	地址	銷售報告
	電梯簡報		方向	簡報
	主題標籤 (Hushtags)			公告
				大量發送郵件
				廣告活動
				直接投寄實體郵件
				產品方向
				招牌
				應用程式 (App)

主要訴求 (Big idea)

　　主要訴求的功能，就像代表組織文化的圖騰柱，公司的策略、行動與傳播都要符合該主要訴求。主要訴求一定要簡單、易於傳達，而且有很多種解釋方式，讓公司未來可以有各種發展可能。

有時候主要訴求會變成一個標語或口號，由於語言簡潔，可能會產生誤解。因為發想的過程太過困難，若是需要刪去多餘的詞語，會需要龐大的對話溝通，並且要有耐心與決斷力。

為了取得共識，通常需要富有經驗與技巧的推進者，問對問題並獲得結論，這項作業是實現有說服力的公司策略、區格品牌識別度的必要元素。

沒有設計的行銷沒有生命，
沒有行銷的設計只剩沈默。

馮・德利查斯科
Von R. Glitschka

德利查斯科設計工作室
創意總監
Creative Director
Glitschka Studios

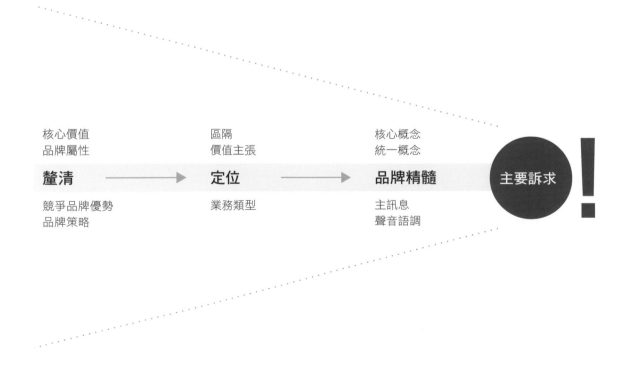

核心價值	區隔	核心概念	
品牌屬性	價值主張	統一概念	
釐清 →	**定位** →	**品牌精髓**	**主要訴求** !
競爭品牌優勢	業務類型	主訊息	
品牌策略		聲音語調	

IBM Watson 華生人工智慧電腦系統

因為有了大數據與人工智慧，全世界的每個地區、每個產業、每種職業，都在同步改變。我們為這一刻建立了 IBM Watson 華生人工智慧電腦系統，我們相信只要人類與機器合作，就可以實現無限可能，讓世界更健康、更安全、更有生產力、更有創意、更平等。

喬恩‧岩田
Jon Iwata

IBM 行銷與傳播
資深副總裁

IBM Smarter Planet 智慧星球

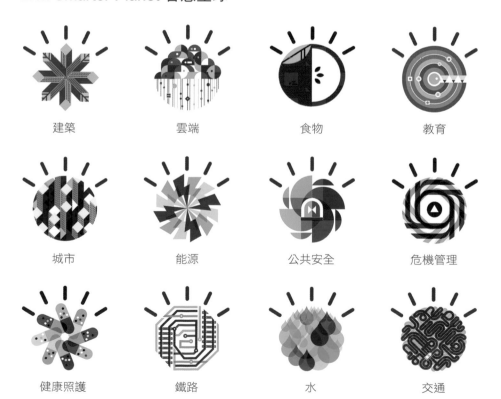

建築	雲端	食物	教育
城市	能源	公共安全	危機管理
健康照護	鐵路	水	交通

IBM 在 2008 年提出「Smarter Planet」(智慧的地球)概念，說明智慧系統與科技的新世代，如何對未來造成衝擊影響。

IBM 從 2015 年開始在 IBM Watson 中心運用「IBM Watson 華生人工智慧電腦系統」推動「認知商務」(cognitive business) 的概念，重新定義人類與機器之間的關係。

IBM 智慧星球（Smarter Planet）：奧美環球（Ogilvy & Mather Worldwide）　　IBM 華生人工智慧電腦系統：IBM 設計團隊

概論

　　不論公司規模大小或業務內容，都有責任打造出理想的品牌識別，這是塑造品牌的必要關鍵。無論是新創公司、打造新的產品或服務、為老品牌重新定位、併購或創造零售業務等，這都是必須的。

　　如果單純只以功能為標準來衡量，並不足以打造出理想的品牌識別。光是在美國專利及商標局註冊的商標，就已經超過一百萬個，最基本的問題就是，品牌如何脫穎而出？一個品牌識別能夠長久使用，其解決方法、關鍵是什麼？要怎麼定義最佳的品牌識別？這並不是在討論特定的美學標準，其識別設計本身就要很傑出，這是基本前提。

理想的品牌識別
是運用了想像力和技藝，
結合了智慧和洞察力。

康妮・柏雪
Connie Birdsall

Lippincott 品牌顧問公司
全球創意總監
Creative Director,
Lippincott

品牌不只是一個商標
或一句標語，而是運
用策略，全力以赴。

米雪兒・邦特雷
Michelle Bonterre

卡內基訓練
品牌長
Chief Brand Officer,
Dale Carnegie

理想品牌識別應該具備的功能

大膽、容易記憶、適當合宜	能登記註冊，受法律保護
一看到立即能辨識出來	價值長久不減
呈現一致的企業形象	適用於不同媒體或不同尺寸
明確表達公司個性	不受時間影響

理想的品牌識別

願景 Vision

做事效率高、細心、充滿熱情的領導者提出來的願景最有說服力，這樣的願景將是激發出理想品牌的基礎與靈感來源。

意義 Meaning

理想的品牌代表一種主張，包括主要訴求、策略性定位、明確的價值組合以及凸顯品牌的表達方法。

真誠 Authenticity

組織必須清楚自己的行銷方向、市場定位、價值主張以及能與其他品牌競爭的差異性，才有可能讓人感覺真誠。

連貫性 Coherence

在顧客體驗品牌時，必須讓顧客感覺熟悉，擁有預期的效果。但是，所謂保持連貫性，並不表示公司需要為了看起來更有整體感而去自我設限。

差異化 Differentiation

同一個產業的品牌，本來就會與另一個競爭對手互相比較。某種層面來說，企業競爭的對手是那些想奪走我們的關注人數、我們的顧客忠誠度，當然還有瓜分我們營收的品牌。

彈性 Flexibility

品牌定位要具備彈性，可配合公司未來的變化與成長，支持逐步發展的行銷策略。

耐久性 Longevity

耐久性就是在不斷變化的世界中保持正常運轉的能力，未來的變化是大眾無法預測的。

承諾 Commitment

品牌需要主動管理自己的品牌資產，包含品牌名稱、商標、業務整合與行銷系統、品牌識別的使用準則等。

價值 Value

建立品牌知名度，增加品牌認知度，傳達品牌特點與品質，闡明有別於其他競爭對手的市場區隔等，這些都可以創造出可觀的價值成果。

願景 (Vision)

　　提出願景需要勇氣。品牌的主要訴求、企業、產品與服務,都需要組織來維繫,而組織要有能力可以看見其他人尚未看見的事物,且有韌性去完成他們所相信的可行的未來。每個成功品牌的背後都有一個充滿熱情的領導人,他們可以啟發其他人用新視野看見全新的未來。

> 願景是「看見」的藝術,
> 要看見其他人未見之事。
>
> 作家
> 喬納森‧史威夫特
> Jonathan Swift

> 我們正在努力的事如此偉大,前所未見。如果我們能幫助每個地方孩子更聰明、更強壯、更善良地長大,我們一定可以讓世界有所改變。
>
> 傑弗瑞‧杜恩
> Jeffrey Dunn
>
> 芝麻街工作室
> 總裁暨執行長
> President and CEO,
> Sesame Workshop

芝麻街

核心目的

美國「芝麻街工作室」製作的兒童教育節目《芝麻街》,以大膽簡單的概念,為兒童電視節目與學前教育掀起革命,這個概念就是「在遊戲中教育兒童」。1969 年起至今,《芝麻街》已拓展到全球超過 150 個國家,主推跨文化的角色,結合了媒體與布偶,效果十足而且充滿想像力。節目為全球數百萬兒童製作,採取本地製作,反映出當地的語言、服裝與教育需求,就像大眾文化的一部份。節目納入與孩子日常生活有關的內容,提出基本事實,提供多元樣貌,呈現生活的不完美和各種挑戰。

統一原則

我們的願景是為我們全體創造更好的世界。

我們的任務是幫助孩子更聰明、更強壯、更善良地成長。

我們承諾運用已經證明可行的方法來教育學齡前兒童。

我們根據嚴謹的研究與緊密合作,造就了深遠的影響。

我們的成功是反映在全球上百萬名兒童的臉上。

《芝麻街》的本心就是這些可愛又討喜的布偶,這些布偶將孩子與我們每一位連結在一起。

		VILA SÉSAMO	SABAI SABAI SESAME	SESAME PARK	芝麻街
阿富汗	孟加拉	巴西	柬埔寨	加拿大	中國
SESAMGADE		5, RUE SÉSAME	SESAMSTRASSE	SZEZÁM UTCA	
瑞典	埃及	法國	德國	匈牙利	波斯灣阿拉伯國家
SZEZÁM UTCA	गली गली सिम सिम	JALAN SESAMA	רחוב סומסום	حكايات سمسم	PLAZA SÉSAMO
匈牙利	印度	印尼	以色列	約旦	拉丁美洲
SESAMSTRAAT	SESAME SQUARE	SESAME TREE	SESAM STASJON	شارع سمسم	SESAME!
荷蘭	奈及利亞	北愛爾蘭	挪威	巴勒斯坦	菲律賓
SEZAMKOWY ZAKĄTEK	УЛИЦА СЕЗАМ	TAKALANI SESAME	BARRIO SÉSAMO	SVENSKA SESAM	SUSAM SOKAGI
波蘭	俄羅斯	南非	西班牙	瑞典	土耳其

《芝麻街》的本心就是這些可愛又討喜的布偶，這些布偶將孩子與我們每一位連結在一起。

當時我認為我們製作的是經典的美國電視節目，結果這些布偶成為我們有史以來最國際化的角色。

我們想將我們對電視的影響用來影響新媒體，我們想引入教育價值，但不失去有趣好玩的本質。

我深深覺得我的人生要做一些好事，試著創造不同，當初我聽到教育電視臺時，我就認為我可以在這個領域創造不同。

瓊‧岡茨‧庫尼
Joan Ganz Cooney

芝麻街創辦人
Founder Sesame Street

意義 (Meaning)

　　理想的品牌代表一種主張，包括主要訴求、策略性定位、明確的價值組合以及凸顯品牌的表達方法。符號是意義的容器，當大眾理解這些符號的意義，越常使用，效力就越大。符號是人類已知溝通方式中最快速的，文字意義則非一眼即知，需要隨時間累積慢慢養成。

> 人們真正想買的並不是你做的東西，
> 而是你為了什麼而做，
> 你所做的事代表了你的信念。

賽門・西奈克
Simon Sinek

出處：《Start with Why: How Great Leaders Inspire Everyone to Take Action》
（中文版書名為《先問，為什麼？啟動你的感召領導力》，天下雜誌出版，2018）

> 人們能透過符號快速增進理解力、想像力和情感，幾乎沒有更快速的學習方式了。
>
> 美國喬治城大學
> 識別標準手冊
> Georgetown University
> Identity Standards Manual

> 商標是品牌的入口。
>
> 設計師
> 米爾頓・葛雷瑟
> Milton Glaser
> Designer

品牌所代表的主張

意義能帶來創意

設計師要能吸收意義，轉換成獨特的視覺形式與表達，所以關鍵是要清楚說明此品牌識別的意義，讓人能夠理解、能夠溝通、能夠認同。品牌識別系統的所有元素都要建立在一個有意義的邏輯系統之下。

意義能建立共識

意義就像營火，是一個集合點，能聚集決策小組，在品牌精髓與品牌特質間取得共識，建立關鍵綜效，繼續執行後續的簡報，包括視覺解決方案、品牌命名或要傳達的關鍵訊息等。

意義能隨時間逐步養成

隨著公司成長，公司業務也許會大幅變更；同樣地，當初品牌標誌的意義也許會從原本的意圖開始逐漸改變，商標是最顯而易見的改變，將隨時提醒他人品牌代表的意義。

「超過 40 年，跨越近 50 個國家，我們率領全球對抗飢饉。」
反飢餓行動海報
Johnson Banks 設計工作室設計

為了食物。
對抗飢餓與營養不良。

為了乾淨的飲水。
對抗致命疾病。

為了讓孩子長得健壯。
對抗夭折。

為了今明兩年的穀物。
對抗乾旱與災害。

為了改變人們的心。
對抗忽略與漠視。

為了免於飢餓。
為了每一個人。
為了更好的世界。

為了行動
對抗飢餓。

我們想找出一種在十多種語言中都能通用的口號，然後發現了每種語言都有「為了」(for) 與「對抗」(against)。

邁克·喬森
Michael Johnson

Johnson Banks 設計工作室創辦人
Founder, Johnson Banks

「反飢餓行動」使用了新符號來取代含糊不清的舊版。新符號簡單地表達出工作內容的兩個主要元素：食物與飲水，並交錯使用主要顏色。就如其中一名員工所説：「如果我們開車進入馬利的戰區，當地人也許看不懂我們的商標，但是至少他們應該懂我們的符號」，在某些載體上也可以把這個符號和印刷樣式搭配組合。

真誠 (Authenticity)

　　從心理學的角度來說，「真誠」的品牌識別，代表該組織或公司有
自我認知，知道自己是誰、自己代表什麼，因此在開始執行品牌識別
工作時，就已經有強力的品牌定位。這樣的組織所建立的品牌，可以
永續發展並秉持真誠態度。「真誠」的品牌所傳達的訊息，必須與該
組織獨特的使命、目標市場、文化、價值與品牌個性保持一致。

現在我們所見的現實
大部分都被修飾過而
且商品化了。若要讓
消費者有所反應，必
須有吸引力、有個
性、有記憶點，最重
要的是要讓消費者感
受到真誠態度。

約瑟夫‧派恩
B. Joseph Pine II

出處：《Authenticity》
（中文版書名為《體驗真實：
掌握顧客的真正渴望》，
天下雜誌出版，2008）

認識你自己。

柏拉圖
Plato

出自《亞西比德》篇
First Alcibiades

「真誠」對我而言，
是要信守承諾、言出
必行，而不是為所欲
為做自己。

賽斯‧高汀
Seth Godin

商標

視覺與觀感

傳達目標訊息

核心訊息

我們知道自己是誰

我們公司專門服務那些以前無法獲得服務的對象。我們解決問題，而非發明產品，我們創造別人無法創造的新方法。

崔斯坦·沃克
Tristan Walker

保健美容新創公司
Walker & Company 創辦人
Founder,
Walker & Company

Bevel 刮鬍系列用品

「Walker & Company」公司充滿野心，目標是專為非白人的族群訂製保健美容用品。旗艦品牌「Bevel」在網路上的刮鬍刀社團販售。非白人的族群以往不是市售刮鬍刀的服務對象，讓這群消費者對刮鬍刀很有陰影。「Walker & Company」成立自己的公司，挑戰透過實體店面的「異國商品貨架」將商品銷售給目標使用者。

連貫性 (Coherence)

　　在顧客使用一項產品時，或與服務專員對話時，或用 iPhone 下單購買時，該品牌都要讓顧客感到熟悉。品牌識別的連貫性，是確保該品牌每個環節都緊緊相扣，讓顧客擁有一致的體驗。所謂創造連貫性並不是要侷限自己，相反地，為了要建立信任感，養成顧客忠誠度，讓消費者滿意，保持連貫性就是品牌設計的底線。

最成功的品牌會保持流暢性和連貫性。
品牌所做的每件事、品牌代表的每個面向，
都讓品牌其他層面更具有說服力。

沃利．奧林斯
Wally Olins
品牌策略師
Brand Strategist

如何讓品牌識別保持連貫性

由核心動態創意發展一致的語氣

品牌在所有傳播媒體上，都從核心動態創意發展出一致的語氣。

單一公司策略

當公司多元發展，分離出新的業務領域，將再次套用連貫性，建立新提案的品牌知名度與客戶接受度。

遍及所有接觸點

品牌連貫性從了解目標顧客的需求與偏好開始，每個和顧客的接觸點都要視為一次品牌體驗。

統一視覺與觀感

品牌識別系統要使用統一的視覺，以及連貫的品牌架構，特別是設計使用的顏色、字體搭配和格式。

統一品質

為了維持一貫的高品質，需要在公司的產品與服務上特別用心，任何沒做到最高品質的產品或服務，都會降低品牌的價值。

明確簡潔

說明產品和服務時都要使用清晰的語言，方便消費者瀏覽，幫助他們做出選擇。

美國購物中心 (Mall of America) 的消費體驗從來不是靜態的,該購物中心是買東西必去的指標地點,永遠都是新的。持續變化的識別系統反映了購物中心的動態。

喬·杜飛
Joe Duffy

Duffy & Partners 設計公司
董事長暨創意長
Chairman & Chief Creative Officer,
Duffy & Partners

美國購物中心 (Mall of America) 是北美最大的購物娛樂綜合商場,該購物中心是美國頂尖的旅遊渡假景點,位於明尼蘇達州(Minnesota)布盧明頓(Blooming-ton),每年吸引超過三千萬名訪客。

美國購物中心:Duffy & Partners 設計

彈性 (Flexibility)

　　企業要不斷創新，品牌識別就要有應變的彈性，畢竟沒有人敢肯定公司五年內將推出什麼新產品或新服務，又或者到時候我們會使用什麼新裝置、會透過什麼方式購買世界各地的商品。品牌必須具有足夠的靈敏度，能快速抓住市場上的新機會。

整合。簡化。拓展。

肯‧卡爾博內
Ken Carbone

Carbone Smolan 品牌代理公司
共同創辦人
Cofounder
Carbone Smolan Agency

瑞士信貸（Credit Suisse）是全球金融服務，在50個國家擁有超過 530 個辦公據點，Carbone Smolan 品牌代理公司使用大膽的新色塊，創造依主題編排的圖庫，內容從客戶到生活潮流都有，包含抽象創意與概念等。

瑞士信貸的新品牌有新活力、新質感，與我們的企業設計系統有了新連結。

雷蒙娜‧波士頓
Ramona Boston

瑞士信貸品牌與傳播全球總監
Global Head of Branding & Communications,
Credit Suisse

我們用明朗的視覺系統整合瑞士信貸的品牌，凸顯瑞士信貸的競爭優勢。

雷司禮‧斯莫蘭
Leslie Smolan

Carbone Smolan 品牌代理公司共同創辦人
Cofounder
Carbone Smolan Agency

準備好迎接未來

行銷上的彈性

一個有效率的品牌識別系統，可讓公司定位順應未來的成長與改變。品牌識別在各種客戶接觸點肩負著重要工作，包含網站、車輛出貨單或是零售通路等，好的品牌識別系統能夠因應行銷策略與方法的不斷革新。

品牌架構

任何新產品或是新服務的行銷，都需要有耐久的品牌架構與包羅萬象的邏輯來預測品牌的未來變化。

新穎、有意義、品牌認知度高

要小心拿捏規範與創意的平衡，完成指定行銷目標的同時，也要遵循品牌識別標準，隨時保持品牌認知度。

瑞士信貸：品牌代理公司 Carbone Smolan 設計

承諾 (Commitment)

　　品牌是公司資產之一，需要受到保護，妥善保存，並要灌溉培養。品牌對顧客的承諾，需要從上到下層層授權教育，以及從下到上都能充分理解其重要性，才能有效管理品牌這項資產。品牌的建立、保護以及提升，都需要企圖心與嚴謹的處理方法，才能隨時確保該品牌的完整性與關聯性。

結論來自腦袋。
承諾發自真心。

尼杜・庫比恩
Nido Qubein

正如廣告所說「多芬，看見不同的美麗」，我們承諾只使用女性真實的照片，絕對不會針對女性的外表做數位修圖。我們希望幫助下個世代正面看待「美」，並將多芬的業界領導地位帶往新的高度。

尼克・蘇卡斯
Nick Soukas

多芬行銷副總裁
VP of Marketing
Dove

多芬（Dove）已經為兩千萬名年輕族群完成自信教育，在 2020 年前將再增加兩千萬人。

Accept

Airbnb 是全世界最大的社群導向訂房服務網站，其房源遍及全球 190 多個國家。為了打擊偏見與歧視，Airbnb 在自己平台上執行全面審查。針對審查的結果，Airbnb 希望確保每位使用者都同意採用 Airbnb 更強大、更詳細的反歧視政策。Airbnb 開始要求每位房東與房客同意 Airbnb 的社群承諾：

「我承諾尊重這個社群的所有成員，不論對方的種族、宗教、國籍、民族、身心障礙狀況、性別、性別認同、性取向或年齡，不會對他們妄加判斷，也不會懷有偏見。」

接受社群承諾代表使用者也同意遵循 Airbnb 的反歧視政策。如果任何人拒絕接受承諾，就無法再透過 Airbnb 出租或訂房。

#weaccept

價值 (Value)

　　創造價值是多數組織理所當然的目標，將對公司永續發展的追求，延伸為與消費者之間的價值對話。品牌要挑起社會責任與環保意識，並兼顧獲利，成為所有品牌新的商業模式。品牌是一項無形資產，而品牌識別將包含從包裝到網站各層面的表現方式，撐起品牌價值。

企業經營的服務範圍遠超過股東，
企業對人類社群和地球肩負的責任同樣重要。

蘿絲・馬卡里奧
Rose Marcario

巴塔哥尼亞戶外用品
執行長
CEO,
Patagonia

品牌識別是一項資產

品牌識別是公司的策略工具也是資產，透過品牌識別，企業可以抓住每個機會去拓展品牌知名度，提升品牌認知度，傳達品牌的獨特性與品質，展現與競爭品牌的差異。嚴守品牌識別，統一品牌標準，永不停止追尋卓越品質，都是企業必須達成的優先事項。

透過法律保護品牌價值

不論是本地或國際市場，商標與商品包裝都必須受到法律保護，因此有必要教育員工與銷售人員相關的法規議題。

我們創造漂亮的清潔
用品，著手改變這個
世界。我們的產品對
地球非常溫柔，對於
汙垢則毫不保留。

亞當‧洛瑞和埃里克‧瑞恩
Adam Lowry and Eric Ryan
公益企業美則清潔用品創辦人
Founders,
Method Products, PBC

美則清潔用品(Method)
創立於 2000 年，作為
環保先驅，開發對地球
友善並以設計為導向的
家用清潔用品、洗衣用
品與個人護理產品。這
些產品的材料皆為天然
萃取，可生物降解，無
毒性。美則是第一個奉
行「搖籃到搖籃」(Cra-
dle to Cradle; C2C) 環保
哲學的公司，公司創立
時推出 37 種 C2C 認證
產品，居全球之冠。美
則身為 B 型企業，將
社會責任與環境變遷視
為公司首要任務。

美則最具代表性的產
品「淚珠瓶」出自設
計師卡里姆‧拉希德
（Karim Rashid）之
手，美麗又時尚的淚
珠瓶在清潔產品業界
掀起革命，目前在北
美洲、歐洲、澳洲與
亞洲等超過 40,000 個
零售地點販售。

差異化 (Differentiation)

　　越來越多品牌爭先恐後地想要取得我們的注意，吵雜的市場上擠滿了無數的選擇，為什麼消費者要選這個品牌？為什麼不選別的牌子？品牌識別光是和別人不同，其實還不夠，要展現出自己的獨一無二，並要讓顧客輕鬆就能了解和其他品牌之間的差異。

生活的各層面都有太多的選項與選擇，有些不值一提，有些事關重大，這些選擇讓人焦慮，給人永不休止的壓力，反而使我們的幸福感更低落。在我們這個時代，最好的公司應該要幫助消費者「篩選」公司提供的一切。

保羅・勞迪奇納
Paul Laudicina

科爾尼諮詢公司
榮譽董事長
Chairman Emeritus A.T.
Kearney

想變得無可取代，
你就必須時時刻刻與眾不同。

可可香奈兒
香奈兒創辦人

Coco Chanel,
House of Chanel

當每個人都左轉時，
請右轉。

馬蒂・紐邁爾
Marty Neumeier

出處：《Zag》
（暫譯：品牌急轉彎）

我們的設計讓包裝和
芒果如英雄般登場,
同時讓我們說故事,
加入幽默感。

潔西卡・沃爾什
Jessica Walsh

Sagmeister & Walsh 藝術團隊
合夥人

Partner,
Sagmeister & Walsh

「Frooti」是印度歷
史最悠久、最受喜愛
的芒果汁品牌。創立
三十年來,這是Froo-
ti 第一次發表新商
標,他們邀請來自紐
約的藝術團隊「Sag-
meister & Walsh」
設計出新鮮、大膽、
充滿玩心的視覺語
言,運用於品牌發
表活動,橫跨印刷、
社群媒體、網路、
遊戲與電視廣告等
媒體。Sagmeister &
Walsh 利用迷你車、
小小人與植栽模型,
創造出一個微型世
界,在這個世界裡,
只有 Frooti 包裝和芒
果維持實體大小。

Frooti 行銷活動:
Sagmeister & Walsh
藝術團隊

特別來賓:
定格動畫工作室
Stoopid Buddy Stoodios

Frooti 商標:
五角設計聯盟 Pentagram

耐久性 (Longevity)

　　品牌能贏得信任。我們生活在目不暇給、快速運轉的世界，身邊的體制、科技、科學、生活潮流、語彙等都在隨時變化，如果消費者能看到他們認得的熟悉商標，就會感到安心。企業若能長久保持其中心思想不變，擁有超越時代變遷的應變能力，就能打造耐久的品牌。

莫頓鹽業的小女孩
誕生超過一世紀，
但不論哪一天
看起來永遠是九歲。

莫頓鹽業
Morton Salt

莫頓鹽業(Morton Salt)在 2014 年慶祝品牌一百週年，更新了品牌並使用新的包裝。紐約設計公司 Pause for Thought 微調了商標上拿雨傘的小女孩，讓線條更簡潔，並為小女孩的臉上增添一抹微笑。

1914

1921

1933

1941

莫頓鹽業：紐約設計公司 Pause for Thought 設計

各知名商標最初啟用的日期

獅牌啤酒 Löwenbräu	1383	IBM	1924	伊士曼柯達 Eastman Kodak	1971
健力士啤酒 Guinness	1862	灰狗巴士 Greyhound	1926	耐吉 Nike	1971
奧林匹克 Olympics	1865	倫敦地鐵 London Underground	1933	桂格燕麥片 Quaker Oats	1972
三菱 Mitsubishi	1870	福斯汽車 Volkswagen	1938	聯合勸募 United Way	1974
雀巢 Nestlé	1875	宜家家居 IKEA	1943	當肯甜甜圈 Dunkin'Donuts	1974
巴斯麥芽啤酒 Bass Ale	1875	CBS 互動	1951	我愛紐約 I Love NY	1975
強鹿農機 John Deere	1876	美國全國廣播公司 NBC	1956	美國公共廣播電視 PBS	1976
美國紅十字會 American Red Cross	1881	大通曼哈頓 Chase Manhattan	1960	蘋果 Apple	1977
強生公司 Johnson & Johnson	1886	國際紙業 International Paper	1960	美國電話電報公司 AT&T	1984
可口可樂 Coca-Cola	1887	摩托羅拉 Motorola	1960	亞馬遜 Amazon	1994
奇異公司 General Electric	1892	UPS 全球快遞	1961	谷歌 Google	1998
保德信 Prudential	1896	麥當勞 McDonald's	1962	維基百科 Wikipedia	2001
米其林 Michelin	1896	通用磨坊 General Foods	1962	領英 LinkedIn	2002
殼牌石油 Shell	1900	羊毛檢驗局 Wool Bureau	1964	臉書 Facebook	2004
納貝斯克公司 Nabisco	1900	美孚石油 Mobil	1965	愛彼迎 Airbnb	2008
福特汽車 Ford	1903	大都會人壽 Metropolitan Life	1967	優步 Uber	2009
勞斯萊斯 Rolls-Royce	1905	蛋襪 L'eggs	1971	Pinterest	2010
賓士 Mercedes-Benz	1911			Instagram	2010
莫頓鹽業 Morton Salt	1914				

1956

1968

2014

品牌標誌

　　雖然品牌標誌設計可能的形式與個性無窮盡，但還是可以歸納出幾大類型，從如實描述或使用象徵含義，或是從文字為導向到圖片為導向，品牌標誌的世界每天都在擴展。

這些分類界線非常有彈性，許多品牌標誌也許集結了一個以上的類型元素，沒有速成的硬性規定，決定哪一種類型的公司最好使用哪一種視覺辨識系統，全靠設計師在設計的過程中挑選，根據客戶與設計師的靈感與實務標準找出範圍廣泛的解決方案，然後再由設計師檢驗這些解決方案。設計師應該要決定哪種設計方法對客戶最適合、最能滿足需求，創造每一種獨特設計方法的基本邏輯。

設計師是客戶與受眾
之間的媒介。

喬爾・凱茲
Joel Katz

喬爾凱茲設計公司
Joel Katz Design Associates

讓每個標誌發揮最大價值。

丹尼斯・庫羅恩
Dennis Kuronen

品牌識別標誌

品牌識別標誌是文字商標 、品牌標誌與品牌標語的集合，有些專案的品牌識別標誌允許將品牌標誌與標準字分開，其他還包括直書與橫書品牌識別標誌的變化，以便在應用載體不同時有其他選擇。

品牌識別標誌

品牌標誌

商標

紅十字原始品牌標誌為 1863 年由創始人亨利・杜南
（Henri Dunant）設計。

品牌標誌的類型

文字標誌

利用首字母縮寫、公司名稱或產品名稱來設計品牌標誌，表達品牌屬性或品牌定位。

例如：Google、eBay、英國泰德美術館 Tate、諾基亞 Nokia、MoMA、Pinterest、FedEx、三星 Samsung、Etsy 藝品拍賣、可口可樂

字母標誌

使用一或多種字體設計字母，方便記憶公司名稱。

例如：聯合利華、Univision 廣播公司、Tory Burch 時尚女裝、Flipboard 新聞雜誌、B 型企業、惠普HP、特斯拉電動車

同義詞

品牌標識
標誌
象徵符號
品牌識別
商標

圖像標誌

經過簡化與風格設計後，立即能辨識的直白圖片。

例如：蘋果、美國全國廣播公司、CBS 互動、Polo、Lacoste 鱷魚服飾、灰狗、推特

抽象/象徵標誌

將主要訴求轉換成符號，應用策略讓含義曖昧。

例如：大通曼哈頓、Sprint 通信、Nike、HSBC、默克集團 Merck

徽章標誌

利用與公司名字密不可分的圖像元素或形式完成標誌設計。

例如：KIND 健康點心、TiVo 數位電視、OXO 廚具、LEED 綠建築、牛頭牌白膠、優衣庫 UNIQLO、宜家家居

文字標誌

　　文字標誌是獨立的單字或字串，也許是公司名稱或縮寫。最好的文字標誌使用獨特的字體標出清晰容易讀的單字或字串，有的還會整合抽象元素或圖像元素。IBM 的縮寫超越業界龐大的科技變革。

Sonos 音響新的品牌識別幫助品牌重新定位，從本來只在音響同好間受歡迎的技術品牌，變成專注經驗與原創更具吸引力的公司。

布魯斯茅設計團隊
Bruce Mau Design

Sonos 音響：布魯斯茅設計團隊

IBM：保羅・蘭德設計
(Paul Rand)

MoMA：馬修・卡特設計
(Matthew Carter)

Braun：沃爾夫剛・
施米塔爾重新設計
Wolfgang Schmittel_

Sasaki：布魯斯茅設計團隊

Tate： North Design

Barnes： 五角設計聯盟

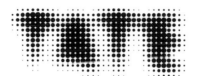

Pinterest：邁克・狄爾
(Michael Deal)
與胡安・卡洛斯・帕根
(Juan Carlos Pagan)

Sonos：布魯斯茅設計團隊

Shinola Detroit：
Bedrock 設計

Netflix： Netflix 設計

字母標誌

　　設計師經常會使用單一字母當作品牌標識時獨特的平面設計焦點，該字母中將會注入品牌獨特個性與意義，成為特別的專屬設計。字母標誌可作為方便記憶的載體，並可以當作手機 App 的圖示。

Moroch Partners 品牌顧問公司為了麥當勞贊助的美式足球聯盟「綠灣包裝工隊」（Green Bay Packers），研發了這個聰明的小贈品提供給球迷們。這雙手套看起來就像麥當勞知名的薯條。在綠灣包裝工隊的主場比賽中，總共發放了七千雙，並且有超過三千個部落格提到這雙手套，還贏得推特上超過 3400 萬人次的瀏覽量。

A to Z 字母標誌

標誌圖片請見右頁

Aether 戶外用品：
Carbone Smolan 品牌代理公司設計

Brokers Insurance 保險公司：
Rev Group 品牌顧問公司設計

Comedy Central 喜劇頻道：
Work-Order 設計公司設計

DC 漫畫：朗濤品牌諮詢公司設計

Energy 百貨：
Joel Katz Design Associates 設計

Fine Line Features 電影公司：
伍迪・珀特爾（Woody Pirtle）設計

Goertz Fashion House：
Allemann Almquist + Jones
品牌顧問公司設計

紐約空中鐵道公園（High Line）：
五角設計聯盟設計

Irwin 金融公司：
Chermayeff & Geismar 設計公司設計

Tubej 影音：
羅傑・奧特尼（Roger Oddone）設計

Kemper 工業設備：
Lippincott 品牌設計

LifeMark Partners人壽：
Alusiv 品牌顧問公司設計

赫曼米勒傢俱（Herman Miller）：
喬治・尼爾森（George Nelson）設計

NEPTCO：
Malcolm Grear Designers 設計

達拉斯歌劇院 Dallas Opera：
伍迪・珀特爾設計

Preferred 投資公司：
瓊・畢恩森（Jon Bjornson）設計

Quest 醫學檢驗公司：
卡塞蒂（Q Cassetti）設計

Radial 企業：
Siegel + Gale 設計公司設計

Seatrain Lines 海運：
Chermayeff & Geismar 設計公司設計

特斯拉：
Prada Studio 設計

Under Armour 運動用品：
凱文・普朗克（Kevin Plank）設計

范德堡大學 Vanderbilt University：
Malcolm Grear Designers 設計

西屋 Westinghouse：
保羅・蘭德（Paul Rand）設計

Xenex 醫療：
Matchstic
品牌顧問設計

Yahoo 奇摩：
不具名設計師設計

Zonik 電器：
Lippincott 品牌設計公司設計

圖像標誌

　　圖像標誌是使用直白且容易識別的圖像當作標誌。該圖像本身也許暗示公司名稱或是公司任務，或可能是品牌屬性的象徵，形式越簡單就越難畫。有技巧的設計師會懂得如何翻譯與簡化，玩轉光影變化，在亮部與暗部之間取得平衡。

「OneVoice 運動」是一項全球倡議，支持以色列、巴勒斯坦與國際基層運動的人士，為解決以巴衝突的公平協商，創建必要的人力基礎組織。

我們試著避免太傳統的和平標誌，我們的符號簡單描繪了不同立場的人，一起合作創造美麗的事物。

史蒂芬・塞格麥斯特
Stefan Sagmeister

Sagmeister & Walsh
藝術團隊合夥人
Partner,
Sagmeister & Walsh

OneVoice 運動：Sagmeister & Walsh 藝術團隊

圖像標誌

從左到右：

Dropbox 雲端儲存：Dropbox 創意團隊

Evernote 雲端筆記：Evernote 創意團隊

美國全國廣播公司：
Chermayeff & Geismar 品牌設計公司設計

星巴克：星巴克全球創意工作室與 Lippincott
品牌設計公司設計

殼牌石油：雷蒙·洛威
（Raymond Loewy）設計

推特：Pepco Studio 設計工作室設計

史密森尼學會 Smithsonian：Chermayeff
& Geismar 品牌設計公司設計

紐約野生中心自然博物館 The WILD
Center：Fish Partners 設計公司設計

Fork in the Road 食品：
Studio Hinrichs 設計公司設計

MailChimp 電子報：
喬恩·希克斯 Jon Hicks 設計

大嘴猴 Paul Frank：
保羅·法蘭克·桑利奇
（Paul Frank Sunich）與
副牌 Park La Fun 設計

SurveyMonkey 民意調查：
SurveyMonkey 設計

CBS 互動：威廉·高登
（William Golden）設計

蘋果：羅伯·加諾夫（Rob Janoff）設計

卡駱馳：馬修·艾賓
（Matthew Ebbing）設計

（下圖）
美國自然保育協會
(The Nature Conservancy)：
內部設計師設計

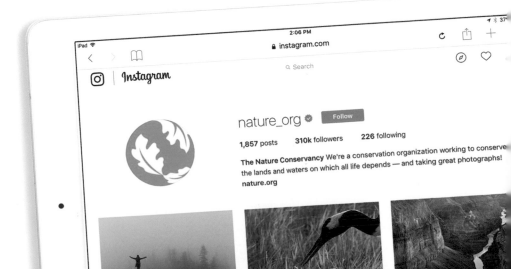

抽象標誌

　　抽象標誌是指運用視覺形式來傳達品牌的主要訴求或是品牌屬性。
這些標誌本身可以搭配視覺策略來延伸意義，在大公司中，如果擁有
許多互不相關的商業部門或是多角經營，抽象標誌就是很有效的品牌
標誌設計方式。對於以提供服務為主或是科技公司來說，抽象標誌也
特別有效，但是另一方面，抽象標誌的設計工作是非常困難的。

Grupo Imagen 是墨西哥的新媒體集團，他們將公司各種業務，包括印刷品、廣播與電視品牌等整合為單一旗幟，與新聞、娛樂、運動與生活潮流相結合。

為強調公司的包容性與多元性，新的公司標誌整合了兩種截然不同的幾何形狀，並創造出新字體樣式。

薩吉·哈維夫
Sagi Haviv

Chermayeff & Geismar &
Haviv 品牌設計公司合夥人
Partner,
Chermayeff & Geismar & Haviv

Grupo Imagen 媒體集團：Chermayeff & Geismar & Haviv 品牌設計公司設計

從左到右：

凱悅飯店集團 Hyatt Place：
Lippincott 品牌設計公司設計

默克集團：
Chermayeff & Geismar
品牌設計公司設計

NO MORE 公益組織：
Sterling Brands
品牌顧問公司設計

Novvi 生物燃料：
Liquid Agency
品牌顧問公司設計

麻省理工媒體實驗室
MIT Media Labs：
TheGreenEyl 設計公司設計

時代華納股份有限公司
Time Warner：
Chermayeff & Geismar
品牌設計公司設計

愛麗娜・惠勒：
Rev Group 品牌顧問公司設計

達里恩圖書館 Darien Library：
Steff Geissbuhler 設計

Captive Resources 保險公司：
Crosby 品牌顧問公司設計

Criativia 品牌顧問：
Criativia 品牌工作室設計

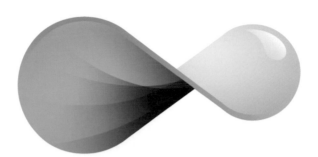

 Criativia 品牌塑造
 Criativia 識別設計
 Criativia 內部品牌
 Criativia 品牌體驗

徽章標誌

　　徽章標誌是與組織名稱密不可分的商標，是以整個形狀為主設計，其中所有元素都要整合在一起。徽章標誌若放在包裝上會非常漂亮，就像一個簽名，當作刺繡布章放在制服上也非常好看。不過由於目前越來越多行動裝置的尺寸變小，一切載體都變得迷你時，徽章標誌的識別度也將面臨有史以來最大的挑戰。

從我們製作健康點心的方式，到我們的工作、生活、回饋社會等，我們的核心價值，就是讓這世界變得稍微友善一點。即使只是個小點心，也可以發起一次行動（並不強迫，真的），這一切的背後，只是個簡單的信念：企業不只能營利，還能有更多可能。

KIND 健康點心

Rusk Renovations 建築：
露易斯・斐莉股份有限公司
（Louise Fili Ltd.）設計

IKEA 宜家家居：
不具名設計師設計

Design within Reach 傢俱：
五角設計聯盟設計

KIND 健康點心：
不具名設計師設計

我愛紐約 I Love NY：
米爾頓・葛雷瑟
(Milton Glaser) 設計

Uniqlo 優衣庫:
佐藤可士和
（Kashiwa Sato）設計

TOMS 鞋：
不具名設計師設計

美國俄亥俄與伊利河岸
公路：Cloud Gehshan
設計顧問公司設計

布魯克林酒廠
（Brooklyn Brewery）：
米爾頓・葛雷瑟設計

動態標誌

　　創意總是能挑戰傳統。歷史上所有知名品牌，都是透過將單一標誌頻繁曝光，提升全球觸及率，進而獲得期望的品牌資產。例如 Apple 的蘋果標誌，或是 Nike Swoosh 球鞋上的勾勾標誌。但隨著人們生活越來越數位化，設計師們也要找到新方法來表達主要訴求。在未來，工程師也將變成設計團隊的合作夥伴，為品牌量身訂製，將品牌識別設計成動態的電腦程式。

視覺識別系統要真實反映我們所聽見與看到的內容，建立在創造力、風險與改革創新之上，是一個獨一無二、生機勃勃、充滿活力的機制。

布魯斯‧茅
Bruce Mau

布魯斯茅設計團隊
Bruce Mau Design

這套識別系統的基礎是黑白像素視窗，其中帶有模組化的開發框架，然後將實際的學生作品與設計成品放進框架中。

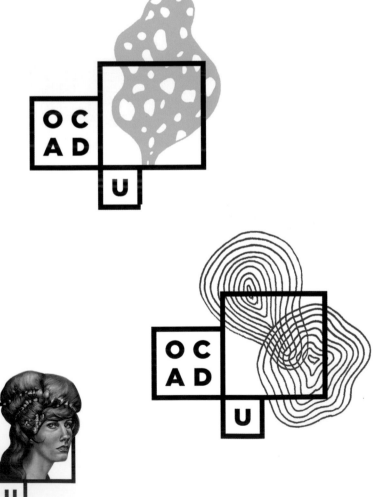

安大略藝術設計大學（OCAD University）：布魯斯‧茅設計

Philadelphia Museum of Art

Philadelphia Museum of Art

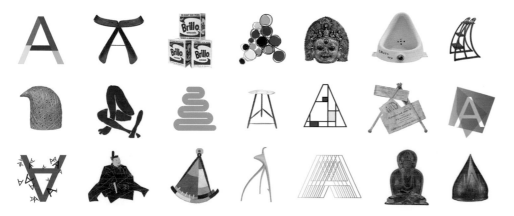

費城藝術博物館大膽的新品牌策略，使用動態標誌表達其豐富的視覺識別系統。

珍妮弗・弗朗西斯
Jennifer Francis

費城藝術博物館
行銷傳播執行總監
Executive Director of
Marketing and Communictions,
Philadelphia Museum of Art

我想把費城藝術博物館的「Art」放在最前方和正中央，將博物館與世界各地的同業作出明顯區隔。

寶拉・雪兒
Paula Scher

五角設計聯盟合夥人
Partner, Pentagram

費城藝術博物館有個超級長的名字，不像 MoMA 或 V&A，並不適合使用字母縮寫。我們的動態規劃是將「Art」的字母「A」客製化，強調博物館卓越淵博的館藏。特別的字母「A」為博物館跨平台傳播帶來有趣的元素，新的識別系統打造出靈活的品牌塑造系統，可將其他許多不同的元素連起來。

我們的動畫資產庫中有超過兩百個字母「A」，包括藝術家的創作，像是建築師法蘭克・蓋瑞（Frank Gehry）的作品

路易・布拉佛
Luis Bravo

費城藝術博物館
創意品牌參與總監
Creative and Brand
Engagement Director,
Philadelphia Museum of Art

費城藝術博物館：由五角設計聯盟設計

品牌吉祥物

　　吉祥物是有生命的！商標吉祥物代表品牌屬性或品牌價值，吉祥物會很快成為廣告活動的明星，甚至成為企業文化的代表圖示。吉祥物除了具備獨特的外型與個性，有些還擁有高辨識度的嗓音和配樂，讓吉祥物從安靜的貨架一躍進入每個人的生活。

擬人化的吉祥物雖然應該歷時不衰而且普遍通用，不過，吉祥物很少能撐過歲月的摧殘，通常需要重新繪製，融入當代文化才能繼續沿用。例如米其林輪胎人（Michelin Man）已有一百多年歷史，經歷過無數次修改；通用磨坊（General Mills）的吉祥物貝蒂妙廚（Betty Crocker）也從全職媽媽變成職業婦女，緊抓各世代的心。哥倫比亞影業（Columbia Pictures）手持著火炬的女神，則經過一次大整形，但是她看起來總是不太開心，滿心不情願地舉著那支火炬。每屆奧運都會創造出一個吉祥物，製作成動畫與成千上萬的絨毛玩具。誰又會知道壁虎可以賣汽車保險※呢？

※譯註：壁虎「蓋可」（Gecko）是美國政府僱員保險公司 (GEICO) 的吉祥物，因為該保險公司的英文發音與壁虎非常相似，就用壁虎當作吉祥物。

貝氏堡公司（Pillsbury Company）的廣告標誌與吉祥物麵團寶寶（Poppin'Fresh; Pillsbury Doughboy）。1965 年由芝加哥貝氏堡公司的合作廣告商李奧貝納（Leo Burnett）文案撰稿人羅道夫・裴瑞茲（Rudolph Perz）提出製作品牌吉祥物的想法，該吉祥物是從冷凍麵團的罐頭中冒出來的，其角色名稱代表對產品品質與新鮮度的肯定。

圖片由貝氏堡（Pillsbury Company）與通用磨坊（General Mills）提供

吉祥物	所屬公司或組織	誕生年份
山姆大叔 Uncle Sam	美國政府	1838
傑瑪大嬸 Aunt Jemima	百事公司 PepsiCo.	1893
米其林輪胎人 Michelin Man	米其林 Michelin	1898
花生先生 Mr. Peanut	紳士牌 Planters	1916
貝蒂妙廚 Betty Crocker	通用磨坊 General Mills	1921
雷迪千瓦 Reddy Kilowatt	美國電力公司 electric company	1926
喬力綠巨人 Jolly Green Giant	B&G 食品	1928
獅子李歐 Leo the Lion	美高梅 MGM Pictures	1928
米老鼠 Mickey Mouse	華特迪士尼 Walt Disney Co.	1928
風中女郎 Windy	Zippo 打火機	1937
鉚釘女工蘿西 Rosie the Riveter	美國政府	1943
史摩基火警熊 Smokey the Bear	美國國家森林局	1944
艾瑪公牛 Elmer the Bull	牛頭牌白膠 ELMER'S Glue	1947
東尼虎 Tony the Tiger	家樂氏 Kellogg	1951
崔克斯兔兔 Trix the Bunny	通用磨坊 General Mills	1960
查理鮪魚 Charlie the Tuna	StarKist 鮪魚罐頭	1961
哥倫比亞女神 Columbia Goddess	哥倫比亞影業 Columbia Pictures	1961
麥當勞叔叔 Ronald McDonald	麥當勞 McDonald's	1963
麵團寶寶 Poppin'Fresh	通用磨坊 General Mills	1965
奇寶小精靈 Ernie Keebler & the elves	家樂氏 Kellogg	1969
雀巢巧克力兔 Nesquik Bunny	Nesquik 雀巢巧克力	1970s
勁量兔 Energizer Bunny	永備勁量電池 Eveready Energizer	1989
吉夫先生 Jeeves	有問必答搜尋引擎 Ask Jeeves	1996
阿飛鴨 AFLAC duck	美國家庭人壽 AFLAC Insurance	2000
壁虎蓋可 Gecko	美國政府僱員保險公司 GEICO	2002

壁虎「蓋可」說話時會帶有東倫敦考克尼 (Cockney) 口音，主演過電視節目與廣告活動。美國政府僱員保險公司 (GEICO) 是第一家投資廣告的汽車保險公司。

美國政府僱員保險公司的壁虎蓋可：品牌顧問公司 The Martin Agency 設計

品牌趨勢變化

　　下一個大事件已經發生了。社會每時每刻的發展都叫人不可預測，隨著市場本身轉型，好的品牌會持續創新，才能因應社會變遷、科技演進、流行文化趨勢、市場研究更新與政治環境的風生水起。偉大的品牌會同意人們對過去簡單的生活似是而非的懷念，並減緩永無止盡的改變對我們的衝擊。

趁早改變永不失敗，導致失敗的主要原因幾乎都是反應太慢。

賽斯・高汀

出處：《Tribes》（中文版書名為《部落：一呼百應的力量》，先覺出版，2009）

科技的改變比人的改變更快。

德瑞克・湯普森
Derek Thompson

出處：《Hit Makers: The Science of Popularity in an Age of Distraction》（中文版書名為《引爆瘋潮：徹底掌握流行擴散與大眾心理的操作策略》，商周出版，2017）

透過技術融合，
實體、數位與生物領域的界限
已經變得模糊了。

謝爾蓋・布林
Sergey Brin

Google 共同創辦人與Alphabet 集團總裁
Google Cofounder and Alphabet President

三星的「Gear VR」VR 眼鏡可幫助客戶實現夢想的事情，造訪從未到過的地方。

攝影：©2017 Japan Negita 2017：設計：Turner Duckworth 設計公司

成為主流的關鍵字

人工智慧
AlphaGo (人工對弈)
Google (谷歌)
Spotify (音樂串流)

大數據
IBM Watson (華生
人工智慧電腦系統)
Starbucks 星巴克
T-Mobile 電信公司

聊天機器人
Mitsuku (光子)
Meekan for Slack (
行事曆機器人)
Chatshopper (臉書
購物聊天機器人)

雲端服務
Amazon Web
Services
Microsoft Azure
IBM Cloud

群眾募資
DonorsChoose
Kickstarter
Indiegogo

無人機/個人影音
DJI (大疆創新無人機)
GoPro 攝影機

性別流動
Cover Girl 彩妝
David Bowie
Louis Vuitton
Saint Harridan 服飾

機能纖維
Mood sweater
Sensoree GER

物聯網
亞馬遜 Echo
Google Home
Nest

正念 App
Buddhify (冥想指導)
Calm (放鬆與冥想)
Headspace 頭腦空
間(紓壓與冥想)

行動保健
Asthmapolis (哮喘病
線上醫療平台)
Personal KinetiGraph

語音助理
Alexa (語音助理)
Siri (語音助理)

快遞
Enjoy 美食
Shyp 快遞
Postmates 快遞

線上評論

Angie's List (家政服
務評價網站)
TripAdvisor (旅遊評
價網站)
Yelp (店家評價網站)

自我量化
Mint.com (理財軟體)
MoodPanda (情緒追
蹤 App)

機器人
Robosapien (史賓
機器人)
Roomba 掃地機器人
Sphero SPRK (智能
機器人球)

剪貼簿
Curalate (視覺商務
平台)
Pinterest (視覺靈感
搜尋網站)
Tumblr (社群網站)

共享經濟
Airbnb (訂房服務)
DogVaCay (寵物保姆)
Lyft (叫車服務)

太空旅行
SpaceX (太空探索技

術公司)
Virgin Atlantic
(太空旅遊服務)

定時訂購
Birchbox (美妝試用品
配送盒)
Blue Apron (食譜食材
外送服務)
Stitch Fix (服裝造型訂
閱服務)

虛擬實境
Magic Leap (AR 眼鏡)
Microsoft HoloLens
(AR 眼鏡)
Oculus Rift (VR 眼鏡)

穿戴裝置
Apple Watch (智慧
手錶)
Snapchat Speclacles
(智慧眼鏡)

3D 列印
Formlabs (風雷 3D 列
印機)
LulzBot 3D 列印機
MakerBot 3D 列印機

> 社交機器人並不是要
> 取代人類,而是與人
> 類互動。人類與機器
> 將成為夥伴,用前所
> 未有的方式提供產品
> 與服務,每一種提供
> 方式都自有優勢。
>
> 理查・楊克
> Richard Yonck
>
> 智能未來顧問未來學家
> Futurist,
> Intelligent Future Consulting

2016 年前 25 大的「獨角獸」

這裡的「獨角獸」是指市價超
過 10 億美元的新創公司。

創造差異

　　創造不同，就是建立品牌的關鍵，消費者購買的是企業的價值觀，因此企業要重新思考自己的價值觀定位。當代成功企業的商業模式，需符合「三重底線」(Triple Bottom Line)：人類、地球、利潤，也就是要肩負其社會責任、環境責任和經濟責任。企業衡量成功的方式，已從根本發生巨大轉變。

以往企業的目的一直是創造股東利益，但現在企業必須履行的責任還結合了促進經濟繁榮與環境保護，企業要展現自己對社群與員工的關懷。對許多人來說，永續經營需要激進的改革：重新修整自己正在做的事、怎麼去做、怎麼傳播。新一代的公司會將永續發展視為品牌承諾的核心目標，而且真實性至關重要，企業若無法信守自己的承諾，會在社群網路上立刻爆發傳開來。

我至少能為無法開口的對象發聲。

珍・古德
Jane Goodall

珍古德協會創辦人
Founder,
The Jane Goodall Institute

永續發展

開發新的業務模式。
肩負責任感執行改革。
減少碳足跡，設計更聰明。
重新思考產品的使用週期，
創造長期價值。
重新設計製造過程。
避免浪費。
不造成任何傷害。
宣揚有意義的改變。
讓理論變成行動。
有效使用能源。
查找替代能源。
使用可再生資源。
重視健康與幸福。
評估供應鏈。
重新思考包裝與產品。
推動環保意識。
誠信經營，並教育大眾何謂
永續發展。
重覆使用、回收、維修。
推廣值得信賴的認證機制。
思考人類、地球、利潤間的
關係，審視自己的使命。
致力實現自己的核心價值。
訂定環境政策。
將需求透明化。
評估業務執行方法。
為作業流程設立標竿。
創造健康的工作空間。
重新定義繁榮。
公平採購，購買在地生產的
物資。

珍・古德協會致力於保護猿猴和靈長類動物，讓他們免受疾病威脅或遭人販賣。

2004 年瓜地馬拉生命計劃協會（Fundación Proyecto de Vida）的一群領導人，邀請布魯斯茅設計團隊 (Bruce Mau Design) 協助設計願景計畫，在長達 30 年的內戰後，激勵人們行動，創造集體改變。這個計劃包含許多不同倡議，遍佈瓜地馬拉不同區域，並且有許多合作夥伴，在國際上引起共鳴。

雖然這項工作始於視覺識別與傳播，但是示範了在設計過程中如何將創意與分析性思考應用於文化、政治與行為等問題。

當然，我們沒有辦法解決瓜地馬拉的問題，這只有瓜地馬拉當地人能辦到。但是藉由我們的傳播工具來分享，我們也能提供幫助，還有什麼比這個更好呢？

布魯斯・茅
Bruce Mau

瓜地馬拉 (Guateamala)：布魯斯茅設計 (Bruce Mau Design)

大數據分析

　　當你在設計未來的品牌，演算法大軍會急著取代你的工作。然而，無論是主要訴求，或是品牌策略，都還是需要戰略性的想像，思考迴路中仍需要真人參與。大數據每奈秒都在成長，而且越來越龐大（想想看 ZB (Zettabyte) 這麼大的單位都出現了）。品牌分析、機器學習與人工智慧的每一項演進，都能讓我們更精準地預測未來，幫助我們在設計與顧客體驗的最佳化方面做出更好的決策。

大數據從不同來源湧來，
不論是速度、數量、多樣性
都相當驚人。

www.ibm.com

要熟悉你所屬組織收集數據的優先順位與目標。設計師不需要成為資料科學家，但為了建立具有市場敏銳度的品牌，設計師需要了解如何解讀數據，如何在市場佔得一席之地。

蓋梅爾・古堤雷斯
Gaemer Gutierrez

CVS 健康連鎖藥店
店面品牌部長
Store Brand Portfolio,
CVS Health

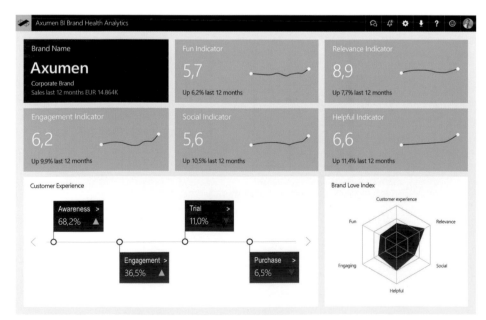

Axumen BI Brand Health Analytics

| Brand Name **Axumen** Corporate Brand Sales last 12 months EUR 14.864K | Fun Indicator 5,7 Up 6,2% last 12 months | Relevance Indicator 8,9 Up 7,7% last 12 months |

| Engagement Indicator 6,2 Up 9,9% last 12 months | Social Indicator 5,6 Up 10,5% last 12 months | Helpful Indicator 6,6 Up 11,4% last 12 months |

Customer Experience

Awareness > 68,2% ▲
Trial > 11,0% ▼
Engagement > 36,5% ▲
Purchase > 6,5% ▼

Brand Love Index

Customer experience / Relevance / Social / Helpful / Engaging / Fun

© 2017 Axumen Intelligence

品牌接觸點會有「數位足跡」(說明見右頁)，將品牌轉為數據聚類（clusters of data），進階分析與人工智慧可將這些聚類變成可採取行動的深入剖析與預測。

安德斯・布拉肯
Anders Braekken
Axumen Intelligence
創辦人暨執行長
CEO & Founder,
Axumen Intelligence

數據的可視化，是發現使用者模式與行為的關鍵，可獲得讓人信服且獨一無二的深入剖析。

品牌接觸點留下的「數位足跡」

Axumen Intelligence

發表產品與服務的評等與評價

在自己的網站上發表

在自己的部落格上發表

在維基百科上撰寫與修改

閱讀顧客評價與評等

社群媒體的點讚人數、追蹤人數和評分

在社群媒體撰寫評論與更新

推薦朋友與家人網站與貼文

參與網路論壇

在其他人的部落格留言

在推特上閱讀、發文與轉推

在媒體上發表照片，像是 Instagram

收聽廣播與網路電台

使用新聞匯集網站，例如 Google 新聞

上傳影片到 YouTube

發佈自己網路的文章與故事

數據的基本概念

出處：由專業數位轉型公司的拉密許‧唐塔 (Ramesh Dontha) 提出

描述性分析

描述性分析可呈現過去的狀況，為組織的營運提供歷史分析，包括品牌表現、行銷投資報酬率、財務、銷售、人力資本、庫存等。

預測性分析

預測性分析並不是在精準預測未來，而是要分析和預測可能會發生什麼事情。

建議分析

建議分析是根據可能達成的結果，建議可以採取的行動，以及執行這些行動方案後可能發生的狀況。

演算法

演算法是運用數學公式或統計過程，來執行數據分析。

資料探勘

資料探勘是指尋找有意義的模式，利用成熟的模式識別技術，在大量的數據中汲取資料並深入剖析。

雲端運算

雲端運算實際上是把軟體和數據放到遠端伺服器上託管運行，也可能在軟體和數據間取其一執行。透過網路，在任何地方都能讀取資料。

機器學習

機器學習是一套系統設計方法，機器可以根據輸入機器的數據來學習、調整與改善。

結構性資料與非結構性資料

結構性資料是可以放入關聯式資料庫的所有資訊；非結構性資料則是不能放入的，例如電子郵件訊息、社群媒體貼文、人類演講錄音等。

分析連續性

© 2014 美國顧問機構「顧能」Gartner

分析		人工輸入
描述 發生什麼事？		
診斷 為什麼會發生？		決策　行動
預測 將來會發生什麼事？		
建議 我應該怎麼做？	決策支援 自動執行決策	

資料

反饋訊息

社群媒體

　　社群媒體已經成為各種行銷方式中預算成長最快的項目。雖然如何評測社群媒體的財務報酬仍然有很多爭議，至少有一件事是確定的：消費者已成為品牌建立過程中的主要參與者，使用者「轉推」的速度會比首次發表會的全球活動行銷速度更快。現在，每個人都可能透過社群媒體變成偶像明星，也可能身兼製作人、導演和發行商。

最終，你得到多少愛
會等同你所付出的愛。

披頭四
The Beatles

只要贏得顧客的尊重與推薦，他們會為你做好市場行銷，而且免費。偉大的服務，始於偉大的對話。

安迪‧塞諾威茲
Andy Sernovitz

出處：《Word of Mouth Marketing》（中文版書名為《讓顧客幫你賣！》，臉譜出版，2012）

評量成效	社群媒體分類
量化	**交流**
粉絲/追蹤人數	部落格
分享數	微型部落格
按讚數	論壇
留言數	社群網路
流量/訪客數	異業合作
點擊/轉換率	維基百科
點閱率	社群書籤
	社群新聞匯集網站
質化	評價
參與度	訊息
對話品質	聊天室
粉絲忠誠度	
深入剖析/研究價值	**娛樂**
口碑	分享照片
品牌聲譽	分享影片
影響力	直播
	分享語音與音樂
	虛擬世界
	遊戲

品牌的社群媒體經營法則

出處：由內容策略師卡洛琳・泰戈（Caroline Tiger）提出

分配資源要挑剔

根據手頭上的資源與目標，決定你使用的社群平台數量。你的目標受眾在哪裡？你的團隊可以妥善掌握多少管道？

排程、排程、排程

規劃一年左右的發文排程，以及要用來編輯和交流的時間（這個排程可隨時配合變更，不是死規矩）。

要有附屬策略

在你的保護傘策略底下，為每個管道安排清晰的附屬策略。也許在 Faccbook 是讓員工參與，在 LinkedIn 是分享行業新知，在 Twitter 則用於客戶服務。

請跟我念一次：一稿多投！

同一段影片採訪，可以變成部落格系列文章、廣播特輯、小型短片、開放下載、或是在 Instagram 上貼文標註 #mondaymotivation 當作週一能量補給等等。

僱用前任記者來協助操作

他們知道怎麼在社群裡挖到金礦。

堅持 80/20 法則

80% 社群建立與內容策展，也就是搜集相關領域的特色內容；20% 用於自我推銷。

要小心自動貼文的功能

在危機發生或是機會來臨的時候，要準備好關閉自動貼文的功能，改成手動更新。

建立品牌聲音（發文風格），維持一貫

你個人的風格也許精彩多變，但是公司的聲音（風格）在任何平台上必須保持一致。

增加亮點

在理想情況下，你的每一則發文都要有亮點（在社群媒體團隊中，一定要有平面設計帥或是具有基本設計能力的人）。

不斷學習

這個領域是不斷變化的。要養成讓自己不斷發掘的渴望與逐步成長的意願。

泰莎・惠勒（Tessa Wheeler）的 Snapchat

智慧型手機

　　行動裝置已經變成人類的第二天性，我們去到哪裡，手機就跟到哪裡。我們像瘋了一樣拼命傳訊息，三更半夜檢查電子郵件、到處比價、在 Netflix 上追劇、用手機看新聞、遙控業務。我們需要的每件事情都能裝進口袋，行動裝置就是我們的購物中心、迷你大學或者當作腦內 SPA 使用。Siri 迫不及待等著為我們服務，而演算法大軍則時時監控著我們的一舉一動。

在沒有手機 App 的年代，人們在超市等著結帳或是搭火車的時候，都做什麼打發時間呢？

凱文・李
Kevin Lee

科學技術人員
Technologist

網路已經走出桌面，不會回頭了。

伊森・馬爾寇特
Ethan Marcotte

出處：《Responsive Web Design》
（暫譯：響應式網頁設計）

成功的互動式裝置應該要簡單好用、符合直覺。但到底能不能成功，端看互動的方法及應用這些方法設計的裝置。這個原則包含所有聲控、穿戴式裝置、觸碰式裝置、手機、桌機，或未來才會發明的各種科技產品。

維杰・馬修斯
Vijay Mathews

W&CO 廣告設計公司
創意總監暨合夥人
Creative Director and Partner
W&CO

響應式網頁的基礎

出處：由 W&CO 廣告設計公司創意總監暨合夥人維杰・馬修斯（Vijay Mathews）提出

要採用靈活有彈性的網頁設計來對應現有裝置的各種格式，也要適應未來的格式。

保持各種解析度之間的關係，都要清晰銳利，以便加強網站的視覺解析度。

為每種裝置和格式設計時，要採用最大限制來定義參數，以利輸出其他解析度。

利用每個裝置的物理屬性和輸入方法，來開發更多種原生體驗（畢竟現在不是每件東西都只靠點擊操控）。

建構內容存取時，要能回應環境與使用者行為。不論使用者是在路上或是在家裡，使用者的操作環境都要能回應使用者的內容需求。

建立清晰的資訊層次結構，提供直觀的使用者體驗以及流暢的格式。

互動式設計無法容忍「一個尺寸通用」的設計方式，互動式設計好不好用，與您的每個平台的設計夠不夠智慧、思考夠不夠周全有關，而且要能妥善利用每個平台不同的優勢。

維杰・馬修斯
Vijay Mathews
W&CO 廣告設計公司創意總監暨合夥人
Creative Director and Partner W&CO

美國平面設計協會（AIGA）2016年設計大會的識別標誌是由 MotherNY 廣告公司製作設計，不過其靈活的活動網站和App 平台（iOS/ Android）則是由 W&CO 廣告設計公司著手開發，包含影音、社群媒體整合、細部講者與活動資訊，還附帶搜尋與過濾功能。這個App 體驗充分利用行動功能，讓使用者可以將活動新增到行事曆上，連線投票以及留言回應，還能利用 GPS 在展場地圖上查看自己的位置。

美國平面設計協會 2016 年
設計大會：由 W&CO 廣告
設計公司與 MotherNY 廣告
公司製作

App

App 已經是我們的生活必需品，就像那些很棒的品牌般不可或缺，你不能想像生活中沒有 App。我們下載 App 就像是從數位展示櫃裡挑選，我們的選擇將透露我們是誰、我們看重什麼、我們如何排定我們心中的優先順位。App 這類小軟體總計超過兩百萬個，一般人都能負擔得起價格，擁有廣泛的功能與互動性。

最好的 App
就是已經融入你日常生活的那幾個。

凱文·李
Kevin Lee

科學技術人員
Technologist

嬌生集團（Johnson & Johnson）推出的 7 分鐘高強度間歇運動 App 將語音與影片整合到新聞中，讓使用者擁有絕佳的客製化運動體驗。這個 App 快速、簡單又有科學根據，還支援在 Apple Watch 使用，目前下載量已超過兩百萬次。

最好的 App 有哪些特點

出處：由 Bizness Apps 公司的執行長安德魯·嘉茲德斯基（Andrew Gazdecki）提出

效能可信賴而且穩定，經過小心測試和試用

不論使用什麼手機平台或是裝置，都能相容

載入時間很快

效能持續不中斷

好用和/或有娛樂性

App 類型

書籍
商業
型錄
教育
娛樂
財經
遊戲
健康與健身
生活潮流
醫藥
音樂
導航
新聞
報章雜誌
照片和影片
生產力工具
參考
社交
運動
旅遊
工具程式
天氣

好的 App 會專注於單一任務，而且非常專精。要搞砸 App 最簡單的方法就是不管三七二十一先試試看，然後一次執行太多任務。

App 圖示的分類

符號	插畫	寫實	文字商標	字母形式	抽象
Twitter	Evernote	Evernote Food	Five Guys	Airbnb	Flickr
Target	Chipotle	FatBooth	MoMA	Shazam	Pic Stitch
Starbucks	Lynda	Deluxe Moon	TED	Flipboard	Fitbit
Google Chrome	The New Yorker	Geo Walk	i.TV	NYT Now	7M Workout
Expedia	Instagram	Eebee's Baby	UNIQLO	Pinterest	Spotify

符號

這類品牌圖示是以自己的商標符號為基礎,許多很好的 App 都以這種方式設計。

文字商標

將品牌名稱的文字商標顯示在 App 圖示上,例如 MoMA App 會用顏色區分 App 家族系列。

插畫

運用插畫風格來表達該品牌的特徵與個性。

字母形式

使用單一粗體字母,也許就是實際的商標,或是品牌名稱的其中一個字母當作圖示,例如 Pinterest 是利用圓形圖示加上自己文字商標裡的字體。

寫實

使用寫實風的逼真圖像當作圖示,該圖示可能與該 App 的功能或特徵有相關。

抽象

最獨一無二的 App 圖標設計,可表達企業屬性或品牌概念。

自有品牌

對許多零售商而言，建立自有品牌，是能累積品牌資產的強力行銷策略，能讓客戶有更多理由來店裡消費。零售商們正在運用更具設計感的包裝來吸引頂級客戶，並且提高利潤。

在以前，消費者多半可以看一眼就認出自有品牌，因為那些自有品牌的商品往往看起來很普通、廉價而且品質不太好。那樣的時代已經結束了。自有品牌的出現通常是為了商業策略，目的是提高每項產品的利潤，以增加收益，所以創造自有品牌的生產線，打上自家的品牌，通常在大型連鎖店販售。

自有品牌的產品本身由第三方供應商生產，這些供應商一般也為其他的品牌生產產品。例如瑞典家具品牌「IKEA」，在自己所有的產品上都使用自己的品牌名稱；但也有像「Target 百貨」這樣的公司，是創造許多副牌來銷售自有商品；而「CVS 健康連鎖藥店」（CVS Health Corp）則兩種做法都有。

我們提升了品質，也提高了價格，還賣出更多產品，因為我們給你的是你能買到的鮪魚中最好的選擇。

理查·格蘭迪
Richard Galanti

好市多財務總監
Chief Financial Officer,
Costco

自從出現有了自有品牌，
建立品牌認知度更輕鬆，
還產出更多絕佳的產品故事。

布魯斯·達克沃斯
Bruce Duckworth

Turner Duckworth 設計公司負責人
Principal,
Turner Duckworth

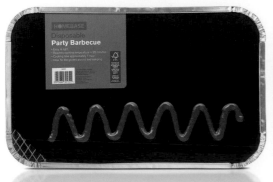

Homebase：Turner Duckworth 包裝設計

自有品牌的品牌架構

英國的「Tesco」（特易購）也賣汽油；加拿大 Loblaws 超市的零售品牌「President's Choice」（總裁首選）什麼都賣，從餅乾到金融服務都有；好市多的自有品牌「Kirkland」（科克蘭）從輪胎到食物到酒精飲料都賣。

羅賓・拉許
Robin Rusch

Brandchannel 網站
＜自有品牌：品牌塑造重要嗎？＞

Private Labels: Does Branding
Matter?
Brandchannel

單一主要品牌
整體式品牌架構

百思買 Best Buy
家樂福 Carrefour
CVS 健康連鎖藥店
宜家 IKEA
特易購 Tesco
喬氏超市 Trader Joe's

多個副牌
多元化品牌架構

好市多

Kirkland Signature
Loblaws
Joe Fresh
President's Choice

Nordstrom 百貨公司

Classiques Entier
Halogen
Treasure and Bond

Safeway 超市

Eating Right
O Organics
Waterfront Bistro

Target 百貨公司

Archer Farms
Market Pantry
Merona
Mossimo Supply Co.
Room Essentials
Threshold
Up&Up

Urban Outfitters 街頭時尚

BDG
Kimchi Blue
Silence & Noise
Sparkle & Fade

Waitrose 超市

Essential Waitrose
Love Life
Good to Go
Waitrose 1

Whole Foods 有機超市

365 Organic
Engine 2 Plant-Strong
Whole Trade

品牌授權

　　當品牌擁有者成立品牌以後，如果想要利用品牌忠誠度，銷售帶有自己品牌商標、名稱、口號或任何法律保障資產的產品，並從中創造收益，品牌授權就是一種可行的策略，可以製造機會吸引新的顧客，同時滿足現有的品牌擁護者。

品牌擁有者正在為他們的智慧財產尋找新的銷售管道，包括了非營利組織、旅遊景點品牌化和文化場域，都努力想把品牌拓展到其他領域。

無論你的品牌資產是消費品牌、媒體特質、卡通人物、藝術家、設計師（包含已逝或目前仍在世的），這些品牌的商業要求都是一樣：保護並保存品牌資產，釐清這個品牌代表了什麼，確保每個品牌授權都有其策略考量。

> 品牌授權可加強品牌核心屬性，
> 增加品牌曝光，
> 觸及新的消費者。
>
> IMG 品牌授權

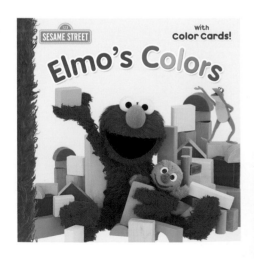

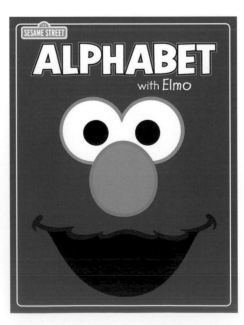

「芝麻街」(Sesame Street)電視節目旗下的非營利組織「芝麻工作室」，有授權多家信賴的製造商，製作以「芝麻街」角色為主題的玩具、服裝和其他產品。

現在關於「芝麻街」的書籍、影片、益智玩具已經不再侷限於電視節目，而延伸出學習目的。「芝麻街工作室」運用銷售這些產品收到的權利金，用來支持自己在世界各地的節目和所倡議的行動。

品牌授權的好處

出處：由 Perpetual Licensing 授權代理公司提出

授權方或品牌擁有人

加強品牌形象

養成品牌價值

增加品牌知名度

加強品牌定位與品牌訊息

為品牌吸引新的消費者

建立競爭優勢

與消費者建立更穩健的關係

進入新的銷售管道

讓消費者展現他們對品牌的熱愛

透過商標註冊與市場維護來保護品牌

透過核心產品增加的業績與授權產品獲得的權利金，進而遞增收益。

被授權方和製造商

增加市場共享

開啟新的零售管道

在零售業獲得上架空間

吸引新的消費者來購買產品

提升競爭優勢

透過產品品項的增加，銷售也會增加

為他們的產品帶來可信度

透過授權產品的銷售，遞增額外收益

品牌授權過程中的各種角色

出處：由 Perpetual Licensing 授權代理公司提出

授權方

設下品牌授權大方向的目標，然後成立詳細目標

核准年度策略性品牌授權計劃

核准未來授權

核准授權產品、包裝、行銷和配套素材

提供可授權的資產庫，需要時提供產品風格指引

在適當的類別註冊商標

追溯商標侵權

執行授權許可協議

被授權方和製造商

設下品牌授權大方向的目標，然後成立詳細目標

核准年度策略性品牌授權計劃（品牌併購）

核准未來品牌授權對象

開發、製造、行銷已核准的產品

監控市場上的商標侵權行為

提供每季權利金報告並支付費用

品牌授權代理商

發展策略性授權計劃以利簡報與批准

創造銷售材料，引起授權方或被授權方的興趣

尋找合適的授權方或被授權方

協商授權協議的條款

引導合約管理過程

引領可授權資產的併購，需要時開發可授權資產，或是創造產品風格指引

管理權利金

監督市場上的商標侵權行為

處理授權計劃的每日行政需求

> 我們處理品牌授權業務的方法非常審慎，因為這攸關我們品牌的歷史與傳承。
>
> 盧斯·克羅里
> Ruth Crowley
>
> 哈雷機車百貨商品前副總裁
> Former VP,
> General Merchandise,
> Harley-Davidson

> 消費者對自己熟悉的品牌感到放心，更傾向購買這些牌子的新產品。
>
> 大衛·密許
> David Milch
>
> Perpetual Licensing
> 授權代理公司總裁
> President,
> Perpetual Licensing

企業認證

　　隨著市場上消費者可選擇的品牌數量呈幾何級數暴增，消費者正在尋找方法，希望簡化自己的購買決定，並確保自己買的東西符合自己的價值觀。哪一些產品、哪一家公司值得信任？哪一些品牌對環境與社會負責？哪一些產品夠安全？消費者的隱私是否有受到保護？

產品要取得認證，要先通過政府機關或專業協會的一系列嚴格檢驗。全球化的趨勢下，人與人之間的距離持續縮小，而認證標誌符號則持續增加，發展出各種能跨文化溝通、清楚可信任的符號，這件事變得至關重要。

企業認證制度很重要，
因為我們都希望能夠看清眼前所見的
是真正出自一間「優良公司」，
或只是來自厲害的行銷手法。

傑・柯恩・吉柏特
Jay Coen Gilbert

B型企業協會共同創辦人
Cofounder,
B Corporation

企業必須符合社會責任與環境保護的高標準，負起責任，透明化經營，才能獲得美國的「B型企業」(B Corp) 認證。想成為B型企業，必須通過「B型衝擊評分系統」，該系統將評估企業在員工、供應商、社群、消費者與環境上造成的衝擊是否達到最小 (被扣分的地方最少)。通過認證的企業可合法拓展他們的企業責任來考量股東利益。

傑・柯恩・吉柏特
Jay Coen Gilbert

B 型企業協會共同創辦人
Cofounder
B Corporation

綠色建築　　　　　綠色產品　　　　　　　　　　　　　　　　永續企業

節能標章

社會正義

無動物實驗

雨林聯盟認證

資料機密

產品安全

食品認證

Heart-healthy

永續林業認證

回收標章

環境責任

危機處理

　　建立品牌需要好幾年，但若是管理不善，毀掉品牌只需要一瞬間。危機是一個事件，不論是內部危機或外部危機，都可能對該品牌產生負面影響。最有效的品牌聲譽管理，是早在品牌發生危機之前就應該開始執行，品牌聲譽管理就是規劃品牌在被迫回應之前應該做什麼。

所謂的品牌聲譽管理，是指品牌在不同受眾中，推進與自我保護的藝術。在數位時代，要準備設計完善的危機處理計劃，當你面臨高風險的溝通挑戰時，這會是最好的防禦。危機處理包含了計劃、訊息開發、策略溝通諮詢、媒體訓練等，以上都有助於組織在問題升級成危機以前就先下手管理。但是這樣的計劃還只是品牌聲譽管理的第一步。

你需要根據計劃進行訓練，並定期更新。有些看似一時的決策，結果可能對長期聲譽與企業財富帶來衝擊，沒有任何組織能承擔這種風險。媒體與大眾的記性是非常好的，他們會一直記住企業曾經如何處理危機，也會記住那些對危機不理不睬的企業。

處理可能傷害公司聲譽的問題時，
計劃與回應一定要經過全盤思考，
審慎評估，運用策略。

維吉尼亞・米勒
Virginia Miller

Beuerman Miller Fitzgerald
品牌諮詢公司合夥人
Partner,
Beuerman Miller Fitzgerald

如果高階管理不重要，那麼中階管理或是生產線管理也根本不重要。

丹尼・林區
Denny Lynch

溫蒂漢堡
傳播部門資深副總裁
SVP of Communications,
Wendy's

「如果你讓公司賠錢，我還可以理解；但如果你讓公司賠上聲譽，我將毫不留情。」

巴菲特
Warren Buffett

危機處理的原則

出處：由 Tavani 策略傳播顧問公司提出

「Amat Victoria
Curma!」
勝利是屬於那些
準備好的人。

維吉尼亞・米勒
Virginia Miller

等你聽到雷聲才想要
造方舟，為時已晚。

無名氏

訂定決策的關鍵問題

你有沒有危機處理團隊與領導人？

你有沒有近期審查過的危機處理計劃？

資深領導階層是否熟悉這個計劃，並且
受過訓練？

你在開發計劃與執行訓練時，是否納入
內部與外部法律專業諮詢？

危機判斷時是否有經過組織協議？

你是否評估過組織內部可能存在危機？

你是否為你的組織準備好關鍵訊息與問
答集（FAQ）？

你的組織是否有指定一位發言人，並且
讓他受過訓練？

你有沒有危機處理時的社群媒體對策？
組織中是否有針對部落格、臉書、推特
開發出完善的協議？

你是否考慮過你的受眾也可能曾受到你
的危機影響，你有沒有找到可以用來與
每位受眾溝通的工具？

給領導階層積極主動的規劃步驟

找到外部傳播的專業諮詢，並且留用。

組織內部的危機處理團隊，與外部傳播
與法律的專業諮詢要共同開發計劃。

評估可能對組織聲譽造成威脅的事物。

要熟悉危機處理計劃內容，並針對計劃
定期為危機處理團隊舉辦訓練課程。

參加危機處理模擬演練。

建立組織與媒體監督系統。

不間斷追蹤新出現的問題。

統一整個企業對外的關鍵訊息。

確保組織每個人都瞭解關鍵訊息。

每年定期練習、評估，讓計劃更完善。

必要事項

做好準備：做好危機處理計劃，並讓你
自己與你的領導團隊都熟悉這個計劃，
確保計劃有定期更新。

快速回應：在媒體揭露危機以前，要讓
你的陳述先出現，不要等到最後一刻才
被迫回應網路瘋傳的負面資訊。

找到問題：在負面報導出現之前，或在
媒體揭露之後立刻發表你的訊息，不要
讓媒體、你的競爭對手或是其他輿論製
造者搶先一步。

直接坦率：用明確言辭確認行動步驟。

願意幫助：發言時請勿推測，知道多少
說多少，對自己不知道的事情，就承認
自己不知道。提供媒體與人眾資訊，以
便根據情報作出決定。

保持透明：不論是在傳統媒體或是社群
媒體，都要即時監控、參與、更新資
訊，並保持態度一致。

社群媒體

要有社群媒體政策：在危機發生以前就
要訂定社群媒體政策，你與你的傳播和
法律專業諮詢者才能客觀思考危機。

提供持續更新：可建立活動網站，提供
全天候更新近況。

保持全天候連繫：建立全天候社群媒體
監控排班表。

尊重所有意見：不要刪除你的組織臉書
頁面或部落格上的負面意見。

讓團隊做好準備：在社群媒體上訓練組
織裡的危機團隊。

個人品牌

打造個人品牌，可以讓我們保持自己真實的樣子，我們的幽默感、風格與個人理想，會影響每天我們在社群媒體上發表的評論、文字或email。Facebook、Twitter、LinkedIn 和 Instagram 這些社群平台，都能讓我們用自己的文字與影像表達自我，不僅僅反映出我們所見的世界，也反映出我們看待世界的方式。

打造個人品牌，在古時候大多是昏庸的君王才會想這麼做，想想路易十四、拿破崙一世、埃及艷后等。到了現代，打造個人品牌現在已經變成社交必備手法，不論你是公司高層、知名設計師、滿懷抱負的企業家或是銷售助理，人人都可能變成大明星，而且競爭非常激烈。這時候，你發佈的訊息真實性至關重要，因為在網路上，所有訊息都不會被遺忘。

為什麼個人品牌塑造變得這麼重要？因為我們活在全球化的經濟環境，換工作變得稀鬆平常。百分之四十的美國就業人口都沒有傳統的全職工作，社群媒體與數位工具讓辦公與生活、工作與休閒、公共與隱私的界限更加模糊，而且我們得要全天候隨時保持連線。

做你自己吧，
其他角色都有人演了。

王爾德
Oscar Wilde

你必須找到屬於自己的聲音。

法蘭克・蓋瑞
Frank Gehry

建築師

六種職業秘密

1. 沒有計劃

2. 想想自己的強項，而不是弱點

3. 與你無關

4. 耐力勝過天賦

5. 犯錯也要精彩

6. 留下深刻印記

丹尼爾・品克
Daniel H. Pink

出處：《The Adventures of Johnny Bunko》
（暫譯：強尼班柯的冒險）

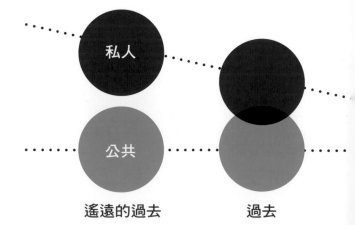

私人

公共

遙遠的過去

過去

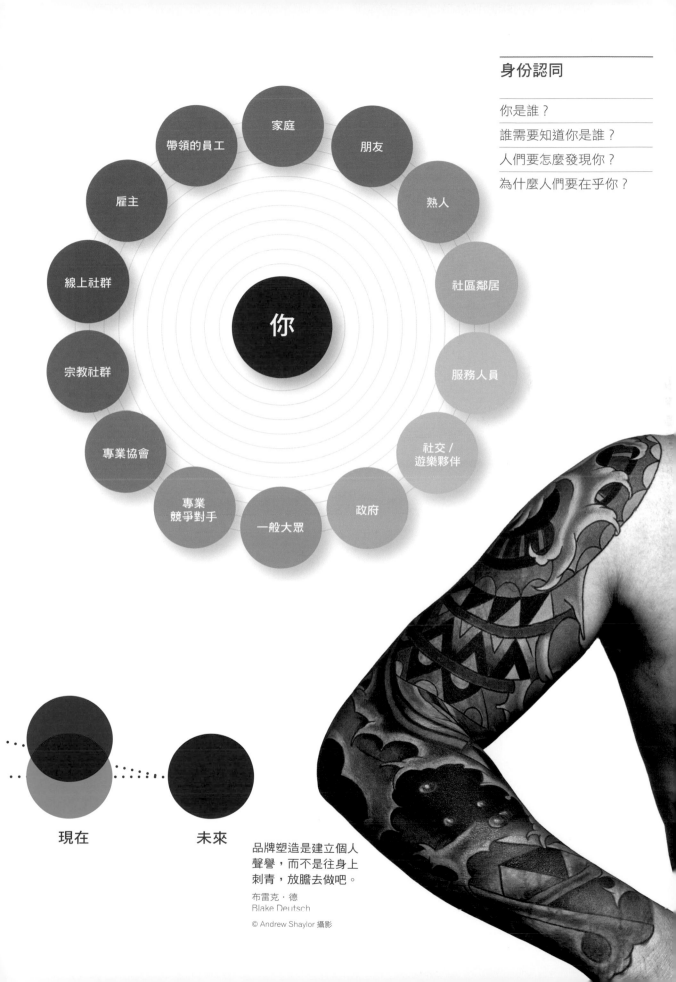

身份認同

你是誰？

誰需要知道你是誰？

人們要怎麼發現你？

為什麼人們要在乎你？

家庭

帶領的員工

朋友

雇主

熟人

線上社群

社區鄰居

你

宗教社群

服務人員

專業協會

社交 /
遊樂夥伴

專業
競爭對手

一般大眾

政府

現在

未來

品牌塑造是建立個人
聲譽，而不是往身上
刺青，放膽去做吧。

布雷克・德
Blake Deutsch

© Andrew Shaylor 攝影

進軍中國市場

　　當品牌創辦人急著湧入新興市場時，最令人垂涎的就是中國市場，也就是全世界最大的消費者市場。不過，若從品牌塑造的觀點來看，中國是最複雜的市場。其地域非常廣，語言很多元，再加上不同文化細微的差異，在中國市場中，品牌塑造的觀念相對比較新，進入中國市場前需要廣泛的研究調查、聘請當地顧問與當地合作夥伴等。

在中國，最成功的跨國公司不會急著衝進市場，他們會從尋找中國境內本土合作夥伴和顧問開始，投資必要的時間建立關係，相互信任、尊重與理解。品牌塑造的大小事中，最能反映文化複雜性的就是命名。是否要融合東西方達到平衡？或是強調一方優於另一方？但要強調哪一方？中文品牌名稱聽起來會像什麼？品牌名稱在方言裡有什麼含義？這些因素都進一步加深多語種品牌塑造的難度。

想創造成功、有記憶點的品牌，
解譯中國文化密碼就是關鍵。

流蘇
Denise Sabet

朗標總經理
Managing Director
Labbrand

想在中國成功，就要適應中國，品牌若在中國創新改革，等同為自己在全球市場上闢路創新改革。

竹文
Vladimir Djurovic

朗標總裁
President,
Labbrand

舒潔品牌：金百利克拉克

「舒潔」(Kleenex) 的中文
意思是舒服又清潔。

在中國基本的品牌塑造原則

出處：由朗標公司 (Labbrand) 提出

一般原則

要理解其文化，這點是必要的，因為將會衝擊品牌命名、產品設計、識別設計、標語和顏色選擇。

中國發展速度非常快，因此要監控文化與經濟變化，這點非常重要。

中國彙集多元文化的影響，也就是當地與外國品牌共同存在，在中國面臨的改變可能來自當地，也可能來自全世界。

文化遺產對中國消費者非常重要，中國文化是一種古老的文化。

中文與廣東話是主要語言，但不是唯一的語言，中國有非常多方言。因此品牌命名須注意方言差異。

中國的商標註冊很競爭，品牌一定要小心中國智慧財產權的法規，並將這個部份納入品牌開發流程。

命名原則

中文是以字符為基準的語言，基本上常使用小圖示，可能傳達意思，也可能代表發音。

中文品牌命名要能反映品牌屬性，並不需要從原本名字直接翻譯。

中國語言的發音與含義依照地區有很大的不同，用主要的中國方言測試非常重要，才能避免品牌名稱帶有負面聯想。

中文名字要用當地語言或外國音譯取決於品牌的目標消費者、競爭對手、城市、產業等其他市場動態。

有時候中文名稱可從原本品牌名稱類似的發音作選擇，但是更多時候是根據聯想與相關含義命名。

要強調吉祥、好運、幸福、力量和地位，這在中國文化裡非常重要。

農夫山泉：Mouse Graphics 設計

　　隨著品牌成長，品牌目標將會變得更清晰，創意團隊面臨的挑戰主要會有三個問題：公司想要改造的商業需求是什麼？品牌想要漸進式的改造還是革命性的大改變？大多數品牌塑造都將涉及到品牌的重新定位與重新設計。

改變將帶來機會。

尼杜・庫比恩
Nido Qubein

改造前

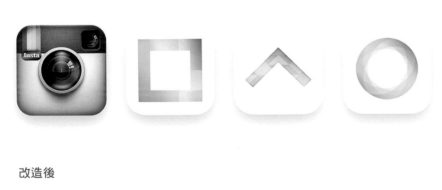

改造後

Instagram

照片排版

Boomerang

縮時攝影

我們需要平衡品牌認知與功能性，因此我們創造了新的 Instagram App 圖示，並且替照片排版、Boomerang、縮時攝影等功能設置統一的圖示，還更新了使用者介面，讓設計更簡單一致，並且讓使用者的照片和影片更耀眼。我們希望能捕捉人們上傳到 Instagram 的生活、無限創意和開心活力，同時保留 Instagram 的歷史傳承與品牌精神。

伊恩・史鮑特
Ian Spalter

Instagram 首席設計師
Head of Design
Instagram

美國博物館聯盟（American Alliance of Museums；AMM）的商標是利用彩色編織的設計，統一團體力量與多樣性。

美國博物館聯盟新聞稿
美國博物館聯盟：Satori Engine 設計

我們要驕傲地為大家介紹新商標「Bélo」，這個符號獻給每一個想為自己家帶來新體驗、新文化與新對話的人。

布萊恩・切斯基
Brian Chesky

Airbnb共同創辦人
Cofounder Airbnb

Airbnb：DesignStudio 設計

Google

Google

我們迫不及待要和大家分享新的品牌識別，目的是為了讓 Google 對使用者來說更容易進入、更方便好用，因為我們的世界正在不斷擴展，人們游走在多裝置、多螢幕之間。

喬納森・賈維斯
Jonathan Jarvis

Google 創意總監
Creative Lead,
Google

澳大利亞網球協會（Tennis Australia）想要新的品牌識別來反映公開賽的轉型，變成未來主導的娛樂品牌。

尼克・戴維斯
Nicholas Davis

朗濤品牌諮詢管理合夥人
Managing Partner
Landor

萬事達卡的新商標讓品牌回到品牌根基。

路克・海曼
Luke Hayman

五角設計聯盟
Pentagram

改造前	改造後

我們挑戰創造新的識別系統，要傳達這個品牌不只能購物。

喬‧杜飛
Joe Duffy

Duffy & Partners
設計公司執行長

我們的目標是幫阿拉斯加航空 (Alaska Airlines) 重新定位，從值得信賴的地方航空，變成值得信賴的全國航空。

大衛‧貝茨
David Bates

Hornall Anderson
設計公司創意總監
Creative Director,
Hornall Anderson

哥倫布臘腸 (Columbus Salame) 經過品牌重新定位，吸引更多成熟的頂級消費者。

基特‧海瑞徹斯
Kit Hinrichs

五角設計聯盟合夥人
Pentagram

我們希望讓美國公民自由聯盟 (ACLU) 看起來就像自由的捍衛者。

西維亞‧哈里斯
Sylvia Harris

設計策略師
Design Strategist

我們的新商標象徵我們對消費者的關注。

蒂芬妮‧福克斯
Tiffany Fox

OpenTable 網路餐廳訂位平台企業傳播資深總監

Senior Director, Corporate Communications OpenTable

OpenTable：Tomorrow Partners 設計

改造前	改造後

Paperless Post 卡片訂製公司需要清晰的商標,以永久保存在網路上。每次改造,我都會試著保留原始設計中一到兩個關鍵的元素,在這個案例中我保留了顏色、郵票和鳥兒。

路薏絲・斐莉
Louise Fili

我們的新品牌從單一願景開始發展,真正的轉型始於內部。

米雪兒・邦特雷
Michelle Bonterre
卡內基訓練品牌長
Chief Brand Officer,
Dale Carnegie

卡內基訓練:Carbone Smolan
品牌代理公司設計

我們希望設計能喚起真實探索的精神與科學。

邁克・康納斯
Michael Connors

Hornall Anderson 設計公司創意副總監
VP Creative,
Hornall Anderson

我們將標誌現代化,標示出品牌新發現的樂觀精神。

布萊克・霍華德
Blake Howard

Matchstic 品牌顧問
共同創辦人
Cofounder,
Matchstic

我們的新名字與新商標體現了最大的防爆建築製造商,同時致敬該品牌舊版標誌的公平性。

比爾・加德納
Bill Gardner

加德納設計公司總裁
President
Gardner Design

97

改造前	改造後	
		我們把商標裡的「海妖賽倫」從圓圈裡解放出來了,讓客戶可以建立更個人化的品牌連結。 傑弗里‧菲爾茨 Jeffrey Fields 星巴克全球創意副總裁 Vice President, Global Creative Studio Starbucks
	aetna^{SM}	美國安泰保險集團(Aetna)更新後的品牌承諾反映了我們的目標,創造連結更緊密、更方便、更具成本效益的健康照護系統。 貝琳達‧朗 Belinda Lang 美國安泰保險集團品牌、數位與消費者行銷副總裁 VP, Brand, Digital and Consumer Marketing, Aetna 美國安泰保險集團: Siegel + Gale 設計公司設計
	BALA	Bala 結構工程新的文字商標流暢又簡單,就像最好的工程解決方案。 瓊‧畢恩森 Jon Bjornson 瓊畢恩森設計公司創辦人 Jon Bjornson Design
		「舒潔」的新商標為品牌添加了新鮮、活潑、創新的觀感。 克里斯汀‧茅 Christine Mau 金百利克拉克品牌設計總監 Brand Design Director, Kimberly-Clark
		我們為市場領導者創立整體品牌架構,利用桑托斯巴西(Santos Brasil)的主品牌來整合。 馬可‧瑞桑德 Marco A. Rezende Cauduro Associates 品牌識別設計公司總監 Director, Cauduro Associates

改造前	改造後	

Kodak

我們讓「柯達」回到原本的品牌根基，也就是無所不在、人人都喜愛的「K」符號，並改造排版方式，兼具現代與隱喻。

凱拉・亞歷山德拉
Keira Alexandra

Work-Order 設計公司
Partner, Work-Order

一個更簡單扼要、方便好記的品牌名稱，就是品牌策略上的重大成就。

克雷格・約翰森
Craig Johnson

Matchstic 品牌顧問總裁
President,
Matchstic

Pitney Bowes　　pitney bowes

我們希望新的品牌策略與品牌識別，不只能反映今天我們是誰，也反映我們未來發展的方向。

馬克・勞騰巴克
Marc Lautenbach

必能寶科技總裁暨執行長
President and CEO,
Pitney Bowes

Pitney Bowes: FutureBrand 設計

聯合利華 (Unilever's) 新的品牌識別展現品牌核心的主要訴求，並與「為生活增添活力」的品牌任務整合統一。

Wolff Olins 品牌諮詢公司

用簡單的藍圓圈加上綠色底線，象徵藍色地球與特別的人體造型，我們強調地球的重要，支持環保，維繫地球永續發展。

薩吉・哈維夫
Sagi Haviv

Chermayeff & Geismar & Haviv
品牌設計 公司合夥人
Partner,
Chermayeff & Geismar & Haviv

改造前　　　　　　　　　改造後

「Topo Chico」氣泡水
的新商標與字型,重新
詮釋 1895 年創立的品
牌識別,重振品牌精神
以同時吸引年輕人與重
度消費者。

Interbrand 體驗設計公司

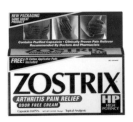

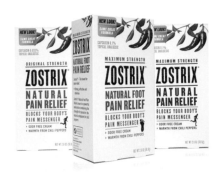

「立舒特」(Zostrix)
重新設計包裝時,利用
品牌強大有效的自然疼
痛緩解成份,讓消費者
瀏覽架上時更容易發現
立舒特的產品。

Little Big Brands 品牌與包裝設計

「BetterTogether」新
的品牌識別與包裝,創
造了一個多功能、隨手
可得的品牌工具包,可
用在品牌當前的產品與
未來許多的創新計劃。

Chase Design Group 設計公司

為了傳達這款新的冷凍
點心不加糖但很好吃,
包裝設計的重點不是輕
盈也不無聊,而是努力
讓它看起來很美味。

Snask 設計公司

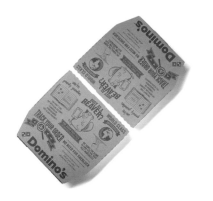

「達美樂」(Domino's) 品牌經典的紅藍商標是重新設計時的中樞，利用品牌的披薩盒當作畫布。

Jones Knowles Ritchie 設計公司

「百威啤酒」(Budweiser) 需要重新與品牌代表的東西建立連結，這次全球性的重新設計將在每個包裝上傳達百威的工藝與品質的卓越層次。

Jones Knowles Ritchie 設計公司

「Klondike 冰淇淋」曾經面臨差點從世界上消失的危機，新設計特別強調其口感吸引力，更大膽地去活用品牌資產。

Little Big Brands 品牌與包裝設計

「Swiffer」靜電除塵刷從原始的品牌標識擷取靈感，新商標保留品牌資產元素，同時讓字體更現代化。新的包裝也簡化商標整體表現。

Chase Design Group 設計公司

Swiffer：
Chase Design Group 設計公司 +
P&G Design 設計

與有才華的人一起工作，
為客戶打造引人注目的
優秀新事物。

蘇珊・阿瓦德
Susan Avarde

花旗集團
全球品牌總監
Head of Global Brand,
Enterprise-wide Citigroup

2 品牌塑造流程

Part 2
說明通用的品牌
塑造流程，
不論專案規模或特性都
能適用。如果你曾問：
「為什麼品牌塑造需要
花這麼久的時間？」本
篇將回答這個問題。

邁向成功的品牌塑造流程

　　品牌的塑造過程中需要結合調查、策略性思考、傑出的設計以及專案管理技巧。品牌塑造需要非比尋常的耐心、想要把事情徹底做好的熱情，還有將大量資訊融會貫通的能力。

不論客戶的本質或是合作的複雜度如何，品牌塑造的過程都是一樣的。可能會改變的是，品牌識別顧問公司與客戶端在不同階段中涉入的深度、分配的時間長度、運用的資源數量，以及團隊的大小。

品牌的塑造過程可以確實分隔為不同階段，並且有符合邏輯的起始點與結束點，以確保在適當的時間區間內加快決策訂定。若要省略某些步驟，或重新安排流程順序，乍看很吸引人，可節省成本與時間，可是這麼一來，可能會產生重大風險，阻礙長期利益。以下要介紹的流程，如果正確執行，將可以創造非凡的成果。

流程歸流程，
接下來你需要的是靈光乍現。

布萊恩‧提爾尼
Brian P. Tierney, Esq.

提爾尼傳播公司創辦人
Founder,
Tierney Communications

品牌塑造流程 ········ **1：進行研究** ········ **2：闡明策略** ········

釐清願景、策略、目標與價值。
與重要領導階層面談。
研究利害關係人的需要與認知。
主導行銷、競爭力、技術、法務及品牌訊息的審核
評估現有的品牌以及品牌架構
提出審核結果的簡報

整合研究階段所學
闡明品牌策略
開發品牌定位平台
創造品牌屬性
開發關鍵訊息
寫下品牌簡介
達成共識
研擬命名策略
寫下創意摘要

品牌塑造的流程是一種競爭優勢

要確保驗證過的執行方法可落實並達成企業目標

加速雙方理解需要投資多少時間與資源

對團隊產生信任感與信心

將專案管理的定位調整為聰明、有效率、具成本效益

建立可信度,加強識別系統解決方案

做好準備,因為流程可能是錯綜複雜的

想渡過充滿政治角力的品牌塑造流程,唯有建立信任、建立關係,沒有其他方法。

寶拉‧雪兒
Paula Scher

五角設計聯盟合夥人
Partner,
Pentagram

大部份的品牌塑造流程都省略了一些事,沒有人想到,那就是魅力、第六感,還有遞增的信念。

邁克‧柏魯特
Michael Bierut

五角設計聯盟合夥人
Partner,
Pentagram

3:設計品牌識別

將未來的可能性視覺化

腦力激盪發想主要訴求

設計品牌識別系統

考察最關鍵的應用範圍

品牌架構最終定案

提出品牌視覺策略的簡報

達成共識

4:創造接觸點

識別設計最終定案

開發接觸點的外觀與感受

著手進行商標保護

將可使用的應用範圍排出優先順序,然後進行設計

開發系統

應用品牌架構

5:資產管理

依據品牌的全新策略建立協同增效

開發品牌上市計劃

先進行內部發表

對外發表

開發執行標準與準則規範

培養品牌擁護者

管理流程

想要達成渴望的成果，不論在品牌塑造流程中的哪個階段，品牌塑造計劃都必須有效管理。精明的專案管理者，可以在利害關係人之間建立起信心與互相尊重，培養出團隊合作精神與承諾。若想讓大範圍的技能與資源與目標同步，需要耐心與熱情，使公司的領導階層和他們的品牌顧問可以攜手合作，針對時間、資源與資金，一起策劃、磋商、分析、理解與管理。

時間要素

品牌塑造專案的長度，會受到下面幾項因素影響：

組織大小

業務複雜程度

市場的數量

市場的類型：全球市場、國內市場、區域市場、地方市場

問題的本質

需要進行的研究

法務要件（併購或公開發行）

決策訂定的過程

決策者多寡

平台與應用範圍的數量

品牌塑造需要多少時間？

所有的客戶，不論公司大小或業務本質，對於品牌塑造都有一定程度的急迫。但是品牌塑造的流程沒有捷徑，省略某些步驟可能不利長期目標的實現。為了開發有效、能永續留存的識別系統，需要花時間，沒有立竿見影的解答。投入負責任的品牌塑造流程勢在必行。

你的目標是找出最適合的人才，能用在你的業務、品牌、你的組織和企業文化。想在正確的時間、為了正確的價值觀去迎接正確的挑戰，你就需要正確的技能。

約翰・格利森
John Gleason

A Better View 策略顧問總裁
President,
A Better View Strategic Consulting

> 對內容付出多少關注，
> 對流程也要付出多少關注。

邁克・赫胥鴻
Michael Hirschhorn

組織動力學專家
Organizational Dynamics Expert

專案管理的流程

> 團隊協議

確認客戶的專案經理與團隊是哪些人
確認顧問公司的聯絡窗口與團隊是哪些人
釐清明確的團隊目標
分配角色與責任
了解公司政策與程序
分享與交流相關人士的聯絡資訊

> 團隊承諾

一定要向團隊承諾下列事項：
熱烈辯論
開放溝通
資訊保密
投入品牌
互相尊重

> 訂定目標 + 排程

確認應交付的成品
確認關鍵日期
開發專案排程
必要時更新排程
運用「四象限法」分析任務，找出重要或緊急的優先順序

> 決策訂定協議

建立流程
決定決策者
釐清優勢與劣勢
寫下所有決策

> 傳播協議

建立文書流程
決定誰可以拿到文件副本，並以怎樣的方式保存
把所有細節都寫下來
創建議程
分享交流會議記錄
開發專案網路協作平台

誰要負責專案管理？

客戶端

對小企業來說，創辦人或是企業所有人，通常一定也是專案領導人，也是關鍵決策者和提出願景的人。在大一點的企業裡，專案經理通常會由執行長指派，可能是行銷與傳播總監、品牌經理，也有可能是財務長。

專案經理必須有實權，才能讓專案運作起來，因為專案有太多事情需要協調、排程、蒐集資訊，這個人一定要能直接與執行長或其他決策者接觸。在大公司，執行長通常會組成品牌團隊，團隊中包括不同部門或不同業務線的代表，雖然這個團隊不見得會是最終訂定決策的團隊，但一定要能直接接觸到關鍵決策者。

品牌顧問端

在大型品牌顧問公司，指派的專案經理通常就是客戶主要的連繫窗口，不同任務則交給不同專員，從市場調查到商業分析、品牌命名、設計師等皆是。在中小型品牌顧問公司裡，公司負責人可能就是客戶的主要連繫窗口，也可能同時是資深創意總監與資深設計師。必要時，企業也許會帶入外部專業人士，從市場調查公司到品牌專家，打造虛擬的團隊來執行專案，以滿足客戶獨一無二的需求。

最好的管理人不只管理，更像真正的領導人。

金妮‧范德斯利斯博士
Dr. Ginny Vanderslice

Praxis 諮詢集團負責人
Principal,
Praxis Consulting Group

專案領導的最佳案例

出處：由 Praxis 諮詢集團負責人金妮‧范德斯利斯博士 (Dr.Ginny Vanderslice) 提出

承諾：創造文化，讓人感覺充滿啟發，能發揮自己的最佳表現，讓每個團隊成員都覺得肩負重任，需要對其他團隊夥伴和專案成果負責。培養信任感。

專注：能看見專案的全貌並維持完整，同時又能將專案拆解成小部份。維持順序不斷推進，不畏挑戰或任何限制。要有優異的溝通技巧，能夠清晰溝通並保持尊重，讓每個團隊成員即時掌握最新資訊。

同理心：理解專案裡全部參與人的需求、價值、觀點與想法，並給予回應。

有效率的管理技巧：能夠定義需求、優先順序與任務。敢下決策，能指出問題，釐清各方期待。

彈性（適應力）：在事情出錯時，仍能保持專注，讓一切維持在掌控中。情勢所需時隨時應變。

有創意的解決問題能力：將每個問題視為挑戰來處理，而不是當作障礙迴避。

洞見：了解政策、程序、企業文化、關鍵人物與權力政治。

> ### 文件建檔
> 把所有文件都標註日期
> 所有起草的流程都標註日期
> 為關鍵文件標上版本編號

> ### 資訊彙集
> 決定責任歸屬
> 決定日期
> 確認所有人的資訊
> 運用「四象限法」分析任務，找出重要或緊急的優先順序
> 開發審核資料
> 決定要如何收集審核資料

> ### 法務協議
> 確認智慧財產權資源
> 了解是否符合法規等問題
> 收集保密協議

> ### 簡報協議
> 事先分享交流目標
> 在會議時分發議程
> 決定簡報說明媒介
> 開發一致的簡報系統
> 取得同意和文件簽署
> 確認後續步驟

開創品牌

你的組織是否已經準備好投資時間、資金與人力資源來重振品牌？花一些時間好好規劃，建立信任感，設立期待，確定你的團隊已了解品牌的基礎，可以開發出一系列指導原則，好讓整個品牌塑造過程中能保持方向不變。

能永續發展的品牌
會堅守自己的核心目標，
保持靈活彈性，不會偏移主題。

香蒂尼‧曼特里
Shantini Munthree

The Union 行銷集團
經營合夥人
Managing Partner,
The Union Marketing Group

我們的品牌與聲譽是透過員工帶動。這些員工每天與客戶近身相處，我們的工作是讓這些員工可以成為每一天的品牌大使。

格蘭特‧麥克勞林
Grant McLaughlin

博思管理顧問公司
行銷與傳播副總裁

VP Marketing &
Communications,
Booz Allen Hamilton

指導原則

出處：由 The Union 集團經營合夥人香蒂尼‧曼特里（Shantini Munthree）提出

品牌是維持聲譽與商業價值的資產

澆灌呵護品牌，是建立品牌資產的長期投資，就像其他資產，品牌也需要照顧和保護，維持品牌價值，讓品牌隨著時間漸漸升值。

**品牌的工作是前後連貫，
展現公司核心價值**

品牌訊息與識別系統的設計是一項藝術，以科學為基礎，這項藝術是關於如何把品牌與客戶聯結起來，並根據數據與實驗作出回應，引導品牌選擇要說什麼、要怎麼說。

品牌的建立是由內而外

將員工放在品牌體驗的中心，你可以讓員工幫忙把品牌帶到生活中，每個人都能參與，從領導階層到第一線的員工，需要每個人的投入來協助客戶展開體驗品牌的旅程。

**你的客戶能用你辦不到的方式
幫你推廣品牌**

當客戶愛上你的品牌，他們會非常樂意和其他人分享這個品牌，在他們的朋友圈裡，你的品牌可以獲得前所未有的關注，那是你花行銷費用也無法買到的。

**每個接觸點都非常重要，
但最重要的只有那幾個**

品牌體驗是由單一客戶體驗集結的成果，在客戶體驗品牌的旅程中，每個互動都貢獻一份力量。研究顯示客戶只要有幾個真心覺得愉快的特別時刻，就能驅動其取向偏愛。

品牌就像人，都是有機體

好的品牌策略會建立品牌的 DNA，當客戶的需求改變，或是需要將品牌扎根在真實與虛擬世界時，品牌就會依其品牌屬性做出不同選擇。

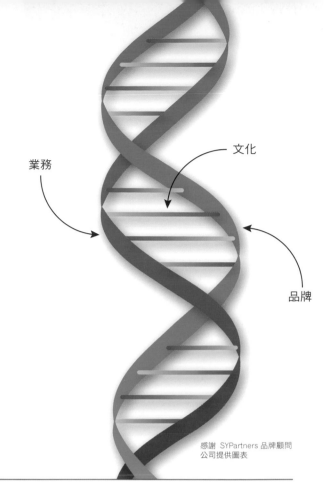

轉型需要策略、品牌與文化交會，我們的目標就是幫助領導人統一願景，爭取員工、客戶與其他利害關係人的認同，說服他們一起追求這個願景。

山下凱斯
Keith Yamashita

SYPartners 品牌顧問公司
Founder and Chairman,
SYPartners

業務

文化

品牌

感謝 SYPartners 品牌顧問
公司提供圖表

品牌塑造成功的十大必要條件

確保領導階層認可品牌開創與品牌塑造流程

設立目標，劃分職責，決定明確的終點

透過整個流程進行溝通

流程要嚴謹，訂定實際的目標

時時以消費者為中心

成立小型決策團隊

決定你要如何做好準備作出承諾

決定你要如何衡量成功

解釋為什麼品牌很重要

不斷前進

核心品牌元素

出處：由 The Union 集團經營合夥人香蒂尼‧曼特里（Shantini Munthree）提出

核心目標	除了營利以外，品牌存在的理由
願景	品牌領導人講述的故事，解釋品牌「如何」達成其使命
價值	核心文化信仰與哲學
個性	品牌為了引起感受與共鳴所使用的語調與聲音
能力與功能	衡量品牌達成自己使命的能力
核心能力	讓品牌有效發揮的一連串相關能力、承諾、知識與技術
品牌競爭力	相似的品牌與差異點
目標受眾	品牌可服務的對象，以決策者為目標
需求與反對意見	需求：品牌希望滿足的需求缺口 反對意見：受眾可能拒絕或猶豫的主要理由
主要訴求與品牌精髓	構成品牌識別度的長青說辭，提供靈感，吸引關注
價值主張	品牌能帶來的功能、情感以及能使社會受惠的一套好處（我們要如何滿足受眾的需求）
證明點	為什麼受眾要相信我們在這方面是做得最好的？為什麼他們要採取行動？
期望的結果	用消費者的語言來說，利害關係人最想要的一句陳述

衡量成功

品牌識別系統是長期投資，不論是時間、人力資源或資金，都要長期投入。正面的品牌體驗是在創造可能，也許能幫助建立品牌資產，提升回購率，或是與客戶建立一輩子的關係。這項投資的回報之一，也許是讓品牌看起來更平易近人、更有吸引力，讓客戶願意購買，銷售人員更容易賣出，並更謹慎處理客戶關係。明確的品牌概念、清楚的流程、給員工聰明的小工具等等，就是促成品牌識別系統成功的燃料。

決策者經常會問：「為什麼我們要投資品牌塑造？你可以證明投資真的可以回收嗎？」新商標、優化的品牌架構或整合的行銷系統將會造成什麼影響，的確很難抽出來單獨檢視。公司必須發展自己對成功的衡量方法，不能期待成果可以立竿見影。品牌塑造需要長期累積，要能理解專注於目標慢慢改善所帶來的價值。

現在品牌已經和業務一樣重要了，
品牌能為企業領導人帶來
無可比擬的潛在影響力。

吉姆·斯登格
Jim Stengel

出處：《Grow: How Ideals Power Growth and Profit at the World's Greatest Companies》
（暫譯：增長力：如何打造世界頂級品牌）

自己覺得驕傲

讓人想按讚

我懂了

有自信

讓老闆開心

讓執行長明白了

人力資本

我們的員工在了解企業願景後，他們會欣然接受自己的責任，從而在公司裡激起更多積極正向的同步發展。

傑恩·卡爾森
Jan Carlzon

北歐航空前執行長

Former CEO,
Scandinavian Airlines Group

出處：《Moments of Truth》
（暫譯：關鍵時刻）

需求

品牌是強力資產，可以創造消費者欲望、形塑品牌體驗，並改變消費者需求。

里克·懷斯
Rick Wise

Lippincott 品牌設計公司
執行長
Chief Executive Officer,
Lippincott

成長

在任何競爭市場裡，為員工、顧客、合作夥伴及投資者帶動利潤與成長，並將企業與其他對手區隔開來的，正是品牌。

吉姆·斯登格
Jim Stengel

出處：《Grow: How Ideals Power Growth and Profit at the World's Greatest Companies》
（暫譯：增長力：如何打造世界頂級品牌）

領導階層

掌握絕佳時機、創意、完美執行的企業品牌再造流程，可成為領導人掌中能操控的最強大工具，有效引起新注意，重新設定品牌方向，延續對員工的承諾。

東尼·斯貝思
Tony Spaeth

品牌識別顧問公司
Identity Consultant

品牌管理衡量標準　出處：Prophet 公司

觀念衡量標準

品牌認知度
客戶知道你的
品牌嗎？
品牌記憶特徵
品牌認知

熟悉度與考量
客戶怎麼想？
覺得這個品牌
怎麼樣？

差異化
關聯性
可信度
受歡迎的程度
知覺品質
購買意願

績效衡量標準

購買決定
客戶如何採取行動？

潛在客戶
客戶能獲得什麼
試用
回購
使用者偏好
價格溢價

顧客忠誠度
隨著時間推進，客戶如何表現

客戶滿意度
留住客戶
每位客戶產生的收益
荷包佔有率
客戶終生價值
轉介推薦
投資報酬率（ROI）
節省成本

財務衡量標準

價值創造
客戶的表現如何創造
具體的經濟價值？

市場佔有率
收益
營運現金流
市場資本
分析師鑑定
品牌價值評估

品牌接觸點衡量標準

網站
全部訪客人數 + 新訪客
百分比
不重複造訪人次
網站停留時間 + 跳出率
到達網頁 (Landing Page)
關鍵績效指數 (KPI)
反向連結推薦連結流量
平均轉換率
訂單價值 + 造訪價值
訪客使用者特徵 + 頻率
訪客流量
每頁頁面瀏覽量
網站搜尋追蹤
到達頁面關鍵字 + 彈出率
透過關鍵字的造訪人次 +
訪客參與
搜尋引擎曝光數、查詢數、
點擊數

社群媒體
量化
粉絲/追蹤人數
分享
按讚
留言
流量/ 訪客數
點擊/轉換率

質化
參與
對話品質
粉絲忠誠度
剖析/研究價值
口碑推薦
品牌聲譽
影響力

智慧財產權
保護智慧財產
避免訴訟
法規遵循

實體郵件
回覆率

商展
產生初步連結的數量
銷售的數量
詢問的數量

授權
授權收稅
保護權利資產

產品置入行銷
觸及率
觀感
知名度

公共關係
話題性
知名度

廣告
知名度
轉換率
收益

包裝
與競爭品牌的市佔率比較
新包裝的銷售量改變
比較整體專案成本與銷售
量的改變
因為製造過程與材料節省
的成本
透過眼動研究追蹤消費者
在貨架上首先看到的產品
（了解貨架陳列的影響）
爭取更多貨架陳列空間
家庭使用習慣/觀察消費者/
田野調查
進入新的零售店面
媒體報導與話題性
延伸產品線的數量
產品置入行銷
銷售循環週期
消費者回饋意見
購買決定的影響
網路分析

線上品牌中心
使用者的數量
每位使用者訪問次數
每次訪問時間
下載資產檔案的數量
網頁使用實際投資報酬率
縮短決策時間
下單更有效率
提高法規遵循

標準與行為準則
執行更一致
內容管理更有效率
時間使用更有效率
縮短決策時間
一次到位
減少法律參與
更有效保護品牌資產

再次思考衡量標準

設計
英國設計協會針對過去十年上市
公司的股價進行研究，發現一般
公認善用設計的這些公司，股價
表現超越英國富時指數 (FTSE)
200%。

**持續在設計上增加投資與
承諾，不是為了得到偶發
的成功，而是得到持續的
競爭力作為回報。**

英國設計協會
The Design Council

實證設計
實證設計是根據成果來量化
設計的成效，例如健康、滿
意度、安全性、效率等，利
用具可信度的研究作成設計
決策，產出與建築環境有關
的新證據。

艾倫·泰勒
Ellen Taylor,
AIA, MBA, EDAC

美國健康設計中心
鵝卵石計劃總指揮
Director of Pebble Projects,
The Center for Health Design

併購
在英國的併購案裡，超過
70% 的併購費是用來支付
商譽這類的無形資產，也
包括企業品牌價值。

特恩布里奇
品牌顧問公司
Turnbridge
Consulting Group

永續經營
環保包裝
減少電子廢棄物和垃圾
產品設計時減少有害物質
節省能源
減少碳足跡
承諾環保政策

協同合作

想要得到良好成效，需要願景引領、作出承諾與協同合作。所謂協同合作，並不是達成共識或是妥協，協同合作需要真正面對問題、縝密的思考，產出互相幫助、緊密相連的解決方法，並要接受不同觀點與不同做事方法所造成的緊張情勢。

大部份品牌塑造專案會有來自不同部門的個人參與，各有不同的待議事項，就算是小型組織中也存在孤島，可能阻礙目標的達成。合作需要有能力暫緩下判斷，先仔細聆聽各方意見，超越政治造成的影響。開放資源是合作、創意、解決問題的新模式，現在也用於產品開發和品牌創新，特色是讓客戶與商人之間、創作者與最終使用者之間、員工與志願服務者之間、競爭對手之間等等，公開分享資訊，使彼此都能有好處。維基百科和 Linux 程式設計是最廣為人知的開源方法執行案例。

> 拋開刻板印象吧，智慧財產權律師也能有創意思考，投資銀行家也可以有憐憫心，設計師也可能數學很厲害。
>
> 布雷克·德
> Blake Deutsch

你可能擁有世界上最多最厲害的球星，
但如果他們彼此沒辦法合作，
你的球隊將一文不值。

貝比·魯斯
Babe Ruth
(譯註：美國職棒傳奇人物，曾先後加入波士頓紅襪隊及紐約洋基隊。)

像「Slack」這樣的軟體可以協助你組織你的團隊，在軟體中可以讓團隊成員彼此對話，共用應用程式，工具和訊息，讓協同合作更容易。

> 偉大的品牌設計，是從收集認可所有關於品牌的好東西開始逐漸發展，哪怕這些東西還不夠完整。品牌的塑造是讓整個團隊拋開所有的恐懼，開闢新的道路。
>
> 香蒂尼·曼特里
> Shantini Munthree
>
> The Union 行銷集團
> 經營合夥人
> Managing Partner,
> The Union Marketing Group

> 就像亞瑟王的圓桌會議，有效率的團隊會尊重不同的專業領域，分享權力，積極參與辯論，統一共同目標，使用集體智慧去實踐具有雄心壯志的宏大目標。
>
> 莫拉·庫倫
> Moira Cullen
>
> 百事可樂
> 全球飲品設計副總裁
> Vice President,
> Global Beverage Design
> PepsiCo

> 當我和一個作家合作，我們會拋下執著與個人觀點，認真地傾聽彼此，讓第三個人加入，產生新的願景。
>
> 埃德·威廉森
> Ed Willamson
>
> 藝術總監
> Art Director

協同合作的原則

出處：由溫格特（Wingate）顧問公司的琳達・溫格特（Linda Wingate）提出

領導階層必須相信協同合作，以及合作能帶來的組織利益。

聆聽所有看法，誠實分享自己的觀點，把所有問題端到檯面上檢視。

鼓勵參與。

每個人的貢獻都很重要。

發展牢固的專業關係，建立高度信任與默契，將頭銜與組織階層先擺到一邊去。

從對話中建立關係，找到共同目標和語言，以便學習和溝通，建立指導準則，作為決策訂定的依據。

讓資訊公平存取，創造共同的工作流程，客觀檢驗所有假設與數據。

創造團隊協議。

保障合作、參與和所有權，認可獎勵是團隊一起努力贏得的，不是個人成就；拋開任何競爭的心態，避免成員彼此爭個你輸我贏。

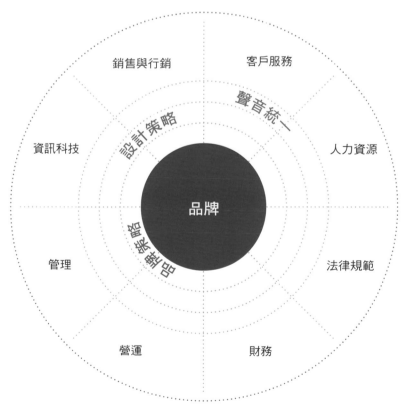

執行長在優化品牌客戶體驗上扮演了關鍵的角色，必須分散品牌塑造決策的權力，打破穀倉效應才行。可以像寶僑一樣藉由企業重組，或像亞馬遜一樣提高營運效率，或像 Google 一樣改善工作環境，或是像蘋果一樣統一品牌共同目標。用這些方法來改善。

薩拉・漢森博士
Dr. Salah S. Hassan

策略性品牌管理學教授
Professor,
Strategic Brand Management

喬治華盛頓大學商學院
School of Business,
The George Washington University

訂定決策

決策訂定的過程需要建立信任，幫助組織在品牌塑造上作出正確的選擇，以便建立自己的品牌。大部份的人都對這種場景記憶猶新，因為政治角力、根深蒂固的成見或決策者太多，眾說紛紜，容易造成決策錯誤。社會科學的專家認為，大團體作出的決策比小團體更沒有發展性；組織發展的專家則認為，經由達到共識促成的決策，因為組織運用全體成員的資源，可以導出更高品質的決策。

決策訂定的過程需要一位領導者，可在龐大的團體中引導眾人發表創意與意見，而非屈從團體的想法。不論組織大小，最終決策者應該包含執行長，特別是在關鍵決策點應該強制參加整個流程，像是協商確認共同目標、品牌策略、品牌命名、標語和品牌標誌等。

品牌塑造的過程中，通常會讓關鍵的利害關係人重新把注意力放在組織的願景與使命上，如果做得好，整個組織的所有人都會感覺自己被重視，開始覺得自己「擁有」這個新品牌。

> 做決策的關鍵是信任你自己，
> 信任你的流程和團隊。
>
> 芭芭拉・萊禮博士
> Dr. Barbara Riley
>
> Chambers Group LLC 環境服務公司
> 經營合夥人
> Managing Partner,
> Chambers Group LLC

品牌諮詢公司若能投入大量精力，與組織和客戶站在同一陣線感同身受，從而建立必要的信任感，可以讓自己不再是外部人員，而是品牌內部的一份子。

安德魯・雀康
Andrew Ceccon

FS 投資執行總監
Executive Director,
FS Investments

關鍵成功要素

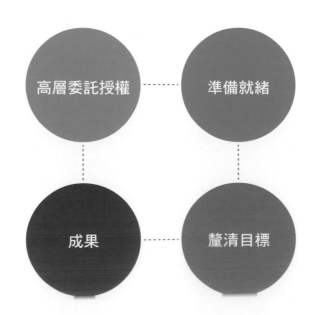

高層委託授權 ----- 準備就緒

成果 ----- 釐清目標

基本特徵

執行長帶領一個小團隊，包含銷售品牌的擁護者。

與關鍵利害關係人清楚討論過整個決策過程。

決策與組織的願景和目標一致。

所有成員都獲得信任與尊重。

擬定創意策略前，先在目標及定位策略上取得共識。

說出所有相關的資訊和考量，並且追蹤。

徹底討論過所有優缺點。

組織上下針對品牌進行溝通，然後做出承諾。

焦點小組是作為參考工具，而不是意見領袖。

所有決策都要先在內部溝通討論。

遵守資訊保密的規範。

棘手狀況

執行長沒有參與。

新的決策者在流程進行到一半後才加入。

團隊成員的意見不受尊重。

為了省錢或省時間，把流程的關鍵步驟省略。

拿個人的審美觀和功能性準則混為一談。

併購與收購

財務風險偏高。

資訊保密極為關鍵，結果難以收集各方意見。

時間表被壓縮，氣氛非常緊張。

品牌名稱與商標被當作棋子，用在棋盤佈局上。

每個人都想引起領導階層的注意。

把焦點放在客戶利益上至關重要。

關鍵成功要素

執行長支持這項新提案。

公司準備好投入時間、資源與人力腦力。

大家都理解並同意新提案的目標。

結果是有價值的，大家都同意成功應該看起來是什麼樣子。

> 如果你與你尊重的人一起好好走完整個流程，結論將是妥善規劃的成果，而不是緊抓信念冒險往下跳。

芭芭拉‧萊禮博士
Dr. Barbara Riley

Chambers Group LLC 環境服務公司
管理合夥人
Managing Partner,
Chambers Group LLC

> 許多決策都是在靜悄悄的會議室裡制定的，在那樣的環境之下，新工作看起來也許很激進或是很有威脅感。可是品牌體驗的工作需要走出會議室，外面的世界紛亂又忙碌，你可能會花了大把鈔票，結果發現客戶還是看不出來哪裡不同。當你事事都要取得眾人的共識，你將會失去你的獨特性。

蘇珊‧阿瓦德
Susan Avarde

花旗集團全球品牌行銷總監
Head of Global Brand,
Enterprise-wide
Citigroup

智慧財產權

品牌藉由創造差異超越敵手，品牌可以訴說自己的差異，保持與對手的不同，並合法保護這些差異。獨特的產品與包裝設計、優化的產品功能和品牌識別，例如商標、品牌名稱、口號、用色甚至聲音，都可以註冊為商標並受到保護。品牌識別系統如果能立刻被消費者認出並且記得，那麼品牌的長期價值就會增加。

專利是為了鼓勵新發明的開發與曝光，版權則可以催生並保護創意，而商標則是能確保消費者不會被類似的東西迷惑或誤導。在美國，是使用商標作為產品的品牌辨識碼，因此出現了普通法商標權，不過在某些情況下，需要向聯邦政府註冊商標，才能取得全美的獨家權利。美國的商品和服務分成 45 個產業別，商標可註冊一到多個以上產業。

智慧財產權是法律原則，提供品牌資產保護，包括取用、監控、執行、貨幣化等智慧財產權的各種不同形式。在品牌塑造剛開始的階段，就要進行商標搜尋與分析，這對判斷與降低風險非常有利。商標的所有人有責任持續監控市場上是否有人盜用或侵權，許多品牌都會利用商標監控服務，主動保護自己的資產。

> 在你確認這個點子合法可用之前，
> 不要輕易愛上新商標或新標語的創意。

卡西迪・馬利安
Cassidy Merriam

商標和版權律師
Trademark and Copyright Attorney

商標與服務標識

品牌辨識碼都需要保護，包括品牌名稱、商標、口號和廣告主題曲。

商業外觀

保護產品的視覺外觀、產品包裝或是企業內部設計等，所有消費者認為的品牌辨識碼。

版權

保護原始創意表達，像是視覺藝術、文學、音樂、編舞、電腦軟體。

功能性專利

保護新發明與實用發明的功能面，包括機器和製程。

設計專利

保護產品的獨特面，例如形狀或外觀。

商業機密

保護有價值的秘密資訊，像是客戶名單、方法、製程、配方等。

單一項目可以申請多種不同形式的智慧財產權保護。

商標搜尋與註冊的流程

> ### 確立品牌差異性
>
> 確定新品牌如何在市場中脫穎而出
> 開發差異要件，確認品牌元素的獨特和創新
> 進行市場調查，以評估競爭格局
> 決定替代方案，在塵埃落定以前先不要愛上自己想的商標

> ### 開發專利對策
>
> 決定哪些元素應該受到保護，例如：品牌名稱、符號、文字商標、產品設計等
> 決定要註冊哪個類型：版權？商標？對象是聯邦政府、州政府、外國政府等等
> 找出產品或服務應該要使用哪個商標
> 找出相關監管約束單位

> ### 利用合法資源
>
> 找出智慧財產權顧問以及使用商標搜尋服務
> 為品牌塑造團隊找個智慧財產權顧問
> 把智慧財產權行動整合到品牌塑造流程中
> 確保合約中聲明公司擁有標誌設計的智慧財產權，而不是品牌塑造公司

> ### 進行搜尋
>
> 為預期的商標進行全面搜尋
> 搜尋正在審理中和已經核發的註冊商標和普通法使用權
> 徵求各種意見，了解預期的商標是否可以註冊，或是否會侵犯他人的權力
> 決定是否需要搜尋國外資料

商標的基本知識

品牌與競爭對手的差異越大，越容易獲得法律的保護。有些受監管的產業甚至要在發佈特定品牌名稱、包裝、標籤和行銷材料前，都需要經過監管機構許可才能發行，像是醫療保健、藥品、金融服務等。

不論是個人、公司、合夥企業或是任何形式的法人，商標所有人掌控標誌使用以及產品性質和品質，包括商標所有人個人使用，或是與第三方簽署授權協議後進行使用。

商標權屬於司法管轄。在一個國家內取得權力，不代表在另一個國家也能獲得保護，業務所在的每個國家或即將進入的市場，都需要取得商標的權利。

一個人若在商業行為中使用商標，就可以取得美國商標權利，不需要特別註冊，因為在美國境內，普通法中的標誌使用權是根據標誌實際使用而成立，該法也允許使用者對其他註冊或申請提出異議。但在其他國家，大部份商標都要先註冊。

美國聯邦商標註冊提供了一些優勢，包括商標所有人能在全美範圍使用商標和服務的專有權利，能在美國聯邦法院提出商標相關的訴訟，並能向美國海關註冊標誌，避免進口侵權的外國商品。許多品牌所有人會在採用商標或是遞交商標註冊申請之前進行清查，聯邦註冊通常會避免第三方不慎採用搜尋結果中發現的類似或完全相同標誌。美國專利局（US Patent and Trademark Office；USPTO）的資料庫可搜尋現有的聯邦商標申請與註冊，但需要有智慧財產權律師評估法律機會和風險。

美國商標申請根據「使用意圖」遞交，使用者優先權取決於申請遞交日期，而非商標初次使用的日期 。

在美國，只要商標一直在使用中，商標權可以永久存在，不過，必須申請展延。美國的商標註冊每十年必須展延一次。

® 註冊商標，全文為「registered trademark」：聯邦註冊符號，只有在 USPTO 美國專利局實際註冊商標後才能使用，申請待審理期間不可以使用。

TM 商標，全文為「trademark」：用來提醒大眾你擁有標誌所有權，在申請審理中可以使用，或是也可以在還沒有遞交 USPTO 美國專利局申請前使用。

SM 服務標誌，全文為「service mark」：用來提醒大眾你擁有獨家服務所有權，無論是否向 USPTO 美國專利局遞交申請都可以使用。

> **追蹤商標保護**

最後決定需要註冊的商標清單
按照情況去申請州政府、聯邦政府或是其他國家的商標註冊
開發合適的商標使用標準
監控競爭對手的行動，找出可能發生的商標侵權行為
確保與第三方的合約中涵蓋的智慧財產權如何使用

> **考慮**

智慧財產權相關問題：
　網域名稱
　社群媒體帳號
　肖像權
　消費者隱私問題
　員工政策
　合約
　監管機構

> **教育與審核**

教育員工與供應商
發佈使用標準，釐清正確用法
進行年度智慧財產權審核
建立規範讓使用商標更簡單
考慮採用商標監控服務

管理設計團隊

現在有越來越多管理團隊會找經驗豐富的設計總監加入，以協助監督與建立品牌、管理設計團隊，並發掘團隊需要的專業人士。像這樣將設計視為核心競爭力的公司，往往在行銷與傳播方面更為成功。

一般來說，品牌識別計劃常由公司外部的諮詢公司來開發，這些團隊會擁有合適的資格條件、經驗、時間與人員配置。然而，外部諮詢公司會犯的最大錯誤，就是在最初研究階段沒有把內部的設計團隊納入。公司的內部團隊對實際執行會面臨的挑戰會有非常深入的見解，除此之外，品牌識別計劃能否成功，也取決於內部團隊能不能擁抱新的識別系統，並付諸實行。內部團隊必須持續與外部諮詢公司聯繫，以隨時詢問、釐清，處理預料之外的情況。外部諮詢公司應該要定期審查新工作的進行，參與年度品牌審核，確保品牌表現保持新鮮與切題。

如果你覺得好的設計很花錢，
請試著想一想
不好的設計會讓你付上什麼代價。

施韋德博士
Dr. Ralf Speth

捷豹路虎執行長
Jaguar Land Rover

公司內部的創意團隊需要抓住內部人員才有的優勢，就是利用對品牌深入的知識，充分發揮公司的策略價值。

艾利克斯·森特
Alex Center

可口可樂設計總監
Design Director,
The Coca-Cola Company

在WGBH電視台，「設計」這份工作非常重要，需直接向執行長報告。

克里斯·普爾曼
Chris Pullman

WGBH 電視台設計副總
Vice President of Design,
WGBH

公司內部團隊與他們服務的品牌一起生活、一起呼吸，通常比任何人都更清楚該品牌代表了什麼。

艾利克斯·森特
Alex Center

可口可樂設計總監
Design Director,
The Coca-Cola Company

內部設計團隊的特點和挑戰

當內部團隊擁有的品牌知識、對品牌的投入以及對品牌的自豪，能融合品牌願景、創意與精湛的表達能力，內部團隊就能變成品牌不可或缺的一部份。

傑弗里‧菲爾茨
Jeffrey Fields

星巴克全球創意副總裁
Vice President,
Global Creative Studio
Starbucks

必備的特點	最大的挑戰
由創意總監或設計總監管理	對品牌力量所傳達的事項缺乏理解
受到資深管理階層重視	要克服政治障礙
由經驗豐富的設計師組成（包含創意與技術專業人士）	要與資深管理階層會面
多功能（擁有跨媒體經驗）	要獲得管理階層的尊重
多層級職務工作經驗（資深與初階職務）	要克服設計委員會的審核
清楚界定角色與責任	要拆穿高品質等於高費用的迷思
清楚界定流程與程序	在重要的品牌塑造決議時，不能加入談判桌
支持推廣品牌識別標準	工作太多，人力太少
能在系統內發揮創意	
能在解決方案以外，解釋基本原理	
能開放與資深管理階層和團體內部的溝通管道	
具有品牌識別流程與專案的追蹤系統	

設計管理模式

由品牌諮詢顧問珍‧米勒（Jen Miller）提出

組織內部的設計團隊通常能根據內部客戶需求和自身的內在能力，運作並逐步成長為不同的成熟階段。若能釐清各種標準、培訓和溝通的定義，設計團隊就得以分享知識並逐步成長。

珍‧米勒
Jen Miller

珍米勒解決方案公司
品牌諮詢顧問
Consultant,
Jen Miller Solutions

內部設計部門可推動公司優先事項與品牌願景，引導開發品牌識別標準。品牌識別標準需要定期更新與審核，確認是否合用，測量品牌黏著度。

品牌創辦人

若是由內部設計團隊與外部設計機構合作開發品牌，則在品牌塑造的初始階段，內部設計團隊就要擔任執行團隊和客戶間的主要諮詢人員。內部設計團隊中要包含專屬品牌大使的角色。

創新人員

委託外部設計團隊開發品牌的標準流程，是由內部設計部門協助確認公司的優先事項，根據對品牌的知識引導努力的方向。創意總監要監控品牌黏著度。

策略專家

內部設計團隊是根據品牌識別標準來執行設計，而測量品牌識別標準的有效性，就是透過最佳執行案例增加價值。

顧問

內部設計團隊可根據業務所需和可用的品牌識別標準去落實品牌的願景。

供應商

第一階段：進行研究

　　建立品牌需要商業敏銳度與設計思考。第一優先的事項，是要理解即將建立品牌的組織，並了解組織的使命、願景、價值、目標市場、企業文化、競爭優勢、優勢與弱點、行銷策略和未來面臨的挑戰。

1：進行研究

回答問題相對來說很簡單，
問對問題反而困難多了。

卡琳・克羅南
Karin Cronan

克羅南策略識別顧問公司
合夥人
Partner,
CRONAN

面對面溝通在現代是
新興奢侈品。

蘇珊・柏德
Susan Bird

Wf360 行銷傳播顧問公司
創辦人暨執行長
TED 駐站創意培養人

Founder + CEO, Wf360
TED Resident

認識客戶的公司必須集中注意力、高效率執行，客戶僱用有才智的顧問公司是為了更了解自己公司的業務，確保解決方案與業務目標和策略相互聯結。

可以透過不同來源來認識客戶公司，例如閱讀策略性文件與業務計劃、訪談重要的利害關係人等。向客戶要求適當的資訊是第一步，要在訪談任何關鍵管理階層或利害關係人以前就進行。去傾聽組織未來的願景與策略，為新的識別系統塑造出創意流程的核心。

訪談重要的利害關係人時，可獲得寶貴的深入見解，包括整個組織的聲音、節奏、個性等等，甚至常常會在訪談中突然浮現從不曾記錄在任何組織文件上的創意與策略。

此外，也可以從顧客的觀點來體驗組織，進而認識客戶的公司，更容易了解產品供應、銷售點取得或產品使用方式。目標是發現公司的精髓，了解組織如何處身在更大的競爭環境中。

訪談所需的基本資訊

在任何訪談前，先取得這些商業背景材料，進一步了解組織。如果是上市公司，請檢查一下財務分析師對公司績效與未來前景的看法。

使命	現有的市場研究
願景	文化資產
價值陳述	員工調查
價值主張	執行長演講
組織架構圖	媒體報導
策略規劃文件	新聞片段
商業計劃	歷史
行銷計劃	網域名稱和商標
年度報告	社群媒體帳號

訪談利害關係人

訪問關鍵管理階層時，最好是面對面會談。錄影面談有助事件交流，讓面談更順利，如果沒辦法的話，也可以用電話訪談。建立信任是另一個議題，問答的品質與訪談中所建立的融洽關係，將為這段重要的關係建立基調。建議每個人的發言都要簡潔扼要，可以的話，不要在訪談前事先提供問題清單，因為自發性的回答也許更有洞察力。

在做任何面談之前，對你而言，先讀過一遍公司的基本資料，這絕對至關重要，而且要讓對方知道你已徹底讀完提供的文件，這點也非常重要。與客戶一起建立應該要與誰面談的訪談人清單，最好將面談控制在 45 分鐘以內。此外，在面談前，應該要針對每位客戶的差異去調整以下的問題。

我們有兩個眼睛、兩個耳朵、一個嘴巴，應該要按照比例好好使用。

伊爾澤·克勞福德
Ilse Crawford

Studioilse 設計事務所
設計師 + 創意總監
Designer + Creative Director
StudioIlse

核心面談問題

您的業務是什麼？	您如何行銷自己的產品或服務？
您的使命是什麼？您最重要的三個目標是什麼？	影響您所在產業的主要潮流或改變是什麼？
您為什麼要創辦這家公司？	五年後您會在哪裡？十年後呢？
請描述一下您的產品或服務。	您如何衡量成功？
您的目標市場是那些人？	您的員工是為了什麼樣的價值與信念而聚在一起，驅動績效表現？
請依照重要性，排列利害關係人的順序。您希望每一位受眾會接收到什麼資訊？	您的產品或服務若要邁向成功，會有什麼可能的阻礙？
您的競爭優勢是什麼？	是什麼讓您在晚上依然充滿動力？
客戶為什麼選擇您的產品與服務？為什麼您覺得您比其他人更好？	試想自己的未來。如果您的公司能做任何事、成為任何人，那應該是什麼樣子？
誰是您的競爭對手？您最欣賞哪位競爭對手？如果您有欣賞的人，是為什麼呢？	如果要用一句話描述您的公司，應該怎麼說？

見解分析

觀察這世界，不帶主觀意見地聆聽其他人的想法，可開啟更多可能。這樣的工作本身就能成為英雄。雖然分析研究是企業收集與解讀數據的基本守則，但是若要有更深入的見解，則需來自更個人與更直觀之處。

設計就像在直覺創作與符合規劃之間起舞，在品牌塑造的流程中，最大挑戰就是發現沒有任何東西在自己掌控中，只剩自己的專注力與注意力。相信流程，接過不斷飛來的任務、拋往下一步，如此一來一定能帶出非凡的成果。

記得要保持呼吸。

展望未來、繼續努力，
相信自己所做的一切，為偉大而戰。
逐一面對每位領導、每個人、每場挑戰。

山下凱斯
Keith Yamashita

SYPartners 品牌顧問公司
創辦人
Founder,
SYPartners

如果你有勝過團隊其他人的強項，那就是你的超級力量。團隊要想充分發揮優勢，就要先知道每位成員的強項所在，並啟發他們的潛能。

超級力量紙牌卡
Superpower Card Deck

SYPartners 品牌顧問公司

我們所處的社會經濟，原本以資訊時代的邏輯、線性、電腦類的技能為主，未來將慢慢轉變成以創新、同理心、全面發展的技能為主。概念的時代正在興起。

丹尼爾・品克
Daniel H. Pink

出處：《A Whole New Mind》（中文版書名為《未來在等待的人才》，大塊文化，2006）

分析時需要思考的問題

彼得‧德魯克 (Peter Drucker)
經營管理顧問

您的業務是什麼？
您的客戶是什麼？
您的客戶認為價值是什麼？
我們的業務未來會是什麼？
我們的業務未來應該是什麼？

山下‧凱斯 (Keith Yamashita)
SYPartners 品牌顧問公司創辦人

我們為什麼存在？
我們會變成什麼？
是什麼讓員工對自己的工作充滿熱情？
我們的客戶對什麼有興趣？
推動我們公司的理念是什麼？
我們做的與同產業其他人做的有什麼不同？
想成功，我們需要什麼？
是什麼阻撓我們邁向成功？

吉姆‧柯林斯（Jim Collins）
《From Good to Great》（《從 A 到 A+》）

你最熱衷什麼事情？
你在這個世界上最擅長什麼事情？
你的經濟引擎是靠什麼驅動？

馬賽爾‧普魯斯特（Marcel Proust）
作家

如果能改變一件關於你的事情，那會是什麼？
可不可能改變呢？
你認為你最大的成就是什麼？
你最明顯的特色是什麼？
你對完美的幸福有什麼想法？

Basecamp
專案管理軟體

我們為什麼要這樣做呢？
我們要解決什麼問題？
真的派得上用場嗎？
我們增加了價值嗎？
這樣可以改變人的行為舉止嗎？
有什麼更容易的方法嗎？
機會成本是什麼？
真的值得嗎？

克里斯‧海克（Chris Hacker）
美國藝術中心設計學院
（Art Center College of Design）教授

我們真的需要它嗎？
它的設計可以最大限度地減少浪費嗎？
它可以更小、更輕或由更少的材料製作嗎？
它是耐用還是多功能？有使用可再生資源嗎？
產品和包裝可回充嗎？可回收嗎？可修復嗎？
它來自對社會和環境負責的公司嗎？
它是本地製造的嗎？

丹尼‧瓦特茅（Danny Whatmough）
部落客

你的目標是什麼？
你要如何建立社群？
你打算說什麼？誰來管理社群？
你要如何界定成功與否？

史丹尼斯洛‧拉捷歐斯基
（Stanisaw Radziejowski）
船長

長大後你想成為什麼？

當我們停止思考並放手時，往往會突然有深刻的理解；難題的解答可能在散步時想到、在夢裡出現、或在淋浴時冒出來。我們越不期待，零碎的想法就會消失，反而湧現對全局的見解。

顧問
麗莎‧瑞戴爾
Lissa Reidel
Consultant

深入理解能觸動新的客戶體驗。

邁克‧鄧恩
Michael Dunn

鉑慧品牌顧問公司
執行長
CEO,
Prophet

市場研究

聰明的市場研究可以是促成公司改變的催化劑，相反地，若是市場研究產生誤導，則會成為創新的絆腳石。市場調查是針對影響消費者對產品、服務與品牌偏好的數據，進行資料的收集、評估與解讀。深入剖析潛在客戶與現有客戶的態度、意識和行為，通常能為未來的成長找到新機會。可用性研究最後終於變成主流。

雖然任何人都可以抓取網路上的二手研究資料，但數據本身不會提供解答，如何解讀這些數據本身就需要技巧，目前有許多專門的市場研究工具和解決方案，可幫助全球企業開發品牌策略。小型品牌塑造公司通常會與市場研究公司合作，在許多案例中，都是由市場研究公司針對客戶偏好或市場區隔，提供現有的研究報告。每一位品牌塑造的成員都應該要進行秘密購物訪查，匿名到品牌的店面實地觀察體驗。

> 最好的市場研究，是能看見大局，著重細節，並知道如何產出最有行動力的成果。
> 蘿莉·艾許克夫特
> Laurie C. Ashcraft
> 艾許克夫特市場研究公司
> 總裁
> President,
> Ashcraft Research

市場研究的目的，
是從其他人的視角看看他們眼裡的事物，
思考別人不曾考慮過的觀點。

匈牙利生物學家
阿爾伯特·聖捷爾吉
Albert Szent-Györgyi

初步研究

收集新的量化或質化資訊，以便滿足特定需求。

質化研究 (Qualitative research)

「質化研究」（又稱「定性研究」）將揭示消費者的看法、信念、感受與動機。調查結果通常能提供品牌相關新見解，並作為量化研究的開端。

公佈欄

請參與者加入網路公佈欄，他們可以在公佈欄上張貼任何想要的內容，若在併購期間，員工可以匿名回應。

民族誌

觀察日常生活的客戶行為，包括其工作、家庭、環境或零售現場反應。

焦點小組

針對預設主題進行小組討論，由會議主席帶領選定的參加者進行會議，這些選出來的參加者要有共同特徵。

秘密購物訪查

請受過訓練的秘密購物客，匿名扮演客戶，評估購物體驗、銷售技巧、專業程度、成交技巧、售後服務以及整體滿意度。

一對一訪談

與公司領導人、員工、客戶一對一深入訪談，最好能面對面訪談。用這種方法獲得的資訊和有趣小故事，可讓品牌塑造流程更豐富、更有價值。

社群聆聽

社群聆聽是指監控品牌在社群網站上的對話。

量化研究 (Quantitative research)

量化研究可以創造出有效的統計學市場資訊，量化研究的目標是從足夠的不同研究對象獲得足夠的數據，讓公司有足夠的信心去預測接下來可能發生的事情。

線上問卷

藉由網路向具有共通性的受訪者們收集資訊，一般情況下，潛在受訪者會收到電子郵件，信中有線上問卷的連結，邀請受訪者參與調查。

可用性測試

設計師與人因工程師會使用專門軟體或是透過螢幕分享，觀察並監控參與者。使用者都是經過仔細篩選的，之後將對測試結果進行深入分析。

產品測試

測試產品以複製真實生活中的使用者體驗，或是即時使用者體驗。不論是準備並試吃食物或是試駕新車，產品測試是品牌要長期成功不可或缺的關鍵。

神經行銷學

神經行銷學是運用神經科學原理，使用生物統計來研究消費者的大腦如何回應行銷刺激。

市場區隔

將消費者與業務分割為叢集團體，每個團體都有自己的特別興趣、生活潮流、對特定產品服務的偏好。消費者區隔通常用人口統計學和心理學資訊來細分。

品牌權益追蹤

持續監控品牌的優勢，大多數大品牌會持續進行市場內的品牌權益追蹤，包含長時間內關鍵的品牌等級、品牌與廣告認知、品牌使用取向等。

數位分析

自動從網路上蒐集資訊並分析。

二次研究

競爭情報

網路上有許多企業數據庫提供產業相關的數據與資訊，包括私人與上市公司和他們的股票活動和管理方法。

市場結構

這項研究會界定各類別市場如何構成，提供屬性層級，像是市場大小、形式或是偏好。研究將找出目前沒有品牌爭奪的「市場白地」（white space）或市場機會。

聯合數據

這類型的標準化數據，由尼爾森數據（Nielsen）和 IRI 數據等供應商進行記錄與販售。用來判定市場佔有率和購買週期。

可用性測試

可用性測試是一種研究工具，讓設計師、工程師與行銷團隊可以開發與改進新舊產品，這種方法可以延伸應用在客戶體驗、採購、運送與客戶服務等任何部份。不同於其他研究方法，可用性測試依賴的是消費者對產品「即時」的體驗，產品研發團隊將觀察一批具代表性的使用者，以即時獲得產品優勢與缺點的回饋，記錄人們實際使用產品的經驗，在產品上市以前修改可能的設計缺陷。

可用性測試的好處，是讓終端使用者的需求成為產品研發過程的中心，而非等到上市以後才針對這些需求去做補救。

真正的可用性是看不見的。
如果你使用順暢，就不會注意到可用性，
只有哪裡不能用了，你才會瞬間發現問題。

達納・切斯尼爾
Dana Chisnell

UsabilityWorks 使用者體驗研發工作坊創辦人
Civic 設計中心共同主持人
Founder of UsabilityWorks
Co-Director of Center for Civic Design

可用性測試在整個設計過程中是很棒的工具，重點是請一批具代表性的使用者提早測試，如果你正在修改或更新某些內容，先測試當前版本也可以。

金妮・瑞迪胥
Dr. Ginny Redish

瑞迪胥與合作夥伴有限公司
Redish & Associates, Inc.

可用性測試的流程
由傑夫瑞・羅賓 (Jeffrey Rubin) 與達納・切斯尼爾 (Dana Chisnell) 提出，
出處為《Usability Testing》（簡體版書名為《可用性測試手冊》，人民郵電出版社，2017）

> **開發測試計劃**

評估測試目標
研擬研究問題
記錄受試者的特徵
闡述研究方法
列出任務清單
說明測試環境、儀器與測試邏輯
說明測試主持人的角色
列出你將收集的數據
描述如何報告測試結果

> **準備研究環境**

決定時間與地點
準備儀器、文件、工具並檢查確認
確認共同研究者、助理和觀察員
決定技術文件與檔案

> **尋找 + 選定受試者**

定義個別使用者群組行為和動機的選擇標準
列出使用者特點
定義每個使用者群組的標準
決定參與測試的人數
篩選受試者
與受試者預約測試時間並確認

> **準備研究資料**

研擬測試主持人的講稿
開發要請受試者進行測試的背景場景
準備背景問卷，收集人口統計資料
準備測試前問卷與訪談
準備測試後問卷，以調查使用者體驗

可用性測試需要什麼

出處：金妮・瑞迪胥博士（Dr. Ginny Redish）的《Letting Go of the Words: Writing Web Content that Works》一書（暫譯：放開語法：書寫可用的網頁內容）

真正想了解的問題：你已經思考過想要知道的事項，規劃好測試，以便得到你問題的答案。

真人：受試者要能代表你想要的網站訪客或是 App 使用者（至少要有部份訪客能夠代表）。

真正的任務：讓受試者在網站或 App 上測試時做的事，是他們真正想做的，或是讓受試者感覺真實的。

真正的數據：在受試者測試時，觀看、聆聽、提出中立的問題（如果是遠端沒有主持人的測試，你也許只能得到受試者測驗的結果，例如點擊數據，而不能聽見原因，也不能提出問題）。

真正的剖析：在檢視數據時，放下自己的假設和偏見，你就可以看見什麼是操作順暢的，什麼是卡卡的。

真正的改變：運用從測試中所獲得的資料，保持操作順暢的部份，改善可以做得更好的地方。

可用性測試的優點

出處：由達納・切斯尼爾（Dana Chisnell）提出

幫助設計解決方案獲取資訊

創造令人滿意的產品（甚至是令人開心的產品）

排除設計問題與缺陷

建立可用性標準的記錄，以便未來發佈

開發團隊採用可用性測試方法，可加快產品與市場見面的腳步

把客戶放在設計流程的中心

提高客戶滿意度

創造出實用且順手的產品

產品功能更有可能大受使用者歡迎

提高收益

減少產品週期的開發成本

增加銷售與回購的可能性

將風險與客訴降到最低

> ### 執行測試階段

以中立的角度執行測試
適時和受試者互動，深入提問
即使受試者在操作時卡住了，也不要出手「拯救」受試者
讓受試者填寫測試前問卷
讓受試者填寫測試後問卷
詢問受試者的使用意見
詢問觀察員的觀察結果

> ### 分析資料＋觀察

總結工作數據
總結偏好數據
總結使用者群組或產品版本的得分
找出產品發生錯誤與缺陷的原因
分析錯誤來源
將問題排列優先順序

> ### 提報調查結果＋建議

將焦點放在能產生最大影響力的解決方案上
提供短期與長期建議
將業務與技術限制列入考量
指出需要進一步研究的區域
製作重點摘要影片
報告調查結果

行銷稽核

行銷稽核是指有系統地檢查與分析所有行銷、傳播與識別系統，包含現行與過去曾使用過的。行銷稽核的過程中需要用放大鏡檢視長久以來品牌與品牌的各種展示方法，為了方便未來的組織品牌願景，你必須了解品牌的歷史。

有些東西從前很有價值，但難免被時間淘汰，像是標語、符號、慣用語、觀點等等，在過去可能有存在的理由，但現在必須重新復甦或重新賦予目的。也許組織的配色或標語從公司創立時就已經存在了，可以考慮這種品牌資產是不是要延續下去。

無論是要重新定位組織，重振組織，重新設計現有的識別系統，或是因為併購必須開發新的識別系統，都需要檢視組織過去使用的傳播與行銷工具。請找出曾經用過什麼工具，什麼工具成功，或是什麼工具沒有辦法發揮作用，這些都為創建新的識別系統提供了寶貴的一堂課。併購是最有挑戰性的行銷稽核，因為兩家曾經是競爭對手的公司，現在必須齊肩並進。

首先檢驗客戶體驗，
再往策略、內容和設計的階段推進。

卡拉・賀爾
Carla Hall

卡拉賀爾設計集團
創意總監
Creative Director,
Carla Hall Design Group

行銷稽核的流程

> 瞭解全局	> 要求資料	> 建立系統	> 募集資訊	> 檢驗資料
服務的市場	現有與歸檔的資料	組織	情境相關的背景/	商業文件
銷售與經銷通路	識別標準	檢索	歷史背景	電子傳播
行銷管理	商業文件	文件歸檔	行銷管理	銷售與行銷
傳播功能	銷售與行銷	評論	傳播功能	內部溝通
內部技術	電子傳播		對品牌的態度	環境
挑戰	內部溝通		對品牌識別的態度	包裝
	招牌			
	包裝			

行銷稽核所需的資料

下列資料是品牌應該提供的，建立實際有效的結構編制和檢索系統非常重要，因為你很有可能累積收集大量的資料，若有人能提供過去哪些行銷活動成功、哪些失敗，也是非常重要的背景資料。

統整行銷稽核資料：建立戰略室

建立戰略室，把所有的東西都展示在牆上，設計標準系統並記錄發現的結果。在作業開始以前，先拍一張「施工前」的照片。

品牌識別

所有用過的品牌識別各版本

所有的識別標誌、商標、文字商標

公司名稱

部門名稱

產品名稱

所有品牌標語

所有擁有過的商標

品牌識別標準與行為準則

商業文件

公司信箋、信封、標籤、名片

出貨單、銀行報表

提案封面

資料夾

商業文件格式

銷售與行銷

銷售與產品文宣

新聞通訊

廣告活動

股東關係資料

年報

研討會文件

簡報

數位溝通

網站

內部網路

網際網路

影片

網站橫幅 (Banner)

部落格

社群網站

App

電子郵件簽名檔

內部溝通

員工溝通

周邊商品（T恤、棒球帽、原子筆等等）

環境應用

外部招牌

內部招牌

店面室內裝潢

橫幅掛條

商展攤位

零售

包裝

推銷

購物袋

菜單

商品

陳列

> **檢驗品牌識別**

標誌
文字商標
顏色
圖像
版面設計
外觀與感受

> **檢驗事件如何發生**

流程
決策過程
傳播的責任歸屬
內部人員與網站管理員
生產部門
廣告代理商

> **記錄習得知識**

品牌資產
品牌架構
品牌定位
關鍵訊息
視覺語言
理解領會

競爭力稽核

競爭力稽核是一種動態的數據收集流程，從品牌標識、標語到廣告、網站，檢驗競爭品牌、關鍵訊息與市場識別都包含在內。除此之外，在網路上搜集資訊雖然容易，但不要只利用網站搜尋，想辦法以顧客身份體驗競爭品牌，通常可以獲得寶貴的深入見解。

對競爭品牌的了解越深入，競爭優勢也越大，公司與競爭品牌關係的定位對行銷與設計都非常必要。「為什麼客戶要選擇我們的產品或服務？為什麼不選其他家廠商？」這是行銷要面對的挑戰。「我需要看起來覺得不一樣。」這是設計的當務之急。

競爭力稽核的廣度與深度依公司的本質和專案規模的大小而定，一般來說，公司會有自己的競爭情報，質化或量化研究可以成為競爭力稽核的重要數據來源。

稽核是全盤了解企業的機會，
為品牌塑造的解決方案建立背景資料。

大衛 · 肯道爾
David Kendall

美國 AT&T 電信公司
使用者體驗設計、數位設計與 UX 負責人
Principal,
User Experience Design,
Digital Design and UX,
AT&T

競爭力稽核的流程

> 確認競爭對手	> 收集資訊 + 研究	> 決定品牌定位	> 確認關鍵訊息	> 檢驗視覺識別系統
競爭對手是誰？ 對手是什麼類型？ 哪個競爭對手與委託客戶的業務性質最相近？哪方面最相近？ 哪一些公司是直接的競爭對手？	列出需要的資訊 檢驗現有研究與材料 決定是否要做其他研究 考慮是否要做面談，成立焦點小組，使用線上問卷	檢驗競爭品牌的品牌定位 確認特點/好處 確認優勢/弱點 檢驗品牌個性 檢驗類型	使命 標語 描述 廣告與相關活動的主題	符號 意義 形狀 顏色 版面設計 外觀與感覺

活用競爭力稽核

在研究階段結束時進行稽核。

利用學習成果開發新的品牌策略與定位策略。

使用稽核結果作為設計流程的資訊。

考慮競爭市場中尚未使用過的意義、形狀、顏色、形式與內容。

呈現新品牌識別系統策略時，可運用稽核結果展示品牌差異。

了解市場競爭

競爭對手是誰？

競爭對手的品牌代表什麼？

競爭對手服務哪些市場/受眾？

競爭對手有哪些優點（強項）？

競爭對手有哪些缺點（弱點）？

競爭對手銷售模式是什麼？如何培養顧客/客戶？

競爭對手如何定位自己？

競爭對手如何描述自己的顧客/客戶？

競爭對手的關鍵訊息是什麼？

競爭對手的財務狀況如何？

競爭對手擁有多少市佔率？

競爭對手如何運用品牌識別優勢取得成功？

競爭對手看起來感覺如何？

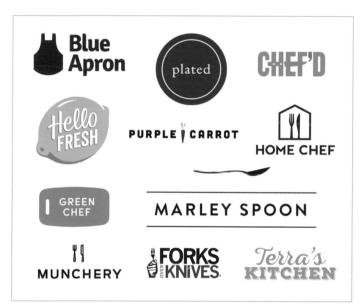

Meal Kit 食材包訂購服務的競爭力稽核

Meal Kit 食材包訂購服務，把煮晚餐的任務變成輕鬆的美食體驗。

羅賓 · 戈夫曼
Robin Goffman

企業家
Entrepreneur

> **記錄識別系統**

識別系統特徵
行銷相關資料與網站
銷售與推廣工具
品牌架構
招牌

> **檢驗品牌命名策略**

核心品牌名稱
產品與服務的命名系統
描述與網域名稱

> **檢驗品牌層級**

品牌架構類型為何？
核心品牌與旗下品牌或副牌是什麼關係？是綜合品牌或獨立品牌？
產品與服務之間是如何組織？

> **實際體驗對手產品**

瀏覽網站
實地走訪店面與辦公室
購買並使用產品
使用服務
聽聽看銷售話術
打電話到客戶服務專線

> **同步習得知識**

彙整結論
開始尋找機會
整理簡報

語言傳播稽核

語言傳播稽核 (Language audit) 有許多說法，可稱為聲音稽核、訊息稽核和內容稽核。不論名稱是什麼，語言稽核像是稽核界的聖母峰，每個組織都希望做一次語言稽核，可是很少有人可以成功登頂，甚至連越過大本營都辦不到。語言雖然是行銷稽核內的一部份，但是有許多公司直到完成新的品牌識別計劃以前，都不知道該如何處理品牌的「聲音」。

勇敢地檢視品牌內容與設計，讓品牌語言的全部使用範圍一覽無疑。分析顧客體驗、設計與內容，是高密度嚴謹的工作，需要左右腦同心協力。

「親愛的世界……你的劍橋」劍橋大學利用這種口吻與視覺形式去談論過去與目前在全球的成就，並介紹自己的下一步。這些文字出現在校園各處的橫幅掛條與海報上，對話框則用在大學的入口網站，從口語拓展到所有演講、動畫與電影中。

陳述越簡潔越有力。

威廉・史傳克與 E.B. 懷特
William Strunk, Jr. and E.B. White

出處：《The Elements of Style》
（暫譯：風格要素）

Dear World...

Yours, Cambridge

語言傳播稽核的流程

正式公司名稱　非正式公司名稱　描述　標語　產品名稱　流程名稱　服務名稱　分部名稱　　使命　願景及價值　關鍵訊息　指引原則　顧客保證　歷史　電梯簡報　新聞稿

識別　　　　　　　　　　　　　　　　　　　　抱負

意義　語調　強調　精準　明確　一致性　定位　架構　層級　標點符號　大小寫　風格

基礎

評估傳播的標準

出處：由 Siegel + Gale 設計公司提出

遵循品牌價值

資訊的語調和外觀是否符合品牌屬性？

客製化

內容是否架構在你對客戶的瞭解上？

讓架構與瀏覽更輕鬆

品牌的傳播目標是否清楚明顯？是否容易使用？

教育價值

是否有把握機會去說明消費者不熟悉的概念或術語？

視覺吸引力

你的傳播方式看起來是否很吸引人，且緊貼公司的定位？

行銷潛力

你的傳播方式是否把握機會用有意義、附帶情報的方式交叉銷售產品？

忠誠度回饋

你的傳播方式是否有感謝消費者對業務的支持？或是利用某種方式獎勵消費者願意展延與品牌的關係？

實用性

你的傳播方式是否切合它的功能？

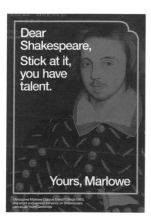

劍橋大學：Johnson Banks 設計工作室設計

這個活動是為了慶祝劍橋大學建校八百週年，並吸引一流學者來資助改變世界的初步提案。

邁克・喬森
Michael Johnson

Johnson Banks 設計工作室
創辦人
Founder,
Johnson Banks

導航：呼籲採取行動 (CTA)、電話號碼、網址、電子郵件簽名、話音信箱訊息、頭銜、地址、簡明示意圖、表單、地圖指引

資訊：媒體新聞稿、問與答、媒體資料包、年報、手冊、股東訊息溝通、客服中心話術、銷售話術、簡報、公告、部落格內容、批次電子郵件、廣告活動、實體郵件

判讀稽核結果

產生出稽核結果，代表著研究與分析階段已結束。接著要從各訪談、研究與稽核中整合出所有重要成果，向關鍵決策者進行正式的簡報。最大的挑戰就是將大量的資訊組織成簡潔的策略性簡報。稽核結果對資深管理階層是非常有用的評估工具，對創意團隊來說則是判斷工具，方便二者完成可信賴、有差異的工作成果；稽核結果在整個品牌塑造的流程中可作為參考工具使用。

稽核結果通常能帶來新的理解和體會，雖然行銷傳播可能不是管理團隊首要考慮的事情，但可以讓他們看到品牌在跨媒體的行銷傳播上缺乏一致性，或是看到競爭對手在行銷系統上其實更有紀律，這的確會讓人大開眼界。整理稽核結果的目的，就是開啟更多可能性。

我真不敢相信，我們居然跟競爭對手用同樣的圖庫照片。

匿名

我們看到的是機會，
別人看到的是品牌發聲荒腔走板。

喬‧杜飛
Joe Duffy

Duffy & Partners 設計公司
董事長
Chairman,
Duffy & Partners

分析結果時要看出弦外之音，觀察別人沒發現的內容，找出行為模式和修正識別的機會。

布雷克‧德
Blake Deutsch

判讀稽核結果的流程

> 利害關係人類別	> 品牌精髓	> 行銷研究	> 行銷稽核	> 語言稽核
關鍵習得知識	策略	品牌認知	商標與識別標誌	聲音與語調
深入剖析客戶	定位	問卷調查結果	品牌架構	明確
摘要		焦點小組發現	跨行銷管道、媒體、	命名
		知覺圖	產品線	標語
		優勢、劣勢、機會、	外觀與感受	關鍵訊息
		威脅與策略行動	圖像	導航
		缺口分析	配色	層級
		基準評估	版面設計	描述

判讀稽核結果的基本要點

讓領導人聚焦在可能性上	增加品牌塑造流程的價值與急迫性
立刻開啟有力的對話	知會創意團隊
找出品牌定位與表達的落差	挖掘被遺忘的點子、圖像和文字
發現不一致的地方	建立承諾，未來要把事情做好
顯露更多品牌差異化的需求	

反飢餓行動已經推廣到超過 45 個國家，但是視覺稽核顯示，各地活動的國家名稱與縮寫其實很混亂。

邁克·喬森
Michael Johnson

Johnson Banks 設計工作室
創辦人
Founder,
Johnson Banks

反飢餓行動稽核結果判讀：由 Johnson Banks 設計工作室提供

> 競爭力稽核　　> 智慧財產權稽核　　> 流程稽核

競爭力稽核	智慧財產權稽核	流程稽核
定位	商標	現有指引原則
商標	法規遵循議題	技術
品牌架構		協作
標語		
關鍵訊息		
外觀與感受		
圖像		
配色		
版面設計		

第二階段：闡明策略

　　第二階段包含有條理的檢驗方法以及策略想像，與分析、發現、綜合、簡化與釐清策略有關。目標是結合理性思考與創意腦力，創造出最佳策略，前往無人開發過的領域。

2. 闡明策略

一隻眼睛看著顯微鏡，
另一隻眼睛則盯著望遠鏡。

布雷克‧德
Blake Deutsch

在第二階段，所有從研究與稽核中習得的知識，都要進一步精煉為統一的想法與品牌定位策略。在評估過目標市場、競爭優勢、品牌核心價值、品牌屬性、專案目標等項目後凝聚起共識。在許多情況下，問題的定義及問題帶來的挑戰已經發生變化，雖然很多公司有自己的價值觀與品牌屬性，但是可能沒有時間仔細思考、著手改善或是分享給非現場管理團隊的後勤人員。品牌諮詢顧問在這裡扮演的角色是判斷情勢，說明理念，編織共同的願景，不斷提醒未來的可能性。

第二階段可能會導出不同的結果，若是在企業併購的情況下，合併企業必須要有新的品牌策略；而在其他情況下，則需要一個能貫穿所有業務的整合性構想。創造品牌簡介，討論創造過程中發現的事並加以理解，如果委託客戶與諮詢顧問能開誠佈公的合作，就能產出超乎期待的精彩結果。在這個階段的關鍵成功要素，就是信任與互相尊重。

闡明品牌策略的背景

釐清品牌策略的需求背景，將決定第二階段的服務範圍

明確定義品牌策略

1999 年 Turner Duckworth 設計公司第一次遇到亞馬遜創辦人傑夫‧貝索斯（Jeff Bezos）時，他們的客戶需要新的商標，想向消費者傳達亞馬遜不只有賣書，亞馬遜也有洞見觀瞻的商業策略。此策略很明確，設計公司的目標則是將亞馬遜的品牌定位導向以客戶為中心的友善企業。

品牌策略的必要

2003 年時，倫敦 V&A 博物館由於缺乏強有力的獨特品牌，遂與英國 Jane Wentworth 品牌顧問公司（JWA）一起開發品牌策略，品牌願景是希望成為世界領先的藝術與設計博物館，英國 Jane Wentworth 品牌顧問公司之後開發了可讓員工參與的長期計劃，幫助每個人了解品牌策略代表的意義，讓員工更有信心去執行。

啟動公司策略的必要

朗濤品牌諮詢公司（Landor）與 Mint 個人財務管理網站團隊合作，開發出一套識別系統並植入品牌精神，確保品牌工作能順利啟動公司策略；2014 年，朗濤幫助 Intuit 財會軟體公司轉譯 Mint 企業策略，成為更大、更激勵人心的概念。

從空白頁開始

NIZUC 溫泉度假飯店剛開始時只是普通的景點，創辦人急切希望讓公司成為奢華品牌。2014 年 Carbone Smolan 品牌代理公司為他們打造品牌故事，作為品牌基礎，將物業轉變為搶手的豪華渡假勝地。

合資企業需要命名與策略

VSA Partners 創意代理公司為南方貝爾通訊（BellSouth Mobility）和 SBC 無線通訊服務商（SBC Wireless）創造了品牌策略與新的品牌名稱「Cingular」，這個新名字代表了 11 個老品牌和超過 2100 萬名客戶。在網路空間上，使用者會搜尋產品特徵和功能，決定是不是要購買，VSA 將這種購買決策變成生活潮流的選擇，品牌策略則把「Cingular」定位成人類表達的具體化身。

CONNOISSEURS CULTURED NEVER HURRIED
ÉCLAT WITTY BOLD ARTISTRY
AESTHETIC VISIONARY NUANCE
SUBTLETY CRAFTSMANSHIP
CURATORIAL
PANACHE
PAU COURANT OCCASIONALLY IRREVERENT
ORIGINALITY
SENSE OF EASE
TIMELESS

為了開啟對話，讓創辦人談論自己的策略，我用他們的品牌屬性拼出產品類別的圖像。

瓊‧畢恩森
Jon Bjornson

瓊畢恩森藝術與設計公司
Jon Bjornson Art & Design

集中重點

檢驗永遠不嫌多。請查看公司現有的公司策略、核心價值、目標市場、競爭對手、銷售管道、技術和競爭優勢，退一步去看全局非常重要，包括目前經濟趨勢、社會政治趨勢、全球趨勢或社會趨勢等等，未來會對品牌造成什麼影響？過去是否曾經帶動公司成功？

與資深管理階層、員工、客戶和工廠專業人員訪談，會獲得這些人對公司獨特性的私人看法。通常，執行長對理想的未來與未來的所有可能，會有清楚的藍圖，好的顧問則會拿著鏡子，然後說：「這是你告訴我的，然後我從你的客戶和銷售人員那裡再次聽到。這就是為什麼集中重點效果強大。」尋找品牌的黃金價值非常重要。

集中重點，
會讓品牌變得更強大。

艾爾‧賴茲與蘿拉‧賴茲
Al Ries and Laura Ries

出處：《The 22 Immutable Laws of Branding》
（中文版書名為《不敗行銷：大師傳授 22 個不可違反的
市場法則》，臉譜出版，2007）

要建立品牌時，一定要聚焦於品牌塑造的重點，讓品牌在客戶印象中能濃縮成一個非你莫屬的字眼。比如說「尊貴」屬於賓士、「安全」屬於 VOLVO。

艾爾‧賴茲與蘿拉‧賴茲
Al Ries and Laura Ries

出處：《The 22 Immutable Laws of Branding》（中文版書名為《不敗行銷：大師傳授 22 個不可違反的市場法則》，臉譜出版，2007）

隨著資訊與日俱增，人們開始尋找清楚的信號，尋找一個聲音給予他們行為範本、形式與方向。

布魯斯‧茅
Bruce Mau

設計師
Designer

願景
價值
使命
價值主張
文化
目標市場
市場區隔
利害關係人的看法
服務
產品
企業基礎

理解

行銷策略
競爭
趨勢
訂價
物流通路
研究
環境
經濟
社會政治
優勢/劣勢
機會
威脅

繼續前進

致力於有意義的對話

公司通常不會花時間重新檢視自己是誰、自己在做什麼。集中重點這個流程,最美好的地方就是給予資深經理人一個明確的理由,到場外聊聊品牌的夢想。這個練習很划算,頂尖諮詢顧問知道如何促使核心領導人展開對談,探索各種品牌情境,浮現品牌屬性。

發掘品牌精髓(或簡單真理)

世界上最頂尖的公司如何運作?為什麼他們的客戶從眾多競爭品牌裡選中他們?他們的業務是什麼?他們和競爭對手中最成功的那家有什麼區別?他們希望其他人用哪三個形容詞形容自己的產業?他們的優勢與劣勢各是什麼?釐清這些問題,對驅策第二階段將非常重要。

開發定位平台

緊接在資料收集與分析之後,就是定位策略的開發與改善。知覺圖(Perceptual mapping)這種技術通常用在定位策略的腦力激盪中,公司可競爭的範圍是哪個?公司擁有什麼?

創造主要訴求

主要訴求通常用一句話說完,雖然基本論述大概可以寫成一本書。有時候主要訴求會變成標語或是戰鬥口號。主要訴求一定要簡單、方便傳達,而且有很多種解釋方式,讓公司未來可以有各種發展可能。主要訴求一定要創造情感連結,不論是執行長或是員工,都能輕鬆談論公司的主要訴求。主要訴求很難成型。

品牌定位

品牌定位會因每次人與人接觸而受影響，不只是與客戶接觸，還包括員工、利害關係人、競爭對手、監管機構、供應商、立法單位、記者和社會大眾，必須了解消費者需要、競爭市場、品牌優勢、人口統計數據的變化、技術改變和趨勢風向。

今天，品牌的定位受到臉書貼文和推特趨勢、社會與政治變遷、國際商業環境持續微幅擺盪等影響，不斷變化著。品牌必須擁有多樣化、順應情勢調整與重新定位的能力，昨天的產品與服務今天已經過時，而像是 Trader Joe's 生活雜貨、西南航空、亞馬遜等品牌，則成功讓顧客相信品牌完全了解他們的生活潮流；Airbnb、Lyft 叫車服務、Craigslist 分類廣告平台則改變了客戶的習慣，介入經濟行為；群眾募資平台的出現，更是改寫了讓朋友與陌生人認同自己目標的方式。

品牌定位能讓品牌在飽和、多變化的市場中擁有開創新局的潛力。

麗莎・瑞戴爾
顧問
Lissa Reidel
Consultant

偉大的品牌不受外界掌控，而是掌控大局，21 世紀的品牌不只建立在語言上，而是採取行動，成為內外一致的品牌。

克里斯・葛拉姆斯
Chris Grams

出處：《The Ad-Free Brand》
(暫譯：無須廣告的品牌)

唯一練習

出處：馬蒂・紐邁爾
(Marty Neumeier)的
《ZAG》(品牌急轉彎) 一書

這個練習可幫助品牌創辦人發現自己和別人最大的差異，「如果你不能用簡單幾個字說明品牌為什麼有差異性、有競爭力，那就不必調整自己的陳述，去調整自己的公司吧。」作者這麼說。「太陽馬戲團」是世界上唯一一個沒有動物的馬戲團，它正是非常好的範例。

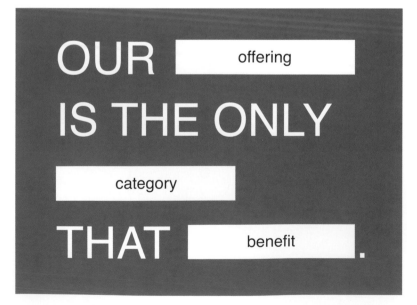

OUR offering IS THE ONLY category THAT benefit .

我們只提供有益的產品。

@MartyNeumeier

定位競爭優勢

出處：凱文・萊恩・凱勒 (Kevin Lane Keller) 的《Brand Planning》(品牌規劃) 一書

確認競爭的參考範疇

競爭的參考範疇會決定品牌要與哪一個品牌競爭，進而決定品牌要集中分析和研究哪一個對手品牌。

發展獨特的品牌差異點

找出與消費者有強烈關聯的品牌屬性或好處、正面評價，相信消費者在競爭品牌找不到相同的程度。

建立品牌分享點

設計同盟來消除競爭對手的差異點，展現產品獲得的憑證。

創造品牌口頭禪

用簡短的三到五個字捕捉品牌關鍵差異點以及品牌不可駁倒的精髓或精神。

品牌定位過程的必要性

出處：克里斯・葛拉姆斯 (Chris Grams) 的《The Ad-Free Brand》(無須廣告的品牌) 一書

了解每個人對品牌的看法，不限顧客。

盡可能讓越多人傾聽品牌的聲音，並且代表品牌發聲。

把社群帶入品牌，讓品牌走出去。

鼓勵人們將品牌帶入生活，不要只是空口說白話。

利用多人協作與參與流程來達成結果。

發出訊息表示品牌塑造是持續的對話，也是不斷進行的工作。

了解在數位與網路世界建立品牌是引導、影響與實際行動，不能只靠談論。

與潛在客戶、合作夥伴與為品牌貢獻一份心力的群體一起談論品牌概念。

品牌支柱

出處：由 Matchstic 品牌顧問提出

目的

你除了賺錢，還有什麼目標？
你每天早上起床的動力是什麼？
你可以用什麼激勵你的員工？

差異

你能做的有哪些是競爭對手辦不到的？
你獨有的人格特質是什麼？
為什麼你的客戶要選你而不選其他人？

價值

你的客戶真正需要的是什麼？
為什麼？
這些產品的功能性以及情感面是靠什麼驅動？
如何締造更深的連結？

執行

如何展現你的優點？
如何持續強化你的市場定位？
如何確保正面的消費者體驗？

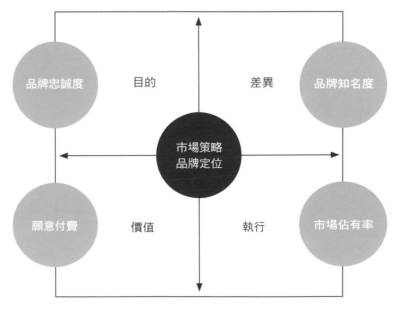

©Matchstic 品牌顧問公司 2017

品牌摘要

讓關鍵決策者對品牌有共同認知，這是關鍵的一步，通常很難執行。將品牌說明簡化成簡單的文件，用一張紙就把故事說完，而不是沒人要看的二十頁長篇大論，更別說要讓人記住這二十頁內容。這樣一來可以加速有用的討論與決策。最好的品牌摘要是簡明扼要、具策略性的，並在流程一開始就取得組織內部資深人員的核准。

在品牌摘要核准後，專案更可能步上成功的軌道，摘要是協作流程的結果，也是集思廣益後獲得的品牌屬性和品牌定位、期待的終點、流程的標準等。一旦品牌摘要達成一致，下一步就是撰寫創意摘要，成為引導創意團隊的路線圖。在品牌摘要獲得核准前，請不要先動筆寫創意摘要。

品牌摘要是基礎文件，清楚表達我們是誰，我們為什麼存在。

馬特・漢斯
Matt Hanes

Acru 創辦人
Founder,
Acru

我們利用品牌摘要，
將領導階層的對話
集中統一於品牌的核心要素。

布萊克・霍華德
Blake Howard

Matchstic 品牌顧問公司
共同創辦人
Cofounder,
Matchstic

關節炎基金會（Arthritis Foundation）僱用 Matchstic 品牌顧問公司，重塑基金會目標，提高員工與志工的參與度。

關節炎基金會
品牌摘要

主要訴求
YES 活動

核心目的：
我們存在是為了……

戰勝關節炎

屬性：我們是……

所有職能
不只是職責所在，用熱情
與承諾工作

專業
應用並強化我們長期屹立
不搖的領導記錄

無懼
對抗關節炎與其帶來的影
響，執著、積極、絕不
放棄。

隨傳隨到
不論何時、何地、如何需
要我們，以相關的方式，
為了長期目標存在。

勇敢
用樂觀展望未來，結合必
勝的精神迎戰黑暗面。

主要目標受眾

讓母親恢復愉悅的心

關節炎粉碎母親每一天生活與成長
的能力，限制她的行動，不斷增加
挫折感，她需要夥伴與社群的支
持，相信關節炎不會推毀任何生活
中的愉快小時光。

價值定位

關節炎基金會呼應「我家對抗關節
炎」，幫我建立計劃活在當下，為
明天找到希望。

次要目標受眾

關節炎醫療照護提供者

身為專家，他是這個族群最受信任
的，他需要夥伴幫助開發提供以病
患為中心的資源，這是拓展關節炎
照護社群的連鎖反應第一步。

價值定位

關節炎基金會利用「如何與關節炎
共存，擁有不斷成長的人生」，讓
我的病患照護更有價值。

品牌定位：
是什麼讓我們與眾不同？

我們是關節炎非營利健康組
織，和關節炎病患共同打造
個人規劃，活出最美好的人
生，快樂體驗每個當下。

關節炎基金會 Matchstic 品牌顧問

品牌摘要的組成部分

出處：由 The Union 行銷集團經營合夥人香蒂尼・曼特里（Shantini Munthree）提出

	目標	包含內容
核心目的/使命陳述	解釋除了營利以外，公司為什麼存在？	簡短、易讀、好記的一、兩句話
受眾	定義目標受眾與理想客戶	目標受眾與最高層級的需求，並深入剖析其願景與挑戰
價值主張	概述功能、情感與社群優點（我們如何滿足受眾需求）	與受眾最高層級需求緊緊相關，獲得最高層級的好處
價值	記錄決定公司文化的核心摘要與價值	選擇詞語來描述品牌價值
個性屬性	引導品牌表達的策略與個性	選擇詞語描述品牌個性、聲音和獨家特色
關鍵競爭對手	比較差異點與相似點	服務相同目標的頭號競爭對手
業務/產品/服務	描述企業提供的成果	前三、四項提供的成果
證明點	描述為什麼我們可以成功的理由	支持品牌價值主張、不能駁倒的實證
主要訴求	表達有吸引力、核心、統一的概念	簡潔難忘的短語

品牌摘要與創意摘要的差別

出處：由 The Union 行銷集團經營合夥人香蒂尼・曼特里（Shantini Munthree）提出

	品牌摘要	創意摘要
主要目的	品牌資產/聲譽管理/釐清定位	達成專案目標
時間表	永遠	產品/服務、業務特定目標
決策所有人	執行長/領導團隊	行銷/創意總監/設計團隊
度量單位	與企業目標相關的品牌健康度	與專案目標相關的目標
關鍵受眾	領導團隊與所有員工	創意團隊
可應用範圍	有條理的協議、品牌策略、與品牌同在	品牌訊息、識別系統、品牌重新設計或命名

建立簡潔的策略圖表

建立每個人都同意的品牌摘要是艱鉅的任務，但值得投入時間，因為品牌摘要是可以永續使用的工具。建議將品牌摘要視覺化，做成 11 × 17 英吋的列印資料，讓大家快速展開對話。未來使用的次數、版本之多可能會讓你嚇一跳。

品牌摘要的變化

大公司會為行銷區隔或業務線製作摘要。

版本控制

撰寫品牌摘要是不斷反覆的過程，務必儲存每個版本的日期與版本編號。

品牌命名

品牌命名的工作不適合心臟不好的人。品牌命名是個複雜、繁瑣又需要創意的過程，需要語言學、行銷、研究與商標法的相關經驗。即使是品牌命名的專家，想要為現今的企業、產品或服務找到一個可受法律保護的名稱，也是難以克服的挑戰。

要想出成千上百個名字來挑選，還需要不斷進行腦力激盪，從龐大的清單中去蕪存菁，更需要技巧和耐心。

品牌名稱要依據品牌定位目標、績效衡量標準和市場可用性，偏好某個名字是很自然的，但重點是名字的意義與聯想都需要時間建立。品牌命名要取得共識並不容易，特別是選擇似乎很有限的時候，進行語意情境測試是很聰明的做法，有助於作出最後決策。

> 品牌的命名 20% 是創意，80% 是政治考量。
>
> 丹尼 · 奧特曼
> Danny Altman
>
> A Hundred Monkeys 品牌命名顧問公司
> 創辦人暨創意總監
> Founder and Creative Director,
> A Hundred Monkeys

> 命名數位資產就像玩 3D 拼字遊戲，你需要從不同的觀看角度來玩文字遊戲，開始拼字以前你必須決定可以花多少錢，因為從各種角度看起來都很棒的那些字，上面都有一個標價。
>
> 霍華 · 費雪
> Howard Fish
>
> Fish Partners 策略顧問公司
> 創辦人
> Founder,
> Fish Partners

品牌命名的流程

> **重新檢視品牌定位**

檢視品牌目標與目標市場的需求
評估現有的品牌名稱
檢視競爭品牌的名稱

> **組織整理**

開發時間表
決定團隊成員
找出腦力激盪技巧
決定搜尋機制
開發決策流程
整理參考資料

> **創造品牌命名標準**

績效標準
定位標準
法律標準
法律監管標準 (如果有的話)

> **腦力激盪解決方案**

想出一定數量的品牌名稱
依照分類及主題進行歸納
找出混合、重覆或是模仿別人的命名
要有創造力
在每個主題中尋找變化/重覆的命名

不要選個普通的名字讓自己像森林裡的樹一樣被埋沒，然後才把剩下的行銷預算用來讓自己脫穎而出。

丹尼・奧特曼
Danny Altman

A Hundred Monkeys
品牌命名顧問公司
創辦人暨創意總監
Founder and Creative Director,
A Hundred Monkeys

品牌命名最重要的問題是這個名字能不能好好傳達品牌故事。

卡琳・希巴瑪
Karin Hibma

CRONAN 識別顧問公司合夥人
Partner,
CRONAN

靈感來源

語言
意義
個性
字典
Google 搜尋
同義字
拉丁文
希臘文
外國語言
大眾文化
詩詞
電視
音樂
歷史
藝術
商業
顏色
符號
象徵
類比
聲音
科學
科技
天文
神話
故事
價值
夢想

品牌命名的基本概念

品牌名稱是有價值的資產。

腦力激盪時，任何創意都不蠢。

記得從語意情境檢查名字。

考慮聲音、韻律與發音難易度。

追蹤品牌命名選項時要有邏輯方法。

選定最聰明的搜尋技巧。

淘汰任何名稱前，先考慮所有衡量標準。

名稱的意義和聯想需要長時間建立。

用利害關係人的聲音唸出名稱

將每個候選名稱列在一張紙上。

將名稱套入情境，想出五到十個聲明。例如：「新名稱」是我信任的產品。

將每一種聲明指派給一位主要利害關係人。例如：「新名稱」是我信任的產品——顧客泰莎・惠勒。

讓每一位決策者大聲讀出一則聲明。

先從你喜歡這個名稱的什麼地方開始討論。

接著從名稱可能會帶來什麼挑戰來進行討論。

> **進行初次篩選**

品牌定位
語言學
法律相關
普通法資料庫
線上搜尋引擎
線上電話黃頁
網域名稱註冊
列出一份篩選過的簡短清單

> **進行語意情境測試**

將名稱唸出來
將名稱錄在語音信箱裡
將名稱用電子郵件發送
將名稱放在名片上
將名稱放在報紙頭條上
試試用利害關係人的聲音唸出名稱

> **測試**

決定可信任的測試方法
檢查有問題的部份
挖掘有衝突的其他商標
檢查名稱的語言意義
檢查名稱的文化意義
進行語言學分析

> **進行最後法律篩選**

本國法
國際法
網域名稱
法令監管規範
商標註冊

重新命名

重新命名的十個原則

出處：由 Marshall 策略公司提出

要搞清楚為什麼需要更名。在更名的流程中，你得有令人信服的理由與明確的商業好處。讓更名的原因更強大，不論是出於法律、市場或其他原因，幫助每個參與的人擺脫情緒問題，貢獻最成功、最有意義的一份心力。

評估更名帶來的影響。更名比創造新的名字還複雜，因為更名會影響既有的品牌權益，還會影響所有現有的行銷傳播。應該對權益與傳播資產進行全面稽核，徹底了解更名會對投資與營運帶來什麼影響。

知道自己有什麼選擇。根據更名的理由不同，只憑片面資料考慮是否要更名非常困難，如果有替代名稱可以考慮是否要更名，則會容易多了，幫你解決傳播上的問題。

重新命名前，知道自己想說什麼。命名是非常受情緒左右的議題，可能非常難客觀判斷，但首先在你的新名字想表達的事情上取得共識，然後將精力集中於選出最能表達這件事的名字。

避免時下流行的名字。正如字面上的定義，這種名字等到時間久了，就會失去吸引力，僅僅因為一個名字聽起來「很威」、「很酷」就選它，通常這個名字也會很快就不堪使用。

半瓶水響叮噹。比起有某種內在意義的名字，若編造沒有意義的名字，結果會需要更多行銷投資，才能幫助人們了解這個名字、牢牢記住並正確寫出新的命名。你可以拿像 Google 和亞馬遜這樣的名字，和 Kijiji、Zoosk 這類響叮噹的半瓶水比比看。

避免太具體的名字。名字太具體可能是品牌需要更名的原因，例如特指地理位置、技術或趨勢的品牌名稱，一開始可能很切題，可是時間久了卻限制這個品牌的成長。

更名不是萬靈丹。品牌名稱是強大的工具，但是只有名字不可能說完整個品牌故事。若只是更名卻不重新思考整個品牌的行銷傳播，可能會被認為更名的考慮欠周詳。想想看品牌的新名字應該要如何搭配新標語、新設計、新傳播方式和各種產品脈絡建構工具，才能創造出豐富的新品牌故事。

確保你能持有新名稱。決定以前，先和專利局和商標局確認，檢查普通法使用權、URL、推特使用者名稱、區域/文化敏感字眼等等，並投資保護自己的名字。最好借助有經驗的智慧財產權律師來處理品牌名稱的法律保障。

品牌名稱的過渡期要有信心。介紹品牌新名稱時，要將名字當作主導價值的故事其中一環，向員工、客戶與股東傳達更名確實帶來的好處。如果你只說一句「我們已經改名字了」這樣絕對會失敗。更名要有信心，執行要越快、越有效率越好，市場上若同時出現兩個名字會讓人很困惑，不論是內部或外部受眾都會搞不清楚狀況。

如果你想發表有意義的聲明，告訴大眾品牌的名稱改變了，這樣絕對不夠。品牌名稱應該代表特別的故事，能讓大眾受惠，也可以永續經營，讓客戶、投資者與員工都可以產生共鳴。

菲利普‧杜伯勞
Philip Durbrow

Marshall 策略公司
董事長暨執行長

Chairman and CEO,
Marshall Strategy

公司改變名稱的理由可以有非常多種，但是不論哪一個案例，用明確的更名原因搭配出色的業務與品牌利多，絕對是關鍵。

肯‧帕斯特納克
Ken Pasternak

Marshall 策略公司
董事總經理
Managing Director,
Marshall Strategy

知名的品牌更名案例

舊名稱	新名稱
Andersen Consulting (安盛諮詢)	Accenture (埃森哲)
Apple Computer (蘋果電腦)	Apple (蘋果)
BackRub (搓背)	Google (谷歌)
The Banker's Life Company	Principal Financial Group
Brad's Drink (布萊德的飲料)	Pepsi-Cola (百事可樂)
Ciba Geigy (汽巴嘉基) + Sandoz (山德士)	Novartis (諾華)
Clear Channel (戶外廣告)	iHeartRadio (電台)
Comcast (有線電視)	Xfinity (網路服務)
Computing Tabulating Recording Company	International Business Machines，重新更名為 IBM
Datsun (達特桑汽車)	Nissan (日產汽車)
Jerry's Guide to the World Wide Web (Jerry 的 WWW 指引)	Yahoo! (雅虎)
Diet Deluxe (健康資訊)	Healthy Choice (健康明智)
GMAC Financial Services (通用汽車金融服務)	Ally 金融
Graphics Group (電腦動畫部)	Pixar (皮克斯動畫)
Justin.tv 線上直播站	twitch 串流
Kentucky Fried Chicken (肯德基炸雞)	KFC (肯德基)
Kraft snacks division (卡夫食品)	Mondelez (億滋國際)
Lucky Goldstar (金星電器公司)	LG 集團
Malt-O-Meal 早餐麥片	MOMBrands 早餐麥片
Marufuku Company (丸福株式會社)	Nintendo (任天堂)
MasterCharge: The Interbank Card (萬用支付：國際銀行卡)	Mastercard (萬事達卡)
Mountain Shades 太陽眼鏡	Optic Nerve 太陽眼鏡
MyFamily.com 家庭族譜網站	Ancestry 家庭族譜網站
Philip Morris (菲利普莫里斯國際集團公司)	Altria (奧馳亞集團)
Service Games (電玩服務)	SEGA 遊戲株式會社
ShoeSite.com 網路鞋店	Zappos 網路鞋店
TMP Worldwide (TMP 環球公司)	Monster Worldwide (巨獸公司)
Tribune Publishing (論壇出版公司)	tronc 出版集團
Tokyo Telecommunications Engineering Corporation (東京通訊株式會社)	Sony (索尼)
United Telephone Company(聯合電話公司)	Sprint 電信

有效縮短品牌名稱

許多組織為了方便大眾討論，考慮縮短組織的名字。

YMCA 基督教青年協會，縮寫：the Y

Flextronics 偉創力電子產品科技公司，縮寫：Flex

California Institute of Technology 加州理工學院，縮寫：Caltech

第三階段：設計品牌識別

　　調查與分析完成了，品牌摘要也獲得批准了，接下來就要開始進入第三階段，也就是創意設計流程。設計工作是不斷地反覆尋找方法、整合意義與形式的過程，最好的設計師能彙集策略想像、直覺、傑出設計與過往經驗，找到彼此的交會點並動手設計出來。

3. 設計品牌識別

我們永遠不知道
設計的過程中會發現什麼。

漢斯‧阿勒曼
Hans-U. Allemann

Allemann, Almquist & Jones 品牌顧問公司
創辦人
Cofounder,
Allemann, Almquist & Jones

形式與留白，寬鬆與擠壓，乍看之下表達並不詳盡，其實另有延伸含義，你需要從內而外去了解企業。

馬科姆葛瑞爾設計公司
Malcolm Grear Designers

設計是為了耐用、為了功能、為了實用、為了恰得其所、為了美感。

保羅‧蘭德
Paul Rand

最好的識別設計師懂得利用標誌與符號，活用表格與字體，並佐證設計史，有效率地溝通。

漢斯‧阿勒曼
Hans-U. Allemann

商標雖然是最重要的元素，但永遠沒辦法講完整個故事。最好的情況是光靠商標可傳達業務中一、兩個層面，而整套識別系統則包含視覺語言和詞彙的輔助。

蓋斯‧柏勒
Steff Geissbuhler

第三階段概述

首先要做的事情

了解品牌代表什麼、品牌的客戶是誰、品牌的競爭對手是誰,以及品牌的競爭優勢。清楚了解設計的目標、限制、時間進度、交付成果以及傳播協議。創意摘要不能取代品牌摘要。

複習所有研究資料

設計團隊要讀過所有內部稽核資料與競爭對手稽核資料,這點非常必要,如果設計團隊沒有親自進行面談或是舉辦任何工作坊,則要重新查看主要研究成果,讓自己沈浸在品牌中,感受品牌擁有的可能和面臨的挑戰。

找出主要應用範圍

確定你有最重要的應用範圍清單列表,你才能測試你的解決方案在現實世界真的能用。這在設計過程中非常有幫助,也非常重要,如果已有解決方案,請拿出來讓客戶看看。

查看業界最好的識別系統

最好的識別系統是文字商標或是符號?符號是抽象符號嗎?或是圖片?或是從字體發展出來?如果是符號,符號需要哪一種文字商標?何時加入標語?如果這個專案是重新設計識別系統,就可以考慮從現有的品牌資產延伸設計。

品牌架構

根據組織的複雜程度,設計品牌識別的現在,正是一個好時機,若能設計出具邏輯的一貫品牌架構,就能活用於品牌延伸和副牌等需求,可以考慮這個架構要怎麼為未來品牌成長做好準備。

色彩

請先檢驗色彩運作的方式,先查看最重要的元素,然後繼續查看色彩在不同載體上如何呈現。整個識別系統的用色都要先在實體載具與數位應用範圍上測試。如果是全球化的公司,品牌色彩在不同文化中都要有正面的聯想意義。

字體

大部份的品牌無論在任何平台上,都會統一使用一、兩種標準字體,請記住有些字體需要付費取得授權才能使用。公司的文字商標不一定會使用整套字體,有些公司會選擇設計自己專屬的字體。

外觀與感受

內容、顏色、排版、圖象和圖片都是品牌一貫視覺語言的一部份。五角設計聯盟合夥人邁克·柏魯特說得好:「就算把公司商標蓋上,你還是能夠透過獨一無二的外觀與感受看出來這是哪一家公司。」

視覺資產

品牌所需要的視覺資產,要能因應各種內容策略,決定視覺形式有助於公司傳達品牌故事。應該要用攝影、插畫、影片或是抽象圖騰呢?別忘了,你正在設計獨一無二的視覺語言。

簡報呈現

小心規劃是確保結果成功的重要關鍵,把每個設計方法的呈現都當作獨一無二的策略。要討論設計的意義,而不是美學。不要一次對三個以上的聽眾作簡報,保羅·蘭德都只做一對一簡報。把你的解決方案放在實際應用範圍上,與競爭對手並排比較。

我最好的創意永遠是我第一件想到的事情,我花幾秒就能畫下來,可是那幾秒卻花了我三十四年才學會怎麼畫。

寶拉·雪兒
Paula Scher

品牌商標可描繪企業的面貌,就像是有文字的肖像。我會和客戶展開漫長的對話,首先認識客戶是誰,對客戶而言什麼事情很重要,然後翻譯。在這個過程中,最佳商標自然會出現。當然,其他事情卻超級辛苦。

路易絲·菲利
Louise Fili

文字商標或符號應該要表達組織或產品的基本精髓,也就是性質、展望、文化、存在理由等的視覺表現形式。

巴特·克勞斯比
Bart Crosby

識別系統設計

符號設計

將複雜的想法簡化成精華、用視覺呈現，這需要設計技巧、專注力、耐心和無止盡的訓練。設計師在找出最終選擇時，需要先檢驗過上百個創意，就算最終創意浮現出來了，還要測試創意是否可行，又是一輪新的摸索過程。

在某些工作室，是讓許多設計師合作同一個創意；而在其他工作室裡，則是讓每個設計師去開發不一樣的創意或品牌定位策略。無論用哪一種方式，都可能是新做法的催化劑。既然識別系統是負荷很重的工作，在流程一開始就應該檢查、測試其應用範圍，這點非常重要。如果是重新設計符號的專案，設計師可以檢驗現有的商標資產，了解現有商標對公司文化的象徵意義。

> 想讓各種人都對同一套識別系統達成共識，
> 你就需要切換身份，
> 變身成策略家、心理醫師、外交官和藝人，
> 必要時還要施展催眠術。

寶拉・雪兒
Paula Scher

五角設計聯盟
合夥人
Partner,
Pentagram

公司的文字商標設計

公司的文字商標，通常是用最終決定的字體來呈現單字（或單詞）。該字體可能是公司標準字，也可能是用原有的字體修改，或是全部重畫。若是獨立呈現，稱為文字標誌（wordmark）；若是文字商標與符號正式並列，則稱為識別標誌（signature）。好的文字商標要仔細試過各種字體組合，才決定最後的樣子。標識在不同大小、不同媒體上都要容易閱讀，品牌名稱是否要全部大寫？或大寫小寫混用？要採用羅馬字？斜體？粗體？古典字體？現代字體？每個決定都要考慮視覺與效果，也要考慮字體本身所傳達的東西。

檢查項目

意義

屬性

首字母縮寫

靈感

歷史

形式

留白

抽象

插圖

字母

文字標識

組合

時間

空間

光線

靜態

動態

轉換

透視

現實

幻想

直線

曲線

交叉點

圖騰

弗瑞德‧哈欽森癌症研究中心希望藉由新商標傳達本身的專業，也就是研究與開發癌症療法。負責設計的 Hornall Anderson 設計公司其中一個提案，是讓觀者好像透過顯微鏡在觀察細胞培養，在培養皿中加上圓點與破折號，看起來既像數據，也像現代研究方法。有些人還看到地球，暗示組織在全球的影響力。

Hornall Anderson 設計公司後來細修這個概念，設計團隊從最初的研究中發現一句話，就是有位研究人員曾提到，尋找癌症就是尋找改變的時機，在哪個時間點細胞開始異常，超過原本的行為。這句話讓所有想法「卡嗒」一聲扣在一起，將字母「H」兩條直線中間的一橫變成催化細胞變異的關鍵時刻，為這個標識帶來最終版本。

弗瑞德‧哈欽森
癌症研究中心

Fred Hutchinson
Cancer Research Center；
由 Hornall Anderson
設計公司設計

品牌商標　　　　　　　　　　　　　　　　　　　　文字商標　　識別標誌

外觀與感受

外觀與感受是讓識別系統可以快速、正確地被使用者辨認出來的視覺語言。這個結合顏色、圖像、字體排版、構圖的支援系統，讓整個品牌塑造規劃可以維持一貫，創造出品牌差異。

最好的規劃方案，是讓設計師創造的整體外觀，可在客戶腦中產生共鳴，使品牌從眼花撩亂的視覺環境中跳出來。所有包含視覺語言元素的設計都要有意圖，要想著如何推動品牌策略，每個元素必須發揮自己最大功效，又能與整體搭配、創造統一的品牌形象，並成為市場上辨識度極高的存在。

就算把公司商標蓋住，
你還是能透過獨一無二的外觀與感受
看出這是哪一家公司。

邁克・柏魯特
Michael Bierut

五角設計聯盟
合夥人
Partner,
Pentagram

識別系統的外觀是靠顏色、尺寸、比例、字體排版與動作決定；對識別系統的感受則取決於使用者的使用經驗與情感。

阿柏特・米勒
Abbott Miller

五角設計聯盟
合夥人
Partner,
Pentagram

外觀與感受的基本概念

設計

設計是用眼睛看得見的智慧結晶，設計要與內容緊密結合才能持續。

色表

一個識別系統可能有兩個標準色表：主要色表和次要色表。不同業務或產品線可能有自己的色彩，色表中可能會有粉彩和原色兩種色調。

圖像

不論圖像是攝影、插畫或抽象圖騰，都要一併考慮內容類型、風格、重點與顏色。

字體

品牌識別系統會包含一套字體系列，有時候甚至有兩套。若是能見度高的品牌設計，也常會使用特殊字體。

感受

這裡的感受包含材質的質感（用手觸摸某樣東西的感受，像是布料和重量）、互動的體驗（東西怎麼打開和關起來）、聽覺與嗅覺的感受（聽起來或聞起來分別是什麼感覺）。

右圖是五角設計聯盟的合夥人寶拉・雪兒 (Paula Scher) 自 1994 年起為紐約公眾劇場（Public Theater）製作的平面設計海報，包含 2008 年更新的品牌識別系統，之後每年都會依劇場活動變換海報內容。這套平面設計將機構視為整體，慶祝盛大的節目開演，並重申公眾劇場結合藝術與流行品味的傳統。

Public Theater 紐約公眾劇場：由五角設計聯盟 (Pentagram) 設計

色彩

色彩可以喚醒情感，表達個性，刺激品牌聯想，促成品牌差異化。我們作為消費者，看到熟悉的紅色就知道是可口可樂，拿到 Tiffany 的藍色禮物盒，不需要讀上面的字就能知道是從哪裡買來的禮物。我們看到品牌色彩，就會湧現一系列的品牌印象。

在對識別設計產生視覺感受時，大腦先辨認出圖案，接著辨認出色彩，最後才會閱讀內容。選擇色彩需要對色彩理論有透徹的了解，清楚消費者將如何感受、辨別品牌，並在各種傳播媒介上都能游刃有餘，保持品牌一貫，傳達品牌意涵。

企業的標準色彩一般用於整合與識別，但也有些色彩具功能性，可將產品或業務線分出差異來釐清品牌架構，開發不同色系更可支援廣大的傳播需求。

色彩能創造情感、觸發記憶、給予感受。

蓋·陶威
Gael Towey

蓋陶威設計公司
創意總監
Creative Director,
Gael Towey & Co.

色彩非常主觀，而且會帶有情緒，往往是專案中最不穩定的元素。

肖恩·亞當斯
Sean Adams

出處：《The Designer's Dictionary of Color》
（暫譯：設計師的顏色字典）

品牌識別色彩的基本概念

活用色彩可提升品牌認知度，建立品牌資產

在不同文化中，色彩會有不同含義，使用前需做好研究功課。

色彩會因為各種重製方法不同有色差，使用前需做過測試。

要確認跨平台的色彩設定是否一致，設計師是最終裁判，任務艱鉅。

要確保色彩在不同應用範圍皆維持一致，這常常是一項挑戰。

使用者要不要買產品，60% 靠色彩決定。

對色彩的認識永遠不足，色彩運用取決於你對色彩基本理論知識的深度：暖色、冷色、明度、飽和度、互補色、對比色……等。

色彩的品質可確保品牌識別資產可受到保護。

茶品牌「Teabox」希望用更平易近人的方式呈現茶文化，揭開茶的神秘面紗，讓消費者可以探索不同品種、產區和口味的茶。品茶其實就像品葡萄酒一樣複雜。茶公司想試著提升喝茶的體驗，讓茶就像優質葡萄酒一樣，關鍵是鑑賞方式要容易，幫助教育消費者，吸引新一代的茶愛好者，迎合蓬勃發展的職人飲食市場。

Teabox 是茶商公司，透過將茶直接送到消費者面前，為這款歷史最悠久的飲料尋找革命性的消費者體驗。

凱沙爾·杜加勒
Kaushal Dugar

Teabox 創辦人
Founder, Teabox

我們希望為品牌創造出奢華與高質感的體驗，設計出這個配色系統，標示特定種類的茶並且搭配客製的字體，模擬傳統茶具的美感。

任黛珊
Natasha Jen

五角設計聯盟
Pentagram

紅茶	綠茶	白茶	烏龍茶	印度香料茶	特調茶

Teabox：由五角設計聯盟 (Pentagram) 設計

更多用色須知

測試色彩策略的有效性

這種色彩特別嗎？

這種色彩是否能區別其它競爭對手？

這種色彩適合品牌的產業類型嗎？

這種色彩符合品牌策略嗎？

你希望透過這種色彩傳達什麼？

這種色彩能永續使用嗎？

這種色彩代表什麼意義？

這種色彩在目標市場中有沒有正面的聯想呢？

這種色彩在外國市場的聯想是正面或負面的？

這種色彩會讓人回想起任何產品或是服務嗎？

你有沒有考慮過使用特別色？

這種色彩可以藉由法律註冊保護嗎？

這種色彩在白色背景上效果如何？

你可以在黑色背景上認出標誌嗎？而且標誌還能保留原本的意思？

可以用什麼色彩當背景？

尺寸大小會影響色彩嗎？

跨媒體時，色彩可以保持一致嗎？

你有沒有在不同裝置的螢幕上測試過這個色彩？在 PC、Mac 或其它裝置都試過了嗎？

你有沒有注意到這種色彩若使用不同的製作方法會產生色差？

你有沒有在塗佈紙和非塗佈紙上測試過 Pantone 特別色？

這種色彩用在招牌上效果好嗎？

若是放在網路上，這種色彩所對應的網頁色碼是什麼？

你有沒有在未來可能使用到的環境中測試過這種色彩？

你有沒有準備適合的色彩電子檔？

我們的用色不只是視覺上看起來活潑，同時也代表我們的社群多元，充滿能量與熱情。為了表達沒有任何一種色彩比其他色彩更受歡迎，所以我們一次使用整個色譜為品牌帶來凝聚力，也為品牌訊息帶來更多活力。

反歧視同志聯盟（GLAAD）品牌指引

反歧視同志聯盟：
由 Lippincott 品牌設計公司設計

色彩系統

色彩小知識

柯達 (Kodak) 是第一間將招牌顏色登記為註冊商標的公司。

比安奇自行車 (Bian-chi) 有為品牌旗下的自行車發明出專屬的綠色特別色。

這個色彩系統的彈性夠不夠？是否能用在廣泛的應用範圍？

此色彩系統是否能保持品牌體驗的一致性？

此色彩系統是否能支援品牌架構？

此色彩系統與競爭者有差異嗎？

你是否檢查過以下情境中色彩系統的優點與缺點：

用色彩區分不同產品？
用色彩區分事業部門？
使用色彩幫助使用者做採購決定？
使用色彩歸類資訊？

能不能重製使用的色彩？

是否有開發網頁色表與印刷色表？

你已經為你使用的色彩命名了嗎？

你是否已建立判斷標準，讓此色彩系統更容易使用？

合併、併購、重新設計

是否查驗過企業過去使用的色彩？

有沒有應該保留的資產？

色彩是否符合新的品牌策略？

是否有某種象徵色彩可以傳達企業併購後的正面成效？

為公司發展新色彩是否可以傳達與企業未來相關的新訊息？

若捨棄現有的色彩，是否會讓現有的顧客感到混淆？

Five Guys 是一家速食休閒餐廳，主打美味的漢堡和最棒的薯條。紅色是品牌標準色，餐廳使用紅色與白色格子瓷磚牆，搭配紅色燈飾，員工穿著紅色 T 恤與棒球帽。在美國、加拿大、英國、歐洲與中東，Five Guys 的店面已經成長至 1500 家。品牌名稱源自創辦人的五個兒子。

字體

字體是識別系統的核心組成元素，許多品牌能立刻被消費者認出，很大部份是因為品牌擁有獨特又一致的字體排版風格。標準字的字體排版方式一定要有品牌定位策略與資訊層級的支持。

幾世紀以來，知名的字體設計師、平面設計師與活字鑄造廠已經創造出數十萬種字體，而且每天還在源源不絕地產出新的字體。品牌識別諮詢顧問經常需要為客戶設計特定字體，但是說到如何選擇正確的字體，要先對為數龐大的選項具有基本認識，並對字體排版如何有效運作具有深入的了解。例如：表單、藥品包裝、雜誌廣告或網頁排版，同樣的字體應用在不同功能上就會有戲劇化的差別。字體排版必須具有彈性，方便使用，而且要有許多詮釋的可能。力求清晰和易讀性，是編排字體時基本的驅動力。

偉大的字體
幫助我們獲得更多更豐富的知識，
重新定義我們閱讀的方式。

艾迪·歐帕拉
Eddie Opara

五角設計聯盟
合夥人
Partner,
Pentagram

字體是有魔法的。它不僅能傳達一個詞的意思，還能傳達藏在文字背後的訊息。

艾瑞克·史畢克曼
Erik Spiekermann

出處：《Stop Stealing Sheep》
（暫譯：別再偷羊了）

Cooper Hewitt 字體是當代無襯線字體，一開始是由五角設計聯盟 (Pentagram)委託雀斯特·詹金斯 (Chester Jenkins)來調整，他以自己設計的「Polaris Condensed」字體作為原型，研發出新的數位字體，將用在博物館全部的傳播素材與招牌，可免費下載，開放無限制公共使用。

Cooper Hewitt 字體：由五角設計聯盟(Pentagram) 和雀斯特·詹金斯 (Chester Jenkins) 設計

字體系列的基本概念

選用字體系列時，要根據其可讀性、特徵、粗細和寬度。

善用字體可撐起整個資訊層級。

字體系列要和品牌識別標誌搭配，但不需要模仿識別標誌。

完善的品牌識別規範會收錄可選的字體範圍，但是保留使用彈性，讓使用者可以為想傳達的訊息選擇適合的字體、粗細和尺寸。

限制公司使用的字體數量可以發揮成本效益，因為法律規定字體使用需要取得授權。

品牌識別系統中，字體系列的數量取決於怎麼選擇，許多公司會選擇襯線和無襯線字體搭配使用，有些公司則只選一個字體從頭用到尾。

有時候設計規範會允許在特定用途時使用特別字體。

若是公司網站，可能需要自己規劃一套字體與排版標準。

好的字體設計師會測試各種細節，包括數字與項目符號的細節。

許多公司會選擇在內部文件和簡報中使用不同字體。

某些特定產業在提供消費者產品和傳播素材時，都有相關法規在規定其字體大小，必須遵循。

字體要考慮的事項

襯線

無襯線

大小

粗細

曲線

律動

字母向下延伸超過基線的筆畫

字母向上延伸超過基線的筆畫

大寫

標題

副標

文字

標頭

標註

說明文字

項目清單符號

行距

文字長度

文字間距

數字

符號

引號

品牌標準字體的必要項目

傳達感受，反映品牌定位

包含全部應用範圍的需求

每種尺寸都能用

黑白或彩色都能用

和競爭對手不一樣

能搭配識別標誌

在網路上或非網路環境都有可讀性

有個性

耐用

反映公司文化

字體小知識

歐巴馬陣營使用的字體，是由托比亞斯·瓊斯（Tobias Frere-Jones）設計的「Gotham」字體，911 紀念館也有使用。

「Frutiger」字體 是為了機場設計的。

馬修·卡特(Matthew Carter)設計的「Bell Gothic」字體讓電話黃頁更好讀。

「Meta」字體是 Meta 設計受德國郵政委託設計，但是郵局從來沒用過。

「Wolff Olins」品牌諮詢公司為倫敦 Tate 美術館設計了「Tate」字體。

「Helvetica」字體有自己的記錄片。

字體授權

了解字體的授權條款非常重要，不論是網站、App、包裝或是品牌識別系統任何部分使用的字體都要小心。

聲音

隨著網路頻寬的增加，「聲音」很快就成為品牌識別系統的下一個新領域。無聲的時代已經結束了，語音服務讓我們不必與真人接觸就能預約 FedEx 取貨服務。不論你在巴黎的 Buddha Bar 或是 Nordstrom 百貨公司鞋履部，品牌的聲音都會牽引你的心情。此外，聲音也可以發送信號，例如在總統抵達時播放：「向總統致敬！」的廣播。經典卡通《樂一通》（Looney Tunes）會在節目播送完畢時配上「播完啦，鄉親！」("Tha-a-a-t's all folks.")。若使用外國口音，幾乎能幫所有品牌增加特色。打電話需要稍等時，語音系統經常會放一段古典樂，或是滑稽幽默的推銷詞，也有可能要聽某個電台廣播（你不覺得很討厭嗎？）

商標不只要被看見，也要能被聽見。

傑夫・蘭騰
Geoff Lentin

TH_NK 諮詢顧問公司
新商務總監
New Business Manager,
TH_NK

亞馬遜 (Amazon) 可利用聲音技術消滅品牌的存在，如果你查看 Google 搜尋條款與亞馬遜 Alexa 語音助理的語音指令，品牌前綴詞請求使用的時間比例正在下降。

史考特・蓋洛威
Scott Galloway

紐約大學斯特恩商學院
行銷學教授

Marketing professor,
NYU Stern School of Business

下圖是 Google 會在特定日期推出的「Doodle」互動標識。這次的標誌是為了慶祝音樂家與發明家萊斯・保羅（Les Paul）的生辰，還可以玩互動遊戲。在 48 小時內錄製了四千萬首歌，重播了 87 萬次。

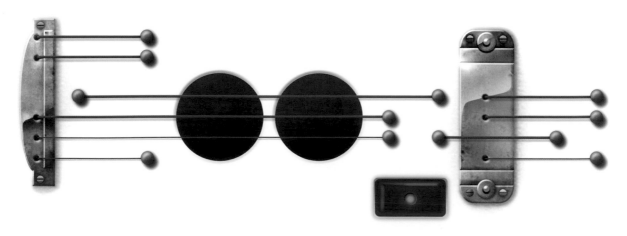

Google Doodle 設計：瑞恩・傑米克（Ryan Germick）與亞歷山卓・陳（Alexander Chen），軟體工程：克里斯多福・霍姆（Kristopher Hom）和喬伊・赫斯特（Joey Hurst）

品牌的聲音

聊天機器人

一種電腦程式，可以模擬人類的行為舉止作為談話對象。它們也有以下這些名稱：

Talkbots
Chatterbots
Bots
Chatterbox
IM bot
互動式助理

音訊架構是什麼？

音訊架構是整合音樂、聲音、聲響的架構，可在電腦與客戶之間創造體驗。

Muzak 背景音樂設計公司

看過電影《2001：太空漫遊》(2001: A Space Odyssey)的人，永遠都不會忘記那句經典台詞：「HAL 9000，把分離艙的艙門打開！」("Open the pod bay door, HAL.") 。

汽機車

哈雷機車 (Harley-Davidson) 想要為獨特的引擎低鳴聲註冊商標。馬自達設計出第一款中價位的時髦跑車（Miata）時，其引擎的聲音讓人聯想到經典的頂級跑車。

零售環境

從咖啡館、超市到時尚精品店，都會使用不同的音樂吸引特定客戶，讓他們到沉浸在購物的心情裡，或是陶醉在客戶體驗中。

廣告插曲

在音樂中夾帶方便記憶的訊息，會一直留在消費者的腦中。

信號

英特爾 (Intel) 有自己的「嗶嗶」聲。美國線上 AOL「You've got mail」的語音提醒甚至成為 1988 年浪漫喜劇電影《電子情書》的英文片名，成為流行文化的一部份。

網站和遊戲

聲音越來越常用在導航，或是用來取悅使用者。電腦遊戲的音效可以讓冒險更刺激，使用者還可以自定角色的聲音。

語音產品

各種高科技語音產品將陸續問世，藥盒可以用溫柔的聲音提醒你記得吃藥，汽車會提醒你要加油了、該進場保養了或是請左轉。賓士和福斯的聲音聽起來一定截然不同。

多媒體呈現

互動媒體與新興媒體都需要整合聲音功能，例如以真實客戶的聲音提供品牌見證，或是利用短片呈現公司願景給員工觀賞。

代言人

廣告史上，許多名人都曾獲邀見證產品、幫品牌代言。同樣地，如果接待人員的聲音好聽、個性友善，甚至可以變成小公司的代言人。

錄製語音訊息

一流的博物館開始注意語音導覽的聲音選擇。民間企業會讓你在等候電話轉接時，播放一段特定訊息。

吉祥物

美國 AFLAC 保險公司的吉祥物「阿飛鴨」(AFLAC Duck) 有令人印象深刻的嘎嘎叫聲。不過還有很多品牌吉祥物沒有自己的聲音。

音樂商標塑造的基本原理

出處：摘自金·巴耐特（Kim Barnet）刊登在 Interbrand 網站的一篇文章：〈Sonic Branding Finds Its Voice〉（暫譯：讓音樂商標找到自己的聲音）

聲音要能搭配現有的品牌	音樂要能跨越文化和語言的隔閡
聲音要能加強品牌體驗	聽覺與視覺的品牌塑造將越來越能彼此互補
音樂要能觸發情感回應	許多企業會製作專屬的原創音樂
聲音，特別是音樂，要能加速大腦回想的速度	許多聲音效果是在觸發潛意識

品牌識別的應用測試

選擇一組實際應用範圍，測試看看你的設計概念在識別系統中運作時是否可行，這點非常重要。不要光是找張空白紙、印上商標就拿給決策者評估，他們需要用客戶的角度來檢視品牌識別系統，他們需要看見新識別系統將帶他們前往怎麼樣的未來。設計師在呈現任何創意、展現概念的彈性與耐用以前，必須先進行嚴格的測試。

一般小規模的測試，範圍清單可能包含名片、網站、廣告、手冊封面、公司信箋和其他有趣的小東西，例如棒球帽之類的。而大一點的專案，設計師更需要示範品牌的延伸，證明識別系統能跨不同業務使用，也能應用於不同的服務市場。

可能性是沒有極限的。

大衛・鮑伊
David Bowie

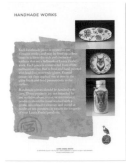

如何測試概念的可行性

選擇最常見的應用範圍。

選擇最具挑戰性的應用範圍。

檢測識別系統的彈性。

檢測如何表達連貫性。

品牌識別標誌效果好嗎?

和競爭對手的差異性夠大嗎?

尺寸可以改變嗎?

尺寸縮小後,讀起來方便嗎?

在不同的媒體上可以運作嗎?

能幫助品牌延伸嗎?

對母公司有效,但對旗下各部門都有效嗎?

用在品牌識別標誌中,能夠與標語搭配嗎?

可以用在其他文化中嗎?

識別設計測試的基本概念

使用實際場景與實際文字作應用測試。

反覆提問大問題,識別的含義適合品牌嗎?可以永續經營嗎?彈性如何呢?

思考怎麼連結配色系統和字體系列。

記得測試最好的場景與最糟的狀況。

記住,要不斷反覆測試。

如果事情行不通,就要馬上處理。必要時,可回到最初狀態,重新檢視核心概念,品牌識別標誌可能需要重新製作。

在整個草擬過程中,記錄每個版本發行的日期,並為草案打上編號,這個階段要非常勤於整理檔案。

製作前要先想一想:在智慧型手機上看起來將會如何?

向其他可信任的同事徵求回饋意見,設計師或不是設計師都可以,他們可能會聯想到你先前沒有看到的事情。

事先想想需要呈現設計策略的哪個部分,再開始構思簡報。

不斷主動去想未來:五年後、十年後很快就會來,比你想的更快。

下圖是出自 Laura Zindel 充滿熱情與自然主義的插畫,與我開發的視覺語言結合後,兼具簡單與未來的擴充性。

瓊·畢恩森
Jon Bjornson

瓊畢恩森藝術+設計
創辦人

Founder,
Jon Bjornson Art + Design

Laura Zindel 藝術彩繪陶瓷:
瓊畢恩森藝術+設計 (Jon Bjornson Art + Design)

正式簡報

第一次做設計提案簡報，將是決定的瞬間，也是你幾個月辛苦工作的巔峰，不論期待或賭注都非常高。委託你的客戶通常在規劃與分析階段都沒有什麼耐心，因為他們一心一意只專注在最終成果，通常也非常急切地想安排正式提案報告的日期，就算離實作階段還有一大段距離，每個人都已經迫不及待準備好隨時開跑。

提案時，縝密的計劃必不可少，再聰明、再有創意的解決方案，都有可能會因為管理不善的簡報而全軍覆沒。決策團體越大，會議難度越高，決策就會越難管理。就算只呈現給一位決策者看，還是需要事先做好規劃。

最好的簡報會議，是專注在議程上，保持會議按照預定的時間推進，並提出明確合理的期待，根據預先排定的決策訂定流程、進行會議。最好的提案人會事先練習。他們會準備好處理任何反對意見，有策略地討論設計方案，並讓提案內容與公司整體品牌目標統一。大一點的專案通常在建立共識之前，會開不止一次的簡報會議。

> 讚美時要善用情感，防守時要有邏輯。

布萊克‧霍華德
Blake Howard

Matchstic 品牌顧問共同創辦人
Cofounder,
Matchstic

簡報概念 出處：由 Matchstic 品牌顧問公司提出

推出新的 App，讓其他人可以寄快遞，為城裡的居民提供新的點對點快遞服務，透過當地司機寄件，可以在當日送達。但是要怎麼命名？

從活潑好動的袋鼠找到靈感，這個名字受到熱烈回響，我們要想出一個偉大的角色來搭配。

所以出現了這位強壯魁梧的鬥士「漢克」（Hank），他喜歡端屁股，把東西搬來搬去，抱抱這些東西。

視覺識別系統具有鮮艷的色彩、客製的復古腳本，還有我們可愛的大塊頭漢克。

提案簡報基本概念

事先同意議程和決策並訂定流程

確認誰會出席會議和每個人扮演的角色，在設計初期沒有參與的人可能會讓整個流程脫軌。

提前分發議程，確認議程包含會議整體目標。

提前製作簡報大綱，並提前練習。

提前勘查會議室的實際佈局，決定你想要在哪個位置做簡報，其他人要坐在哪裡。

如果公司要提供所有會議器材，請提前測試設備，讓自己熟悉操控會議室的燈光與空調。

提案時的策略

會議一開始時要回顧目前為止做的決策，包括整體目標、目標受眾的定義、品牌定位敘述。

將每種方案都當作策略呈現，要有獨特的品牌定位概念，談論意義，不是美學。

每一種策略都要用幾種不同的實際場景呈現，例如網頁、名片等等，並且與競爭對手的設計同時陳列。

同時簡報不同的解決方案時，一定要提出論述觀點，但不要超過三個。準備好解釋你會選擇哪個方案，以及為什麼你選擇那個方案。

準備好處理反對意見，將談話焦點從美學批評移開，聚焦在功能性與行銷的衡量標準上。

絕對不要提出你自己都不相信的方案。

絕對不要投票決定。

準備好呈現下一階段的設計：設計開發、商標設計和應用設計。

跟著簡報做備忘錄，列出已經做好的決策。

> 不要期待作品會自己說話，就算是最別出心裁的解決方案，也需要強力推銷。
>
> 蘇珊娜·楊
> Suzanne Young
>
> 傳播策略師
> Communications
> Strategist

Kanga 快遞：Matchstic 品牌顧問設計公司設計

第四階段：創造接觸點

　　第四階段是關於改進設計與開發設計。假如品牌識別設計概念已經獲得核准，客戶就會急切地拋出一連串問題：「我們什麼時候可以讓品牌識別標準上線？」

4. 創造接觸點

設計就是將智慧落實為形體。

路易斯・丹齊格
Lou Danziger

設計師與教育家
Designer and Educator

成為你想成為的人，
永遠不會太遲。

喬治・艾略特
George Elliot

現在重要的決策已經完成了，大部份的公司都希望可以立刻開始運轉。品牌識別設計公司的挑戰，就是趁著這個勢頭，確保所有關鍵細節都能定案。

在前面的第三階段，為了測試創意並且讓客戶採用核心概念，我們會假設其應用範圍；而接下來的第四階段，最首要的任務，就是細修品牌識別元素，決定最後方案。這項任務絕對要特別注意細節，因為最後完成的設計案是要長久使用的。最後要測試品牌識別標誌在不同大小、不同媒體上的呈現，這非常關鍵，像是字體系列、配色、次要元素等都要在這個階段做最終決定。

設計團隊在做微調的時候，公司要列出最後設計與製作的應用範圍。重要的應用範圍要優先處理，內容可以由客戶提供或開發。智慧財產權公司要開始進行商標註冊流程，確認什麼需要註冊、要註冊什麼產業別。律師事務所也要確認沒有與其他商標發生重覆衝突。

品牌識別計劃中會涵蓋獨特的視覺語言，可以在各種應用範圍展現這個品牌識別系統。不論媒材是什麼，應用範圍都要能和諧運作。設計時面臨的挑戰就是如何在表達的靈活性與傳達的一致性之間取得平衡。

創意摘要

創意摘要必須等品牌摘要獲得批准後才能動手，設計團隊的每個成員都一定要看過品牌摘要、競爭力稽核與行銷稽核資料。

創意摘要裡面將會整合創意團隊要知道的事項，以便之後的作業能與專案整體目標保持一致。在任何概念或創意工作完成之前，這份創意摘要一定要讓關鍵決策者簽核。最好的創意摘要，是委託客戶與顧問團隊合作的成果。創意工作將包含品牌命名、商標重新設計、關鍵訊息開發、品牌架構、包裝設計以及整合系統設計。

創意摘要的內容

團隊目標

所有品牌識別元素的溝通目標

關鍵的應用範圍清單列表

功能標準與績效標準

心智圖或優勢、劣勢、機會、威脅與策略行動

品牌定位

協定

保密聲明

文件建檔系統

訂定目標和提案日期

品牌識別設計跟喜不喜歡無關，重點是有沒有效。

薩吉・哈維夫
Sagi Haviv

Chermayeff & Geismar & Haviv
品牌設計公司合夥人
Partner,
Chermayeff & Geismar & Haviv

應用設計

基本要點

傳達品牌個性。

與品牌定位策略統一。

創造觀點、外觀與感受。

展現對目標客戶的了解。

注意細節。

差異！差異！差異！

基本概念

設計是在全局與微觀之間不斷反覆的過程。

實際應用範圍和識別系統的設計要同步進行。

確保所有的假設實際上都辦得到。

隨著設計越來越成型，對額外發現保持開放的態度。

必要事項

把握每個機會傳達主要訴求。

創造統一的視覺語言。

開始思考上市策略。

在連貫性與靈活度之間找到平衡。

在所有標準定案以前，先做出實際應用。

先從能見度最高的應用範圍開始。

知道什麼時候要尋找外部專家協助專案開發。

持續追蹤不同應用範圍。

如果任何應用與品牌策略不一致，就不要放上檯面展示。

對品質要格外要求。

為了標準與指導準則，在這個階段要記錄注意到的事項。

內容傳播策略

品牌無論大小·在網路發達的媒體時代，要擁有多種傳播形式和行銷管道、要創作發佈內容，已經是大小品牌當務之急。不論發佈的內容是原創還是由使用者發佈，也不論該內容是關於娛樂、啟發或教育，都要與客戶有強烈的連結。要把傳達內容當作優先事項：客戶總是期待內容要新鮮、吸引人，因此透過成功的內容行銷，就可以展現你的品牌聲音。

內容管理系統（Content Management Systems，CMS）讓使用者可以自己編輯數位內容，但是內容傳播策略是不同的，這像一門藝術，要對客戶有深刻認識，目標是將自己的品牌和競爭對手區隔開來。研究顯示，若內容包含影片和照片，會比只有文字的內容更常被分享，使用者也更容易記住。

使用者期待的是與自己相關的個人化內容，不論他們從哪裡登入，都要馬上提供給他們。

阿曼達・托多羅維奇
Amanda Todorovich

克利夫蘭醫學中心
內容行銷總監
Content Marketing Director,
Cleveland Clinic

內容傳播目標

提高品牌認知度

驅使使用者分享

邀請客戶參與

激發好奇心

增加價值：要實用

建立親和力與信任感

讓客戶成為一起建立品牌的英雄，以增加轉化率

讓員工參與並且成為品牌擁護者，甚至是品牌大使

行銷管道

Facebook

Instagram

Snapchat

twitter

YouTube

Vimeo

LinkedIn

傳播的內容類型

原創內容

原創內容是你所產出的內容，理想的內容包括資訊和娛樂性。例如傳達品牌DNA、領導階層的想法，公司文化簡介，甚至你自己擁有的品牌雜誌等等，這些都會構成內容行銷的基礎。

集結資源

精心策劃相關素材、集結資源，這是提高客戶忠誠度的方法之一。彙整來自多個管道的最佳內容，標註出處，可以提升品牌可信度，展現資訊透明度。

永久有效的內容

客戶見證、公司歷史、個案研究、經營秘訣和問與答，都是永久有效的內容，不會隨時過期、不需要經常更新。永久有效的內容對客戶來說很實用，特別適合用於搜索引擎，永久有效的內容通常會產生高流量。

顯示贊助

贊助內容包含別人做的關於你的貼文、訪問，或是你為其他品牌頻道所創作的影片。這些贊助內容通常會標註出處是另一個品牌，並且通常會連結到其他品牌網站、部落格或是社群媒體。

使用者自創內容

社群媒體無所不在，也不受限制，創建內容的權力已從品牌移轉到顧客身上。不論照片是為了比賽、還是為了分享到推特，都是在支持產品。使用者自創的內容其實都讓公司的品牌故事更豐富。

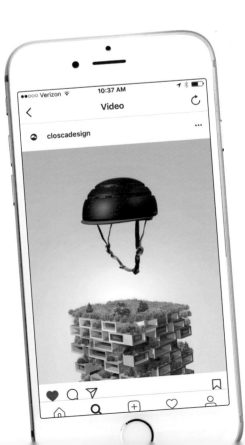

關鍵成功要素

開發客戶時要做使用者人格設定，這樣你才知道這些內容要對誰講：深入了解客戶的興趣、恐懼、活動範圍和偏好。

要決定原創內容、使用者自創內容和集結其它網站貼文的比例平衡。

要讓內容被看見。

要讓使用者行動體驗最大化。

要投資在提升品質：你的內容要夠精彩，客戶才會分享。

請看一下競爭對手在做什麼，然後專心做好自己的事。

架設網站

網站經常是品牌需求清單的前幾名，現在網站不限於電腦桌面，任何客戶都可能透過各種裝置上網。你的網站可能出現在客戶的 iPad 或智慧型手機，跟著他去購物中心、去健行或是藏在他枕頭底下。

創造讓人感動的內容和吸引人的介面，可以讓你的品牌深入使用者的生活。網站也許是在非現實世界中最棒的管道了，在某些情況下，網站更有效率、更方便使用，而且更快，你跟零售產業比較看看就知道了。好的網站會知道自己的訪客是誰，讓他們有理由一次次回來瀏覽網站；而在大部份網站上，影片開始越來越流行，因為影片能說故事，還能放上使用者見證。

網站需要很多專家一起合作建立，包括平面設計師、使用者體驗 (UX) 設計師、資訊結構設計師、開發人員、內容作者、專案管理人員、可用性工程師和搜尋引擎專家等等，這些人已經變成網站開發團隊的重要成員。

> 每個人都需要食物、一個家、一份愛，還有一個網站。
>
> 麗莎・瑞戴爾
> Lissa Reidel
>
> 顧問
> Consultant

品牌轉型不僅是改變品牌，還要讓人們真實感受到轉型。所以要知道外界怎麼看自己，這件事非常重要。

米雪兒・邦特雷 (Michelle Bonterre)
卡內基訓練品牌長 (Chief Brand Officer, Dale Carnegie)

架設網站的流程說明　出處：由蓋文・庫珀（Gavin Cooper）提出

> ### 初始計劃

再次確認業務目標

成立網站工作團隊，分配角色與釐清個人責任

回顧品牌摘要與定位

找到關鍵成功要素

制定工作流程、時間進度與預算

建立溝通協議

執行競爭力稽核與搜尋引擎優化分析

建立最佳執行案例

> ### 了解使用者

找出目標使用者，建立使用者人格設定

評估使用者目標

從關鍵使用者獲得深入見解

利用使用情境打造網站

考慮行動體驗

考慮社群體驗

> ### 建立內容策略

進行關鍵字搜尋

釐清內容管理責任

預估 12 個月的內容排程

開發搜尋引擎優化策略

衡量可能的社群媒體曝光

開發資訊架構

根據合理的網站導覽規劃去安排網站內容

> ### 創造網站原型

決定資訊架構

測試介面可能性

建立網站線框稿

執行可用性測試

根據可用性測試結果細修網站原型

重新測試，測量改善幅度

根據網站的線框稿，安排網站內容

開始擬定開發規劃大綱

架設網站的基本概念

每個決策的重點都符合網站目標、受眾需求、關鍵訊息與品牌個性。

預測未來的成長，要考慮支援所有平台與裝置。

完成網站架構、開始加入內容時，不要只把平面的版面搬到螢幕上，要特別製作網站用的內容。

將網頁內容分組，不要硬把內容放進違反直覺操作的群組中。

執行可用性測試。

不要想等到網站完美了才上線，先推出網站，再不斷修改和優化它。

注意網路禮儀，提醒訪客哪個部份需要特殊技術才能看到、哪個部份螢幕載入緩慢，或是提醒某連結將引導到其他的網站。

遵守美國身心障礙者法案（ADA）的規定，網站要安排視障人士可以使用的輔助軟體，例如可輔助大聲唸出網站內容或是放大文字。

進行中的每個階段都要問問自己：訊息夠清楚嗎？內容可以連結嗎？消費者可以有正面體驗嗎？

公司內部的政治運作可能會影響或破壞網站目標，要正面迎擊。

「卡內基訓練」（Dale Carnegie）原本是指標性的美國品牌，現在該品牌的足跡與個性已經推廣到全球了。

賈斯汀・彼得斯
Justin Peters

Carbone Smolan 品牌代理公司
執行創意總監
Executive Creative Director
Carbone Smolan Agency

卡內基訓練 (Dale Carnegie)：Carbone Smolan 品牌代理公司（品牌設計）+ Digital Surgeons（網站設計與開發）

> **視覺化**

回顧品牌摘要與行銷指導原則
設計網站的主頁面
設計社群媒體的主頁面
考慮所有相關的使用裝置
利用可用性設計原則
製作所有文字、攝影與影片
細修設計並最終確認，以達成一致性
優化搜尋引擎內容

> **製作**

確認開發規劃
撰寫前端程式碼
執行內容管理系統
執行頁面搜尋引擎優化
加入內容讓網站更豐富
執行網站報表結構
為關鍵決策者推出測試版
在不同瀏覽器與裝置測試設計與功能
根據需求做調整

> **上線 + 監控**

內部推廣網頁上線
外部推廣網頁上線
發佈使用者友善指導原則
網站上線
執行分析評估
交流討論網站是否成功與網站帶來的影響

開發行銷推廣用品

好的行銷推廣用品，在對的時機運用，就能向顧客或潛在顧客傳達正確的品牌資訊。系統化的行銷推廣用品，可以讓顧客輕鬆獲得公司資訊，展現公司對客戶需求與偏好的理解，進而提升品牌知名度。

塑造品牌不只是設計商標或寫標語，
塑造品牌要運用策略、全力以赴。

米雪兒・邦特雷
Michelle Bonterre

卡內基訓練
品牌長
Chief Brand Officer,
Dale Carnegie

行銷推廣用品系統的基本概念

資訊應該要讓客戶容易理解，要能幫助他們決定要不要購買。

設計行銷推廣用品系統時，指導原則就是要讓產品經理、設計專業人員與廣告代理商都容易理解。

行銷推廣用品系統要包含靈活可變動的元素，但有不能動搖的絕對標準。

即使是再偉大的設計，都要能高品質重現在行銷推廣用品上，才算有效。

好的行銷推廣用品，文字表達要清楚，並提供適當的資訊量。

行銷推廣用品系統中，要包含統一的行動號召 (CTA)、URL 和聯絡資訊。

開發行銷推廣用品的流程說明

> 重新檢視全局	> 設計封面系統	> 決定字體系列	> 決定視覺呈現	> 設計配色系列
釐清目標 檢驗定位目標 檢驗競爭力稽核和內部稽核 確認功能需求、用途、派送與製作方法 找出可能的挑戰	確認識別標誌、內容與視覺的網格設計 檢驗以下方式： 識別標誌放在主要位置 把識別標誌拆開 封面上不使用識別標誌 識別標誌只用在封底 產品名稱放在主要位置	標題要使用一到兩個字體系列 封面描述字體 標題字體 副標題字體 內文字體 引言字體	決定風格品質 攝影 插圖 設計元素 拼貼 字體編排 抽象 其他品牌識別衍生物	決定核准的顏色組合 評估製作方法，統一跨媒體使用的顏色

我們的品牌團隊是由世界各地不同區域的加盟商組成。我們非常努力撇開個人偏好,專注不同觀點共有的核心品牌原則。

米雪兒・邦特雷
Michelle Bonterre

卡內基訓練品牌長
Chief Brand Officer,
Dale Carnegie

完成推廣品系統的概念驗證(proof-of-concept; POC)以後,我們決定採用照片風格來標達轉型的概念。影像很大膽,情感敞開,風格鮮明,這一切都是關於人。

賈斯汀・彼得斯
Justin Peters

Carbone Smolan 品牌代理公司執行創意總監
Executive Creative Director,
Carbone Smolan Agency

卡內基訓練 (Dale Carnegie):Carbone Smolan 品牌代理公司設計

> 選擇標準格式

美版尺寸
國際標準尺寸
評估郵資
評估電子傳送

> 決定用紙

檢驗功能性、不透明度與紙張的觸感
檢驗成本價格
決定紙張系列
測試假樣
感受紙張觸感
評估磅數
評估是否可回收

> 開發原型

使用真實文案
必要時修改語言
展現行銷推廣用品系統的靈活度與一致性
決定識別標誌的配置

> 開發指導原則

確實表達目標與價值的一致性
建立網格與模板
用真實範例來解釋行銷推廣用品系統
監控執行

開發專屬文具

即使是只在數位通路上做生意的品牌，還是需要開發出自己專屬的印刷品。雖然我們可以在幾秒內傳簡訊給手機聯絡人，但是在建立人脈時，交換名片仍是傳遞個人資訊的一個重要儀式。就算我們可以用 PayPal 發出請款單、寄出無數封電子郵件，若使用公司專屬的信箋，還是會顯得更專業。

在充斥電子傳播的世界中，就算對象是年輕世代，若收到龜速送達的手寫信還是會讓人很開心；名片也依然是一種質感與成功的象徵。在未來，我們的名片可能會加上指紋或是其他的生物識別數據。

好名片就像敲門磚，雖然不會讓你變成更好的人，可是至少能幫你獲得一些尊重。

席恩·亞當斯
Sean Adams

Burning Settlers Cabin
設計部落格創辦人

Founder,
Burning Settlers Cabin

交換名片是一種會永久流傳的儀式。

安德魯·希爾
Andrew Hill

出處：《Leadership in the Headlines》
（暫譯：頭條裡的領導階層）

JAGR 品牌始於一個集結各界專家的合作案，包括跨世紀的設計家具、藝術品和室內設計。

開發專屬文具的流程

> 釐清用途 + 使用者	> 決定需求	> 重新檢視品牌定位	> 決定內容	> 開發設計
名片	除了印刷品，是否	內部稽核	關鍵資訊	使用實際內容
信箋	要製作數位版本	競爭力稽核	地址	檢驗整個系統
備忘錄	企業	品牌架構	電話 + email	了解當地公版尺寸
請款單	部門	商標、顏色+字體	網站	評估封底
表格	個人		標語	反覆檢查：最佳情況
信封	數量		法規資訊	與最糟的情況
標籤	頻率		專業機構	
			統一縮寫	

Sandra K

Colleen K

Bethany S

John L

Dana L

我將每位成員名字的
第一個字母做成個人
符號，這是從日本人
那裡獲得的靈感，再
將這些尺寸較大的卡
片放進信封裡。

瓊‧畢恩森
Jon Bjornson

瓊畢恩森藝術+設計
創辦人
Founder,
Jon Bjornson Art + Design

JAGR：瓊畢恩森藝術+設計 (Jon Bjornson Art & Design)

世界上大部分的國家
都是採用公版尺寸的
信箋與信封，只有美
國、加拿大、墨西哥
的尺寸不一樣。

設計品牌專屬文具的基本概念

把名片當作一種行銷工具

讓檢索資訊更輕鬆

盡量減少資訊量

活用背面放上行銷訊息

透過外觀、感受與紙張磅數傳遞質感

確認所有縮寫都保持一致

確認頭銜保持一致

確認大小寫使用的字體一致

開發系統化的格式

> **決定用紙**

表面處理
磅數
顏色
品質
能不能回收
預算

> **選擇製作方式**

平版印刷
數位印刷
凹版
燙金
打凸
凸版印刷
浮水印

> **管理製作方式**

校對精準度+一致性
開發數位模板
檢查校對稿
如果印刷量大，要
先少量試印

架設招牌

從城市街道到天際線，從博物館到機場，招牌的功能都是協助用路人識別、並且提供資訊與廣告。有效的零售業招牌可以增加收益，而聰明的道路指引系統是可提升消費者對目的地的正向體驗，是最好的品牌支援。

在十八世紀時，法律要求旅館主人要把招牌高高掛起，以便讓騎在馬背上的裝甲武士可以清楚看見；到了廿一世紀，世界各地的城鎮都會定期修改招牌規定，讓社區環境符合想要的樣子，並且也會規範招牌的架設標準，以保護社會大眾的安全。

> 招牌能幫助人們辨別環境，導覽該城市，了解該城市的面貌。
>
> 艾倫·雅各布森
> Alan Jacobson
>
> Ex;it 設計公司總裁
> Principal,
> Ex;it

在高牆背後，我們正在為您打造全新的博物館體驗。

費城藝術博物館
Philadelphia Museum of Art

右圖的作品是一項藝術裝置，名為《建構主義》(Constructionism)，讓施工圍籬轉型成藝術仿製品的即興畫廊，展示費城藝術博物館的永久館藏，讓大眾知道博物館在建築師法蘭克·蓋瑞 (Frank Gehry) 執行擴建的期間仍然對外開放。

費城藝術博物館 (Philadelphia Museum of Art)：五角設計聯盟 (Pentagram) 設計

架設招牌的流程

> 設計目標	> 建立專案團隊	> 進行研究	> 建立專案標準
決定專案大小	客戶設備經理	現場稽核：環境	易讀性
了解受眾需求與習慣	資訊設計公司	現場稽核：建築類型	安裝
釐清品牌定位	施工廠商	使用者習慣與使用模式	能見度
釐清功能	建築師或空間設計師	地方規定與行政區劃法	永續使用
開發時間軸與預算	燈光顧問	考慮殘疾人士	安全
		氣候與交通條件	維護保養
		材料與表面處理	保全防衛
		施工過程	模組化

架設招牌的基本概念

招牌要表達品牌精神，建構在對使用者需求與習慣的了解。

設計過程一定要以易讀性、能見度、耐用性與品牌定位為重。距離、速度、燈光、顏色與對比都會影響招牌的易讀性。

招牌是大眾傳播媒介，全年無休地工作，可以吸引新的客戶，影響客戶的購買決定，還能增加銷量。

架設在室外的招牌一定要考慮此地點的車流量與客流量。

每一個社區、工業區、購物中心都有自己的招牌規定，沒有所謂世界通用的規定。

招牌規定將影響材料、照明（電力配置）和結構，行政區劃法或土地使用問題都會影響招牌的擺放和大小。

開始開發招牌設計以前，一定要了解當地的行政區劃法限制。

施工許可與異動申請時，應該要包括土地使用規劃方案的優勢。

招牌需要長期使用，保養規劃與合約是保護這項資產的關鍵。

開發招牌原型可以將風險降到最低，施工前要先進行設計測試。

招牌應該要搭配當地的整體建築風格與現場的土地運用原則。

招牌標準手冊要包含各種配置規格、材料、供應商選擇、生產、安裝以及保養細節。

《建構主義》這個作品在紀念此博物館的貢獻，就是讓城市裡的藝術更唾手可得。

寶拉・雪兒
Paula Scher

五角設計聯盟合夥人
Partner,
Pentagram

> ### 設計佈局圖
品牌識別系統
顏色、尺寸、格式
字體
燈光
材料與表面處理
施工技術
裝設與硬體
擺放

> ### 開發設計
開始異動過程
準備原型或模型
最終決定內容
製作圖紙或效果圖
選擇材料與顏色樣本

> ### 完成文件建檔
完整施工圖紙
施工、裝設與高度等細節
最終規格
擺放規劃
投標文件
許可申請

> ### 管理施工物+維護
檢查店面圖紙
檢查作業
管理施工
管理安裝
開發保養規劃

產品設計

好的產品會融合傑出的功能、造型與品牌，讓你每天生活得更好更輕鬆。想想 OXO、iPod、Google、Prius 就知道。現在的消費者比較具有永續使用的觀念，他們會問：我真的需要這個嗎？這個產品該不會最後又扔進垃圾堆了？製造公司對地球友善嗎？負起社會責任了嗎？現在行銷部門的新任務變成要滿足消費者，要負責處理部落格、Instagram 和文字簡訊裡的各種問題，要小心客戶不高興了會到處大肆宣揚自己的不滿。

在每個產品創新的背後，是跨職能的專業團隊，他們是根據對消費者需求與期待的瞭解而建立的，包括研發、設計、人因工程等各領域的專家，與品牌塑造團隊一起合作，滿足客戶需求，建立客戶忠誠度與終身關係，並且延續品牌承諾。

做出充滿驚喜與樂趣的實用產品，將獲得顧客的愛與忠誠作為回報。

比爾・霍倫
Bill Horan

Bresslergroup 互動設計
創意總監
Creative Director Interaction Design,
Bresslergroup

Bresslergroup 開發出這款簡單直覺的 UI，昏昏欲睡的早晨想喝杯咖啡嗎？這個介面方便使用者沖杯完美的咖啡。

Bruvelo 智能咖啡機：
Bresslergroup 設計

最佳消費產品的條件

預測客戶需求與行為	有意義的品牌差異
傳達品牌承諾	產品供應鏈有考量永續使用
提供優越的功能、造型與價值	引發口碑行銷推薦
方便使用好理解	創造跨職能團隊
可靠，客戶服務與產品支援很友善	購買前與售後服務的接觸點一致
為未來產品設下更多期待與渴望	

產品設計的流程 出處：由 Bresslergroup 設計公司提出

> 生產力研究	> 產品定義/規劃	> 觀念構成	> 評估研究	> 概念優化
釐清產品品牌策略	組成跨職能開發團隊	進行多層次腦力激盪	開發研究方法	綜合客戶回饋意見
分析競爭案例	開發使用者檔案	探索結構配置選項	招募參與者	細修產品規格
吸收客戶與次要研究	訂製主要功能與差異	探索 2D 和 3D 概念	進行客戶概念測試	充實美學與功能細節
找出資訊差距	釐清品牌定位	建立模型來證明概念可行	分析數據	創建使用者互動邏輯
研究新的深入分析	細修正式產品規格	細修概念，讓團隊審查	為了進一步修改提出意見	工程師組件解析
分析人體工學與可用性問題	和團隊建立共識	縮小概念範圍，並且進行細修		詳細的表格與接觸點
調查市場趨勢		製作測試簡報		細修產品資訊與平面設計系統
研究有沒有任何智慧財產權地雷				審查 2D 與 3D 接觸點
進行可行性研究				

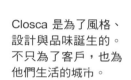

Closca 安全頭盔：Closca 產品設計 + Culdesac 設計

Closca 是為了風格、設計與品味誕生的。不只為了客戶，也為他們生活的城市。

我們與懂得欣賞美的人合作，這些人不畏懼改變，覺得事物轉型是必然的趨勢。

卡洛斯·費南多
Carlos Ferrando

Closca 產品設計公司
創辦人與產品增強設計師
Founder & Enhancer,
Closca

Closca Fuga 是可以摺疊的自行車頭盔，其安全性經過認證，方便使用，造型灑脫俐落，是一個專為聰明的城市居民設計的自行車頭盔。

> 工程開發	> 評估研究	> 執行生產過程	> 支援製造過程
開發麵包板 （免焊接萬用電路板） 建立製作策略 建立詳細的零件清單 開發組裝設計任務 分析高風險功能與介面 為永續使用和成本優化設計 利用電腦設計軟體，畫出機械、電路配置與介面設計 組裝原型	驗證產品設計 檢驗客戶體驗 評估美感、可用性與產品功能 執行工程分析 確認符合法規規定 與製造商回顧產品策略 分析測試結果 列出最後修改清單	完成生產量預估 完成大量生產的細節 組裝最後原型 編列設計可以改善的要項 執行工程耐受性研究 最終確認工具製造與製造過程的工程文件 最終確認工具製造與製造過程的規劃	協調工具製造組裝 針對第一批生產的零件進行正式審查 完成最後批准 提供最後生產設計修改 協助進行最後合規測試

包裝設計

產品包裝代表著你所信任、願意帶回家的品牌。此包裝的造型、平面設計、顏色、訊息和容器一再吸引我們，讓我們感到安心。商品陳列架大概是行銷環境中競爭最激烈的一塊，我們必須在幾秒內決定要買什麼，不論是新品牌或延伸品牌(副牌)，或是重新包裝過的老品牌，設計包裝時都需要考量品牌權益、成本、時間與競爭力，總是非常複雜。

包裝設計是一門獨一無二的學科，通常會牽涉到工業設計師、包裝設計師和製造商，必須一起合作。另外若是食品或藥品業的包裝，還要受政府法規檢驗。包裝不僅要優秀出眾，推出新產品還要考慮非常多層面，包括供應鏈管理、生產製造、銷售管道、銷售人員會議、市場行銷、廣告、推廣等等。

產品包裝就是
品牌故事與客戶行為的最佳組合。

布萊恩・柯林斯 (Brian Collins)

柯林斯設計公司首席創意總監
Chief Creative Officer, Collins

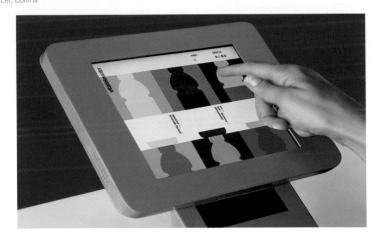

包裝是消費者唯一能 100% 完整體驗的品牌媒介，比其他任何品牌塑造策略能帶來更高的投資報酬率。

羅勃・華勒士
Rob Wallace

Best of Breed Brand Consortium 品牌塑造顧問公司品牌發言人
Brand Advocate, Best of Breed Brand Consortium

我第一次買，是因為它看起來很酷；然後因為很好吃，我又買了第二次。

十四歲的邁克爾・格里洛
Michael Grillo

我們一直讓設計保持活力、極簡、有個性、有功能性。我們的「維他命水」(vitaminwater) 新識別系統，改造原本的設計，整合設計原則，完成真實、大膽、切合主體的設計。

艾利克斯・森特
Alex Center

可口可樂設計總監
Design Director, The Coca-Cola Company

維他命水：
Collins 設計公司設計

包裝設計的流程

> 釐清目標與 產品定位	> 進行稽核 + 建立專業團隊	> 依照需求 進行研究	> 研究法律 規範要求	> 研究功能 衡量標準
確定目標，找出問題 品牌資產 競爭力 產品線現有的品牌 價格點 目標消費者 產品利益	競爭力（分類） 零售（銷售點） 網路 品牌（內部、現有產品線） 包裝設計師 包裝工程師 包裝製造商 工廠設計師 法律規範部門	了解品牌權益 決定品牌標準 檢驗品牌架構 定義目標消費者 確認消費者對產品的需求，是否與產品提供的優點相呼應？ 確認文字傳播，要如何傳達產品的優點？	品牌與企業標準 產品規格 淨重 藥品標示 營養標示 成份 警語 產品聲明	產品穩定性 防篡改或防盜的耐受性 在商品陳列架上的佔有率 耐用性 使用率 包裝是否容易收納 包裝是否容易填充

包裝基本概念

商品陳列架是目前行銷環境中競爭最激烈的地方。

好設計能自我行銷,這就是好設計的競爭優勢。

要找出與競爭品牌、產品線上其他產品的相關定位,這點非常關鍵,有助於開發出優秀的包裝策略。

在規劃包裝設計時,可以採取嚴謹且連貫的方法,在市場形成強大的整體品牌形象。

包裝的結構與平面設計可以同時開發,沒有先後的分別。結構與平面設計並沒有必然正確的開發順序,彼此也可以相輔相成。

同品牌包裝的延伸設計,就像是在品牌差異與產品線統一之間拔河。

要考慮產品包裝的生命週期,以及包裝與產品間的關係,材料、印刷、組裝、包裝、保存、運送、展示、購買、使用、回收/丟棄等。

擬定時間表,包括包裝設計批准與製造、銷售人員會議、產品賣進到店面、生產、配送等。

開發新的產品包裝結構要花很長的時間,通常也非常昂貴,可是能提供獨一無二的競爭優勢。

像維他命水這樣的品牌,目前每個消費者接觸點都使用一致的品牌聲音。品牌傳播的所有面向,一定都會堅守清晰、簡潔的視覺系統完整性。無論是網路或實體通路、店面或戶外,不論是否還要遵守廣告與推廣的原則,就連產品包裝也一樣,盡可能避免在大眾面前呈現不規則的視覺系統。

> ### 決定印刷規格

印刷方式:柔版印刷(flexo)、平版印刷(litho)、凹版印刷(roto)

應用材料:直接包裝、貼標籤、使用收縮膜標籤

其他:要使用的色彩數量、二乙烯基油墨、掃瞄條碼、最低印量

> ### 決定結構設計

要設計新的結構或使用庫存結構

選擇樣式,例如紙箱、瓶裝、罐裝、管狀、玻璃瓶、錫罐、泡泡紙等等

選擇可能的材質、承印材料或表面塗佈

取得庫存,要求樣品

> ### 最終確認文案與內容

產品名稱

產品效益文案

成份

營養標示/藥品標示

淨含量

產品聲明

產品警語

經銷商

製造商

掃瞄條碼

> ### 設計 + 原型

從設計面板開始
(2D 透視圖)

製作樣本原型

縮小選擇範圍

完成其餘的包裝設計

模擬實境:使用內容測試實際的結構/承印材料

> ### 評估解決方案 + 管理生產製造

在零售/競爭環境與網路上進行評估

作為產品線的一員進行評估

消費者測試

最終確認檔案

監督包裝生產製造

廣告

在古代，絲路的商隊把東方的珠寶與絲綢唱進歌謠，聽來如夢似幻，商人們就像這樣，四處傳播著自己的產品，把欲望與享受、擁有的權利放進人們的心裡。今天我們就把這種行為稱為「廣告」，即使社群媒體崛起，印刷品日漸衰退，廣告仍是讓消費者認識新產品、新服務與新創意的一個好方法。

我們的社會對廣告愛恨交織，權威人士認為廣告無孔不入很危險，但其實也有越來越多觀眾對廣告抱持懷疑的態度，這種現象讓專家冷嘲熱諷。但是，誰能抵擋最新產品目錄？誰能無視華麗的雜誌廣告？廣告就是影響力，提供資訊，深具說服力，作為品牌與大眾傳播的手段，充滿戲劇張力。廣告是一門藝術，也是一門科學，始終左右了消費者與產品之間建立關係的新方法。

> 品牌不該打斷人們去看有興趣的事物，品牌就應該成為人們有興趣的對象本身。
>
> 大衛・畢琶
> David Beebe
>
> 萬豪酒店
> 創意與內容行銷副總裁
> VP,
> Global Creative and
> Content Marketing,
> Marriot International

Skip Ad ▶|
跳過廣告

善用誘惑的力量。

潘・勒菲布蕾
Pum Lefebure

Design Army 廣告代理商
創意長兼創意總監
Chief Creative Officer & Creative Director,
Design Army

> 除非你的廣告裡包含主要訴求，否則它就是船過水無痕。
>
> 大衛・奧格威
> David Ogilvy
>
> 出處：《Ogilvy on Advertising》
> （暫譯：奧格威談廣告）

《眼球》（The Eye Ball）是一部眼鏡廣告影片，講述伏爾泰絲（Voorthuis）家族，也就是沈迷光學的 Georgetown 眼鏡行經營者的故事。這部充滿時尚感的懸疑片，主題圍繞在繼承一副光學眼鏡上，還有惡毒的管家、傳家之寶竊盜案、還有五十隻獵犬。廣告代理商 Design Army 公司和攝影師狄恩・亞歷山大（Dean Alexander）負責監製影片的風格、演員與後製調色。[8]

Georgetown 眼鏡行是擁有 30 年歷史的眼鏡零售商，希望向更廣泛的受眾介紹自家的頂級產品。廣告代理商 Design Army 公司運用多種管道宣傳，將品牌定位為潮流與原創眼鏡的先驅。以社群媒體為中心，向外延伸拓展，傳達以時尚為中心的品牌觀點。再加上以古靈精怪的廣告影片《眼球》作為活動主軸，Design Army 公司還設計了平面廣告，將視力檢查表和影片角色肖像並列，讓影片角色成為最新眼鏡的模特兒。此活動擴大了消費者區隔，增加年紀較大的受眾，同時整合了更大的產品範圍。

Georgetown 眼鏡行：由 Design Army 廣告代理商設計

攝影：狄恩・亞歷山大 (Dean Alexander)
廣告文案：馬克・威爾胥（Mark Welsh）

空間營造

有些餐廳的設計與氣氛比料理更搶眼，這已經不稀奇了。像是金融服務公司可能會開一家時髦咖啡館，同時供應好咖啡和金融建議；法貝熱珠寶彩蛋（Fabergé）是為俄羅斯沙皇製作珠寶彩蛋而聞名的珠寶匠，也是第一家懂得善用展示間巧妙構思的全球企業，吸引了更多客戶並提高銷售額。

品牌建築物或商店的外觀，經常代表一個機會，可以立刻讓客戶認出來，吸引客戶上門。在 1950 年代，走在路上遠遠看到橘色屋瓦，那就代表前方有豪生酒店（Howard Johnson）；在文化光譜的另一端，西班牙畢爾包的古根漢博物館建築本身即是品牌，就像能吸引數百萬訪客的強力磁鐵。

為了創造獨一無二的品牌環境以及吸引人的消費者體驗，建築師、空間設計師、平面設計師、工業設計師、燈光專家、結構與機械工程師、總承包商、發包商與客戶的開發團隊都會通力合作，整合顏色、質感、大小、光線、聲音、移動、舒適度、氣味和便於取得的資訊等，聯手展現品牌樣貌。

我們無比渴望驚喜！我們期待獲得寵愛、溫柔安慰、甜言蜜語，還要為我們帶來美好時光的消費者體驗，那就是我們花了錢想要得到的：我想要體面的盛宴款待。容我提醒你，食物到哪裡都買得到。

希拉里・傑伊
Hilary Jay

DesignPhiladelphia 設計公司創辦人
Founder,
DesignPhiladelphia

了解人們如何體驗其生活環境，
無論工作、學習、治療與探索的環境，
這將推進企業的使命。

艾倫・雅各布森
Alan Jacobson

Ex;it 設計公司總裁
President,
Ex;it

照片提供：史帝夫・懷尼克（Steve Weinik）

營造品牌的空間之必要事項

了解目標受眾需求、偏好、習慣與渴望達到的目標。

呼應品牌定位，創造獨一無二的品牌體驗。

體驗與研究競爭品牌，從他們的成功與失敗學習。

創造讓客戶容易購買的體驗與環境，並且吸引他們一次又一次回到這個場域。

讓服務的品質與速度能跟上環境帶來的消費者體驗。

創造能讓銷售團隊更容易進行銷售的環境，使交易付款更容易完成。

打造品牌的環境設計時，要把空間規模與體驗列入評估，包括視覺、聽覺、嗅覺、觸覺與溫度。

了解現場的光線與燈光來源造成的心理影響，情況允許的話也要評估如何節省能源。

考慮所有營運所需，讓委託客戶可以完整傳達品牌承諾。

了解交通流量、業務量以及各種經濟考量。

利用陳列、廣告與銷售策略統一經營策略。

設計空間時要能永續使用、耐用、容易保養與清潔。

要考慮行動不便的客戶需求。

費城壁畫創作計劃的戶外空間，是個長達一個月的創新全球公共藝術作品。整座城市一起參與，並且活用了格拉罕大樓（Graham Building）中閒置的店面，創造了快閃展場與聚會空間。

費城壁畫創作計劃的空間設計：由 J2 Design、Ex;it 與費城壁畫創作計劃共同企劃

交通工具設計

想在路上建立品牌認知度，已經比以前更容易了。交通工具就像是新的大型移動帆布，幾乎各種行銷傳播都可以放在上面，不論是尖峰時段的都會高速公路，或是夕陽下的偏遠鄉村公路，目標都一樣：讓品牌立刻被認出來。

從火車到飛機、大貨車或是小貨卡，交通工具無所不在，交通工具上的平面設計可以從地面看過去，或從其他交通工具像是汽車或巴士的車窗裡看到，也可以從建築物的窗戶裡看見。

規劃這類設計時，設計師需要考慮廣告的大小、可讀性、距離和表面顏色，以及車輛移動、速度、燈光造成的影響，此外也需要評估車輛的壽命、招牌媒介的耐用性，以及當地的相關法規。

許多交通工具上的廣告會附帶其他訊息，從廣告標語、電話號碼、視覺元素到車牌號碼，只要能保持簡單俐落，就能主宰公路。

交通工具的類型

公車
飛機
火車
渡輪
地鐵
集裝箱卡車
送貨卡車
直升機
摩托車
小型公車
熱氣球
太空船
無人機

讓你的車跑起來！

Steppenwolf 運動自行車

Just Eat: Venturethree

交通工具設計的流程

> **規劃**

審查交通工具類型
重新檢視品牌定位
研究組裝方法
研究施工廠商
取得技術規格
取得車輛圖紙

> **設計**

選擇交通工具底色
設計品牌識別標誌擺放的位置
決定要放哪些其他訊息：
　電話號碼或網站
　車輛號碼
　品牌標語
　探索其他的視覺元素

> **決定**

組裝方法：
貼紙和包膜
乙烯樹脂貼紙
磁鐵
手工彩繪

Just Eat 是網路訂餐外送服務，作為獨立餐點外賣店與客戶之間的中介，已經拓展到十三個市場，旗下共有超過 64,000 家餐廳。

我們有新的發展重點與動力，讓業務更往前推進。品牌的重塑就是策略之一，要展現清晰的市場領導力來帶動持續營利。

大衛・巴特斯
David Buttress

Just Eat 公共有限公司執行長
Chief Executive, Just Eat PLC

> **檢驗**

對交通工具保險費率造成的影響
交通工具的壽命
招牌種類的壽命
花費的成本與時間
安全考量或其他法律規範考量

> **實作**

將技術規格歸納建檔
準備相關資料給施工廠商
檢查輸出檔案
測試顏色是否正確
管理安裝過程

制服設計

服裝也有品牌傳播的效果。「家得寶居家修繕賣場」（Home Depot）的工作人員穿著友善的橙色圍裙，UPS 的送貨人員穿著棕色制服，這些鮮明且獨特的制服，簡化了客戶的交易過程。制服可以代表品牌權威與身份識別，從航空公司的機長到保全人員，穿制服讓客戶覺得更放心。如果在餐廳裡想要找服務生，通常只要去找穿黑色 T 恤和白色長褲的人就可以了；在比賽場上，職業團隊穿上制服不只可以和競爭對手區分開來，在電視轉播上的視覺效果也非常好。在實驗室裡也要穿實驗袍，在手術室裡要穿手術袍，兩者都是為了遵守法規和合乎標準。

好的制服會讓穿的人有自豪感，適合該工作場所與環境。設計師要仔細評估效能標準，像是耐用性與機動性。員工的穿著將會影響個人與所屬企業給人的觀感。

制服非常必要，就像我們全新的飛機塗裝，
讓我們在全世界最繁忙的機場也能一眼就被看見。

拉萊娜・吉柏森
Raelene Gibson
斐濟航空機座艙長與乘務執行經理
Manager Cabin Crew and Service Delivery,
Fiji Airways

斐濟航空（Fiji Airways）的制服是由亞歷山卓・波耶納魯菲爾普（Alexandra Poenaru-Philp）設計的。主要特色是用三種獨特的傳統手工藝織物「瑪西」（Masi）圖案設計，出自斐濟瑪西藝術家馬克雷斯塔・馬特莫西（Makereta Matemosi）。圖案「Qalitoka」象徵所有人齊心完成任務，圖案「Tama」象徵友善的服務，圖案「Droe」表示清澈的湛藍天空與沁涼的海灘微風。

斐濟航空：FutureBrand 品牌顧問設計

制服效能衡量標準

功能性：制服設計是否考慮工作本身的特性？

耐用度：制服的作工好嗎？

不費力：制服可以用洗衣機洗嗎？容易清洗嗎？

靈活度：員工穿這件制服可以輕鬆執行任務嗎？

舒適度：制服穿起來舒服嗎？

識別度：制服能立刻認出來嗎？

好穿度：制服容易穿上嗎？

重量：是否考慮過制服的重量？

溫度：制服設計是否考慮氣候？

自豪：能讓穿的人感到自豪嗎？

尊重：適合不同體型的人嗎？

安全：此制服是否符合法規？

品牌：這套制服能反映出品牌期待的形象嗎？

誰需要制服？

公共安全人員

保安人員

交通運輸人員

快遞

銀行山納

志工

健康照護員工

服務業員工

零售店面人員

餐廳人員

體育隊

體育設施操作人員

實驗室工作人員

特別活動工作人員

制服的製作方法

直接訂購現成款式

特別訂製

特別製作

刺繡

網版印刷

燙熨貼布

加上條紋

制服可應用的範圍

圍裙	安全帽
皮帶	鞋子
褲子	襪子
短褲	褲襪
裙了	識別名牌
套頭衫	配件
高爾夫球衫	圍巾
T 恤	刷毛衣
背心	風衣
領飾	遮陽帽
外套	胸針
雨衣	棒球帽
西裝外套	病人袍
蝴蝶結	實驗袍
手套	手術袍
靴子	

開發期間限定推廣用品

期間限定推廣用品是指使用壽命短的品牌宣傳物品，或是更簡單的東西。例如有許多非營利組織會向捐贈者發放品牌小禮物作為鼓勵，或有些企業常會在行銷推廣用品貼上自己的商標。商展要是沒發贈品就不叫商展了，有些貼心的商展攤位還會送你一個品牌帆布袋，把所有贈品都放進去，從舒壓球、隨身杯、棒球帽，到滑鼠墊應有盡有。

不過，製作這些東西並不是那麼簡單。像是高爾夫球衫上的刺繡或是公事包上的皮革壓印，都需要特殊技術，通常也會需要特製的品牌識別標誌，才能滿足生產技術的需求。為了控制品質，最好的方法是檢驗樣本，即使要花額外的成本，也建議打樣檢查。

推廣品類別

表示感謝
表示謝意
表彰
特別活動
貿易商展
盛大開幕活動
加入會員
慶祝成就
激勵

製作方式

網版印刷
壓印
凸印
燙金
上色
雕版印刷
蝕刻
刺繡
皮革壓印

Adanu 公益組織在迦納的偏遠地區建立學校，利用教育改變兒童的生命。網站上的訂單 100% 直接投入迦納的開發項目。

Adanu 公益組織：由 Matchstic 品牌顧問設計

期間限定推廣品可能應用範圍

出處：由美國廣告專業學院（Advertising Specialty Institute）提出

鬧鐘	小盒子	保溫瓶	燈	護理組	貼紙
專輯	證書	飛碟	除毛球機	野餐保冷袋	石頭
圍裙	椅子	蒼蠅拍	潤唇膏	圖片/畫作	碼表
汽車/通勤用品	聖誕節裝飾	泡綿小玩意	口紅	枕頭	舒壓玩具
獎章	雪茄	文件夾	流體玩具	皮納塔玩偶	絨毛動物玩偶
遮陽蓬	剪貼板	食品/飲料	鎖	胸針	透光畫片
徽章夾	時鐘	相框	行李/吊牌	水壺	太陽眼鏡
徽章/鈕扣	衣服	遊戲	午餐盒/午餐	置物墊	遮陽帽
束口夾	杯墊	壓力表	用品	行事曆	毛衣
手袋	咖啡壺	小木槌	磁鐵	植物	桌布
氣球	零錢收納盒	禮物籃	放大鏡	匾額	小標籤
球	紀念幣/紀念章	儲值卡/包裝紙	地圖/圖集	盤子	捲尺
頭巾	著色書	玻璃製品	麥克筆	撲克牌	刺青
銀行	梳子	地球儀	面具	教鞭	茶壺
橫幅/錦旗	光碟	手套	火柴	籌碼	望遠鏡
吧臺用品	指南針	發光的東西	墊子	公事包	溫度計
烤肉用品	電腦週邊	護目鏡	測量設備	明信片	皇冠
氣壓計/濕度計	保險套	高爾夫球用品	獎牌	木偶	領帶
棒球帽	保鮮盒	賀卡	醫療資訊產品	錢包	瓷磚
籃子	廚具	手帕	擴音器	拼圖	計時器
浴袍	紅酒開瓶器	衣架	會員卡	收音機	錫罐
電池	化妝品	五金工具	便條紙	雨衣	面紙
美容道具	優惠券票夾	頭帶	備忘錄	錄音機	工具包
皮帶扣	蓋布	頭戴式耳機	菜單/菜單夾	回收再製品	牙刷
飲料架	蠟筆	頭枕	金屬小玩意	反光板	上衣/紡紗器
圍兜	水晶產品	螢火筆	麥克風	宗教用品	玩具/手指陀螺
雙筒望遠鏡	杯子	支架	迷你模型	絲帶	旅行用品
毯子	靠墊	立體投影片	鏡子	橡皮圖章	托盤
書擋	貼紙	馬蹄鐵	錢夾	尺	獎杯
書籤	雕花玻璃瓶	旅行沐浴包	外幣換算機	安全用品	愛心杯
書	裝飾品	冰桶	滑鼠墊	涼鞋	T恤
紅酒架	桌上小玩意	保冰袋	馬克杯	領巾	雨傘
瓶子	刻度盤	刮冰器	音樂小玩意	剪刀	制服
瓶塞	日記/日誌	證件夾	名牌	勺子/刮刀	USB/隨身碟
碗	骰子	充氣玩具	餐巾環	刮刮卡	刀叉湯匙
拳擊短褲	盤子	邀請卡	餐巾	密封袋	萬用夾
盒子	膠帶台	夾克	響笛	折疊椅	衛生紙架
口氣清新薄荷糖	小藥盒	罐子	辦公用品	種子	背心
公文包	狗牌	首飾	開瓶器	縫紉用品	乙烯塑料玩具
水桶	飲料攪拌棒	首飾盒	收納道具	襯衫	錄音機
公告板	廣告杯	萬花筒	彩球裝飾	鞋子/鞋拔	小錢包
保險槓貼紙	畫架	卡祖笛	包裝	鏟子	魔杖/手杖
名片夾	電子設備	鑰匙箱/鑰匙	墊子	標誌/陳列品	手錶
名片	徽章	標籤	睡衣	拖鞋	懷錶
計算器	刺繡	鑰匙包	小冊子	水晶球	水
日曆墊	急救箱	廚房用品	紙類小玩意	肥皂	氣象儀
日曆	信封	風箏	紙鎮	襪子	口哨
相機	橡皮擦	標籤	派對道具	特殊包裝	風筒
露營設備	運動/健身器材	檯燈/燈籠	計步器	海綿	紅酒週邊
燭台	眼鏡	掛繩	筆/鉛筆套	湯匙	木製小玩意
蠟燭	3D 眼鏡	衣領別針	胡椒研磨器	運動器材	手環
糖果	扇子	草坪/花園用品	寵物用品	體育紀念品	護腕墊
收納罐	益智玩具	皮革小玩意	電話卡	運動時間表	溜溜球
球帽/圓帽	小雕像	花環	電話	橡膠水漬刮刀	拉鍊環
登山 D 型扣	旗幟	拆信刀	手機小玩意	郵票墊/郵票	
玻璃水瓶	隨身碟	證件框/相框	相片卡	訂書機	
卡片	手電筒	打火機	相片磚	文具/商業表單	

變更品牌資產

企業裡很少有人會願意擁抱改變，無論是現有組織改變品牌識別，或是因為併購需要發佈新品牌名稱與識別系統，這過程往往會比新公司創造新品牌更困難。就算是小公司，待辦事項清單還是非常長，執行新品牌識別系統需要謹慎小心，運用策略、集中於重點、提前做規劃，不要輕忽每個小細節。

這種時候，動員技巧非常好用，一直保持樂觀也對事情很有幫助，一般來說行銷與公共關係總監會監督整個改變過程，若在大型組織，可能還會有專人特別負責監督執行過程。需要的技巧是豐富的知識，包含品牌塑造、公共關係、大眾傳播、品牌識別設計、生產與組織管理。

誰需要知道？
別人需要知道什麼？
為什麼需要知道？
對他們有什麼影響？
別人要怎麼發現？
他們什麼時候會發現？

品牌識別發佈前的關鍵問題
Key pre-launch questions

操控品牌識別系統的變更，因為實施範圍的品牌認知度提高，使用者對品牌的偏好增加，進而建立品牌忠誠度，反而可能強化品牌識別度。

派翠西亞·萊斯·鮑德里奇
Patricia Rice Baldridge

費城大學
市場行銷與公共關係
副主席
Vice President,
Marketing and Public Relations,
Philadelphia University

Mutual of Omaha
人壽與健康保險：
Crosby 品牌顧問公司設計

變更品牌資產時最大的挑戰

出處：由派翠西亞‧萊斯‧鮑德里奇
(Patricia Rice Baldridge) 提出

時間與金錢：規劃足夠的時間與充足的運算

選擇是否要一次全面推出或是分階段發佈

內部認同與支持

所有傳播事項要運用策略集中在重點上

在新舊之間建立連結

慶祝新品牌識別發佈時，也要尊崇舊傳統

找出會受改變影響的對象

幫助在轉移過程中遇到困難的人

在時間與金錢有限時，有效傳達品牌精髓

創造並保持訊息一致

觸及所有受眾

讓大眾產生期待，建立理解

主要信念

運用策略把重點集中在品牌上。

品牌識別可以幫助企業集中在企業使命上。

一次性、全面性地推出新的品牌識別系統，可以減少混淆。

釐清發佈關鍵訊息至關重要。

在對外發佈以前，先對內發佈。

新構想只傳播一次絕對不夠。

你需要推銷新品牌名稱，建立名字的意義。

不同受眾可能需要不同訊息。

了解品牌識別系統不只是新名字或新商標。

品牌名稱變更注意事項

想要改變品牌名稱，第一步也是最重要的一步就是要有合理的理由。

改變品牌名稱必須要有潛力加強其他部份，包括公司的識別度、知名度、員工招募、客戶關係與企業合作夥伴關係。

接受一定會有反對意見。

創造讓人興奮期待的氣氛，保持動力向前衝。

最好針對目標擬定訊息，雖然可能要花更多成本。

新的品牌識別系統可能會影響的範圍

網頁與 metatag（網頁的中繼標籤）

公司文具、名片、表格

電子郵件簽名檔

招牌

廣告

行銷材料

制服、員工名牌

社群媒體

語音訊息與電話應答內容

澳大利亞杭特基督教學校
（Hunter Christian School）：
由 Mezzanine.co 設計

發佈品牌識別

準備好，一切就緒，發佈！品牌識別的發佈其實是一個巨大的行銷機會，聰明的組織會抓住這個機會，建立品牌認知度，發揮協同增效作用。

不同的狀況需要不同的發佈策略，從多媒體活動、全公司會議、巡迴造勢活動，或是每一位員工換上新 T 恤。有一些組織在品牌識別變更時會推動大規模曝光，像是外部招牌或是車廂廣告，一夜之間全部換掉，但是也有其他公司採取階段性慢慢改變。

小一點的公司也許沒有多媒體活動預算，但是可以利用社群媒體。聰明的組織會趁機進行電話行銷展現新面貌，或是寄送批次郵件給所有客戶、同事與供應商。有些公司也會利用現有的行銷管道，像是月報。

幾乎在每次發佈會上，最重要的聽眾往往是公司員工，無論預算規模大小，品牌識別發佈需要完整流暢的傳播規劃。不太可能發佈策略就是沒有策略，除非業務類型特殊可以照常運轉，或是希望低調不公開。

> 隨著我們不斷成長，我們更新了品牌形象，
> 告訴大眾我們飛得更遼闊、更無所畏懼。

吉塔・沃納
Sangita Woerner

阿拉斯加航空行銷副總裁
VP, Marketing, Alaska Airlines

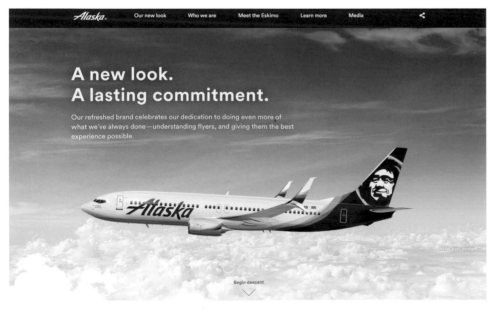

阿拉斯加航空：Hornall Anderson 設計公司

阿拉斯加航空是美國能見度高的重要品牌，Hornall Anderson 設計公司與阿拉斯加航空合作一年後，建立了一個發佈用的微網站，向更廣大的受眾驕傲地介紹新的阿拉斯加航空品牌故事。從阿拉斯加航空的品牌觀點出發，這個微網站帶領訪客來趟真實的旅程，從空中到地面，起點就是品牌最純粹的宣言：「新飛機在空中驕傲翱翔。」品牌故事中訴說了品牌的榮譽歷史與感情，以及前所未有的客戶體驗細節，並且承襲了舊有的傳統。

策略性推動目標

增加所有利害關係人的品牌認知度與對品牌的認識,包括一般大眾。

提升客戶對公司品牌、產品與服務的偏好。

建立公司品牌忠誠度

與利害關係人創造情感連結。

正面影響支持者的選擇,可能也包括支持者的行為。

全面規劃要點

新品牌識別的目的與目標

支援品牌導入的溝通活動

品牌導入的時間表與預算

目標受眾

關鍵訊息

溝通策略,包含內部溝通、社群媒體、公共關係、廣告與實體行銷

員工的內部培訓策略

標準與指導原則策略

傳播方法

全組織會議

社群媒體

媒體新聞稿

特殊活動

網站上的問與答熱線

關鍵訊息講稿

印刷品廣告、電台廣告、電視廣告

貿易出版品

實體研究與批次電子郵件

網站發佈

內部發佈基本概念

製造氣氛,引起討論。

溝通為什麼品牌識別這麼重要。

重申品牌代表什麼。

告訴員工為什麼你要作品牌識別。

溝通品牌識別的意義。

告訴員工未來的目標與使命。

檢視品牌識別的基本概念:識別的意義、品牌永續發展。

傳達這是從上而下,獲得高層支持的倡議。

讓員工成為品牌大使。

讓員工看到具體的範例,員工如何把品牌帶入生活。

讓員工感覺自己擁有品牌。

發放具體的東西,像是 T 恤。

外部發佈基本概念

時機決定一切,找到對的時間點。

創造一致性的訊息。

了解關鍵目標訊息是什麼。

創造正確媒體組合。

利用公共關係、行銷與客戶服務的優勢。

確認銷售人員知道發佈的品牌識別策略是什麼。

以客戶為中心。

預留足夠的準備時間

抓住每個機會,創造行銷發揮協同增效作用。

不斷重覆告訴大眾,一次不夠的話再試一次。

新的品牌識別的揭幕是一個契機,讓員工感受品牌的新目標,進而激勵員工、激發情感。

羅德尼·阿博特
Rodney Abbot

Lippincott 品牌設計公司
創意總監
Creative Director,
Lippincott

這年頭再也沒有什麼內部發表了,只要你分享了什麼,馬上全世界都知道了。

賈斯汀·彼得斯
Justin Peters

Carbone Smolan 品牌代理公司
執行創意總監
Executive Creative Director,
Carbone Smolan Agency

塑造品牌擁護者

員工參與是公司最好的投資，不論是在十人的小公司，還是萬人的大公司。組織發展專家很早以前就發現，公司能否獲得長期成功，深受員工分享公司文化的方式影響，包括公司的價值、故事、象徵與英雄。

向市場發佈新的品牌策略以前，關鍵是主要利害關係人明白改變有其必要，並暸解這個改變將如何支持組織的核心目標與願景。

品牌識別的改變只是個媒介，
要促使員工發揮創意思考，
溝通、再溝通，不斷地溝通。

美國博物館聯盟導入大規模組織變革後給予的建議

不只改變價值觀本身，還要讓員工大量分享價值觀，然後造成改變。

泰倫斯・狄爾與
艾倫・甘迺迪
Terrence Deal and
Allan Kennedy

出處：《Corporate Cultures:
The Rites and Rituals of
Corporate Life》(暫譯：企業文化：
企業生活的慣例與儀式)

德勤品牌的基礎是我們的組織文化與價值，讓品牌可以提供組織對話與行為的依據，讓對話與行為更具體。

亞歷山大・漢默頓
Alexander Hamilton

德勤公司
品牌參與總監
Brand Engagement Leader
Deloitte

我們的信念是：如果品牌文化正確，其他東西自然而然會發生，像是最棒的客戶服務，或是建立長期持久的品牌與業務。

謝家華
Tony Hsieh

Zappos 網路鞋店
執行長
CEO, Zappos

Zappos 網路鞋店核心價值

透過服務讓人讚嘆。
擁抱改變，驅動改變。
創造樂趣，偶爾古靈精怪。
充滿冒險精神，富有創造力，思想開放。
追求成長與學習。
透過溝通，建立開放與誠實的關係。
建立積極的團隊與家族精神。
事半功倍。
充滿熱情，態度堅定。
要謙卑。

美國博物館聯盟大規模變革

美國博物館聯盟多年來成功導入多項重大組織變革，早在 2012 年就推出新的會員計劃、名稱、識別系統與網站。美國博物館聯盟創建了即將展開的任務與活動排程，為主要志工領導人和合作夥伴進行簡報與網路研討會，員工和董事會成員會收到談話要點，幫助他們清楚解釋變革內容，維持訊息一致。董事會成員逐一與同行溝通組織變革，在主要城市舉辦發佈活動，在首次推出以後，還有其他重要的里程碑，為會員帶來更多驚喜與樂趣。

Zappos 網路鞋店公司文化手冊

每一年 Zappos 網路鞋店執行長謝家華都會發電子郵件給所有的員工、合作夥伴與供應商，邀請他們寫下公司文化對自己的意義，這些意見沒有經過編輯（當然錯別字除外），因為公司核心價值之一就是建立「藉由溝通建立開放與誠實的關係」。Zappos 第一優先是公司文化，Zappos 的核心價值深植每一個接觸點，包括公司如何招募員工，如何進行員工訓練與培養，公司文化與品牌被視為「錢幣的一體兩面」，每一年，Zappos 都會出版一本彩色的公司文化手冊，裡面有滿滿的照片，以及每個人寫下公司文化對自己的意義。這本手冊已經變成公司每年的傳統，在 2010 年手冊厚達 304 頁，使用大豆油墨與再生紙印製。

德勤與數位學習

德勤開發了品牌全新數位學習課程，用以驅動全球網絡內超過 245,000 專業人士保持一致性與參與度。德勤數位學習課程不像傳統數位課程，他們利用線上學習的最新科技與創新打造品牌文化，讓從業者對品牌有期待，而且覺得自己擁有這個品牌。這個學習模組使用各種互動範例，說明品牌價值的無形資產，例如品牌聲譽與客戶信任，並也說明這些品牌元素如何一起運作，在擁擠的市場創造差異。這個課程利用對品牌力量更深入的了解，進而形塑品牌擁護者網絡，協助養成強大的品牌文化。

愛瑪客（Aramark）與巡迴發表會

上市公司常常利用巡迴發表會，將訊息直接帶給關鍵投資人和分析師。巡迴發表會也是品牌倡議的有效戰術，愛瑪客（Aramark）執行長喬‧紐鮑爾（Joe Neubauer）為了發佈公司新品牌，並讓員工與公司的願景能夠齊頭並進，因此走訪七個城市，直接與 5,000 位第一線領導人談話。「員工將公司的文化與個性帶入市場，」愛瑪客廣告總監布魯斯‧伯克威（Bruce Berkowitz）表示。

愛瑪客與一家會議策劃公司合作，製作長約一小時的巡迴發表會，執行長再次強調公司傳統相關的關鍵訊息，以及公司在業界的領導地位，執行長最重要的訊息是「員工是我們企業成功的關鍵，因為他們傳達了我們公司以客為尊的服務態度，」新的品牌標示即是這個概念。

經理人對於新的品牌願景和品牌策略已經完全準備好了，他們收到一份「品牌大使工具包」，裡面包含公司歷史、新的廣告活動、商業目錄與標準手冊。材料中也包括經理檢查清單和媒體發佈時間表，詳細說明了如何解釋新品牌發佈，以及如何執行品牌識別變更。

製作品牌手冊

品牌手冊、精神書籍、思想手冊都能激勵人心，教育讀者，進而建立品牌認知度。品牌策略如果一直躲在會議室裡閉門造車，或是藏在某個人腦袋深處，或是光寫在行銷計劃第三頁，那是沒有辦法影響任何人的。公司願景與品牌意義需要容易取得、方便攜帶、個人專屬的溝通工具。

時間決定一切。處在組織變革中的公司必須明確表達「船要開去哪。」一般來說，品牌識別過程可以刺激品牌對自己的概念更清楚明確，讓每個員工知道自己該如何幫忙建立品牌，這是非常聰明的做法。

我們有能力保持品牌的新鮮感，
不斷給予觀眾新的驚喜，
就是成就我們自己的關鍵 。

特蕾莎‧菲茨傑羅
Theresa Fitzgerald

芝麻工作室創意副總裁
Vice President, Creative, Sesame Workshop

Sesame Street 品牌手冊：©芝麻工作室

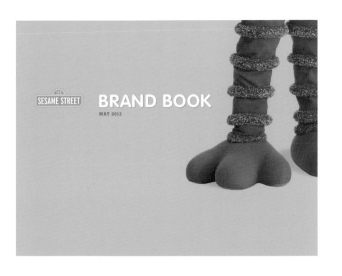

芝麻街品牌手冊摘要

這本手冊的目的是確保毛茸茸又超有趣的芝麻街體驗可以保持一致，不論我們的觀眾用什麼方式、在世界哪個角落與我們接觸。

這本手冊不只適用員工，也包括所有合作單位、創意代理商、授權單位、贊助商，以及幫助我們用各種形式創造芝麻街的所有人。

我們每一天一起貢獻己力，合力打造芝麻街的品牌。

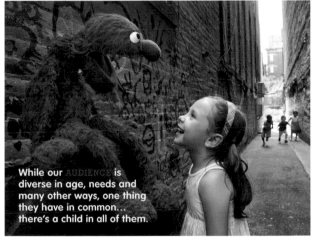

品牌指導方針

儘管重新塑造品牌的聰明指導方針可以幫助每個人保持對品牌的理解，但其實這樣的理解只有一半。組織需要推動品牌參與，讓每個人不費力就能支持品牌新的傳播方式非常重要。改變很困難，你要讓每個人願意改變。

組織需要傾盡全力確保每個人都明白為什麼需要改變，還有改變將帶來什麼好處。指導方針已經變得容易取得、更有活力、更容易製作。現在就連最小型的非營利組織都可以提供流暢的品牌識別標準手冊，大量複印相關文件，並建立電子模板。

改變始於員工，
還有你給員工的工具。

Jackie Cutrone

Monigle 品牌諮詢機構
客戶服務資深總監
Senior Director,
Client Services,
Monigle

我們在雲端開發了品牌參與和資產管理平台，迎接品牌禮賓服務的新時代。請想想，這個品牌中心就是品牌本身。

蓋柏瑞爾・戈罕
Gabriel Cohen

Monigle 品牌諮詢機構
行銷長

訂製的設計 & UX

品牌指導方針

資產管理

Office 模板產生器

品牌展示

動態推廣品

工作流程&服務台

報告&分析

內容管理

2017 BEAM 品牌參與和資產管理平台，
由 Monigle 品牌諮詢機構製作

品牌指導方針的類型

線上品牌中心

網路可以輕鬆把品牌管理整合到一個地方，給員工與供應商一個使用者友善的工具與資源

雲端與紙本

一般來說，設計公司會提供風格指引與可複製的檔案，讓使用者可以下載，許多組織仍會發行指導手冊和方便查閱的參考指南。

媒體關係門戶

許多公司會在自己網站上媒體相關頁面，放上商標檔案與圖片檔讓使用者下載，這些文件通常伴隨延伸法律規範，說明如何使用。

行銷與銷售工具包

擁有獨力分銷商與經銷商的公司，需要一個辦法控制銷售點的外觀與感受，透過外部招牌、零售陳列與廣告，讓零售展示據點獨一無二、讓人印象深刻。

誰需要取得品牌指導方針？

內部員工

管理階層

行銷部門

客戶服務

傳播

設計

法務

銷售

IT 人員

網路專家

人力資源

公共關係

產品設計師

任何製作簡報文稿的人

外部創意夥伴

品牌塑造公司

設計公司

廣告代理商

資訊結構師

技術專家

包裝設計公司

建築師

作家

合作品牌夥伴

搜尋引擎優化公司

最佳指導方針的特色

清楚容易理解

有最新的內容，容易應用

提供準確資訊

包含「品牌代表什麼」

說明識別系統的意義是什麼

平衡識別系統的一致性與靈活度

內部與外部使用者均可以取得

建立品牌認知度

整合必備文件、模板和指導方針

確保正面投報率貢獻

提供有問題時可以諮詢的專員

抓住整個計劃的靈魂

特別介紹原型（最好的範例）

線上諮詢可以幫助建立品牌

Monigle 品牌諮詢機構開發。

讓利害關係人可以參與品牌。

溝通品牌策略與品牌目標。

配合品牌實踐不斷調整。

提供協助與最佳案例，而不是規則（提供工具，不是規則）。

節省使用者時間。

提供資源，參與品牌塑造的過程。

整合不同主題到網路資源中心。

追蹤使用者活動與投報率，協助未來投資。

執行過程利用策略來減少成本。

建立一致的新品牌識別導入方法。

即時更新，強化品牌網站的價值。

指導方針內容

全新品牌識別系統的設計、制定、發行與製作元素，全都要依賴一套聰明的標準與指導方針。優秀紮實的標準可以節省時間與金錢，以避免執行時產生挫敗感。組織的規模與性質會影響指導方針內容的深度與廣度，也會影響未來行銷材料如何設計製作。

指導方針考慮法律與專業術語至關重要，以利保護品牌資產和智慧財產權。

大自然保護協會是環境保護組織先驅，與政府、企業、非營利組織和社區合作，解決世界上最急迫的環境挑戰。

透過我們的商標建立一貫的品牌，發揮協會影響力，建立並強化我們品牌的領導地位、品牌信心和可靠度。

大自然保護協會
視覺識別系統指導方針

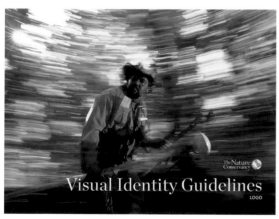

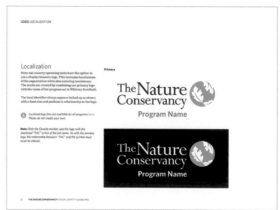

指導方針內容：深度集結所有資訊

前言

我們的品牌
我們是誰
我們的使命與價值
品牌屬性
執行長的話
如何使用這份指導
分針

品牌識別元素

品牌標識
品牌文字商標
品牌識別標誌
標語
文字名稱
如何避免不當使用品
牌識別元素

命名

口語暱稱和法律正
式名稱
企業
部門
商業部門
產品與服務
商標

顏色

品牌顏色系統
預設顏色系統
輔助顏色系統
品牌識別標誌顏色
選擇
如何避免不當配色

品牌識別標誌

企業識別標誌
品牌識別標誌變化
如何避免不當使用品
牌識別標誌
品牌識別標誌間距
品牌識別標誌大小
電子郵件簽名檔

字體

字體系列
輔助字體
特殊用途字體
所有權字體

影像資料庫

照片
插圖
影片
數據視覺化

美規業務紙張

企業信箋
打字版型
部門信箋
個性化信箋
拷貝紙
10 號信封
Monarch 信箋
Monarch 信封
備忘錄版型
銷售人員的公司名片
記事本
新聞稿
郵寄標籤
開窗信封
郵寄用大信封
公告
邀請函

國際業務紙張

A-4 信箋
A-4 個性化信箋
A-4 商業信封
名片

社群媒體

領英
臉書
推特
Pinterest
Instagram
YouTube
Snapchat

數位媒體

網站
App
內部網路
商際網路
部落格
風格指導方針
互動
內容
顏色
字體
圖像
聲音
影片
動畫

表單

表單元素
直書或橫書
表單格線
訂購單
請款單
貨運單

行銷材料

聲音和語調
意象
品牌標誌放置位置
文件夾
封面
建議網格版型
小手冊系統，依大
小不同
文件標頭
產品介紹
實體郵件
海報
明信片

廣告

廣告用品牌識別標誌
標語使用原則
字體
陳列
電視
戶外廣告 簡報與提案
垂直封面
水平封面
開窗封面
內部網格版型
PowerPoint 模板
PowerPoint 圖像

展覽

商展攤位
橫幅拉條
購買據點
名牌

招牌

外部招牌
內部招牌
顏色
字體
材質與表面塗裝
燈光考量
招牌製作指導方針
公司旗幟

交通工具識別

貨車
汽車
巴士
飛機
卡車
自行車

包裝

法令規範考量
包裝尺寸
包裝網格版型
產品品牌識別標誌
標籤系統
盒子
袋子
包包
紙箱
數位包裝

制服

冬季
春季
夏季
秋季
雨天裝備
週邊推廣品
高爾夫球衫
棒球帽
領帶
資料夾
筆
傘
馬克杯
胸針
圍巾
高爾夫球
便利貼
滑鼠墊
客戶店面網站

檔案重製

僅限品牌識別標誌
品牌識別標誌變化
全彩
單色
黑
白

雜項

有問題時與誰聯繫
常見問與答
設計諮詢
清關流程
法令資訊
訂購資訊

準備樣本

塗佈紙色卡
非塗佈紙色卡

成立線上品牌中心

網路已經改變了品牌管理的方式。網路可以吸引利害關係人、整合品牌資產，還可以提供一週七天、一天24小時全年無休的存取空間，裡面可以找到使用者友善的指導方針、工具與各種模板，可擴充的模組化網站能一直保持最新動態發佈，並隨組織發展同步成長。

建立品牌中心可以分享品牌願景、品牌策略與品牌屬性，進而建立參與，強大的網站支援策略行銷，維持品牌溝通與品質一致。

網站現在包含品牌策略、內容開發指導方針與網站資源，也時也可以用在線上交易。網站監測工具和使用情況統計數據能用來驗證投資報酬率的成果，可以分派登入密碼給創意合作夥伴和供應商，讓他們取得關鍵訊息、商標、圖庫和智慧財產權法令規範。但是部份線上內容可能需要限制特定使用者存取。

視覺一致的優秀品牌有助於向大眾溝通我們公司的願景、使命與價值觀。

艾尼可‧狄蘭尼
Aniko DeLaney

美國紐約梅隆銀行
企業行銷全球總監
Global Head of Corporate Marketing,
BNY Mellon

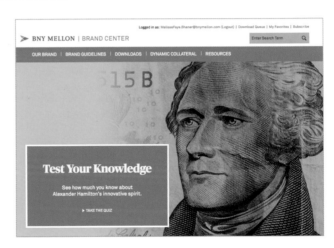

從公司創辦人亞歷山大‧漢默頓得到啟發，美國紐約梅隆銀行兌現品牌創新傳統的承諾。

成立線上品牌中心的流程　由 Monigle 品牌諮詢機構提出

> 啟動計劃	> 建立基礎架構	> 發佈專案	> 準備內容	> 設計＋編程
設定目標	建立使用案例	進行發佈會議	決定作者與內容定位	定義介面與網站導覽風格
找出品牌管理的問題與爭議	評估資產狀態與標準	開發：	設定編輯風格指導方針	開發網站線框稿並獲得批准
找出使用者族群與使用者檔案	決定內容批核流程	網站架構圖	必要時，開發內容更新計劃	開發網站介面並獲得批准
定義利害關係人	內容的優先順序與功能	專線線上協作平台	決定內容檔案、格式與檔案交換規格	根據網站地圖開始編程
建立專案團隊，指派專案領導人	研究開發選項：	時間表與發佈規劃	取得網站內容最終批准	開發系統功能
發展團隊角色、規則與溝通模式	內部與外部開發	使用者族群與使用者清單		
定義預算流程	選定網站開發資源	存取與網路安全規劃		
	最終確認預算與時間表	決定 IT 需求與網站託管計劃		
		定義品牌資產與網站編排計劃		
		找出成功指標		

線上品牌中心的內容方針

筆鋒一致，簡潔有力。

小心謹慎安排內容大綱，資訊建立有邏輯順序。

了解企業文化，編排與企業文化一致的內容。

使用一般大眾都能理解的術語，避免不必要的「品牌表示。」

提供範例與插圖。

支援網站導覽。

線上品牌中心特點

富教育性，對使用者友善，高效率

內部與外部使用者都可以存取

可擴充，模組化

將品牌管理整合在一個位置

提供正面投報率回饋

資料庫導向，不是 PDF 導向

容易添加新的內容與新的功能

內建交易元件

網站託管有彈性，不間斷進行維護

美國紐約梅隆銀行品牌中心幫助我們驅動企業策略，締造傑出營運，管理危機，協助我們推進策略上的優先事項。

瑪麗亞・德黎可
Maria D' Errico

美國紐約梅隆銀行
全球策略行銷服務全球總監
Global Head of Strategic
Marketing Services, BNY
Mellon

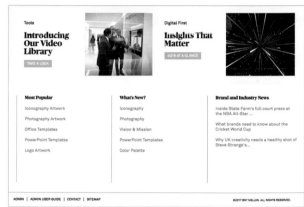

美國紐約梅隆銀行：Monigle品牌諮詢機構設計

> ### 開發資料庫

將內容與品牌資產存入資料庫
撰寫連結及其他需要的功能
其他核心團隊編寫內容與設計

> ### 原型 + 測試

核心團隊評估測試網站
必要時進行修改
網站發佈批核

> ### 網站正式上線

最終確定發佈計劃
將網站傳播出去，引起討論
推廣網站發佈
指派品牌擁護者
進行特別訓練單元

> ### 監控成效

開發維護計劃
指派網站管理人
取得使用趨勢與使用者報告
確認內容更新與流程
將技術與功能發展整合到網站上
分配網站管理與更新預算
定義與計算網站影響力
將成功績效傳播出去

為非凡的客戶締造非凡的成果。

米爾頓·葛雷瑟
Milton Glaser

設計師
Designer

3 最佳實踐個案

ACHC 建築集團希望與客戶建立牢固的關係，持續致力於提升因紐特人（Iupiat）的文化與經濟自由。

ACHC 建築集團（ASRC Construction Holding Company）隸屬於北極斜坡區域公司（Arctic Slope Regional Corporation，ASRC）的建築部門，根據美國阿拉斯加原住民賠償法案（Alaska Native Claims Settlement Act）而成立，由因紐特人（Iñupiat，居住於北極圈的美洲原住民）持有。ACHC 負責監督與支援旗下 6 家公司，這 6 家公司為龐大客戶群提供廣泛的建築服務，從私人企業到公家單位都有。

目標

加強競爭優勢

創造統一的品牌結構

提升公共形象

尊崇 ACHC 文化遺產

建立整合系統

我們創建的品牌完全依據我們存在的理由而生，我們的品牌是我們持續締造成功佳績的基礎，同時也不斷提醒我們自己的核心價值和文化傳統。

雪蘿・卡塔・史丹
Cheryl Qattaq Stine

ASRC 建築控股公司
總裁暨執行長
President and CEO,
ASRC Construction Holding Company

改造前

改造後

 ASRC Construction Holding Company, LLC.

 SKW/Eskimos, Inc.
General Contractor

 ASRC Gulf States Constructors

 ASRC Builders

 ASRC Constructors Inc

 ASRC Civil Construction, LLC

 arctic slope compliance technologies
a subsidiary of Arctic Slope Regional Corporation

 ASRC Construction Holding Company
THE ACHC FAMILY OF COMPANIES

 ASRC SKW Eskimos
THE ACHC FAMILY OF COMPANIES

 ASRC Gulf States Constructors
THE ACHC FAMILY OF COMPANIES

 ASRC Builders
THE ACHC FAMILY OF COMPANIES

 ASRC Constructors
THE ACHC FAMILY OF COMPANIES

 ASRC Civil Construction
THE ACHC FAMILY OF COMPANIES

 ASRC Construction Technologies
THE ACHC FAMILY OF COMPANIES

品牌塑造流程與策略：由旗下的設計師兼品牌顧問西妮・薩敏恩（Sini Salminen）引導 ACHC 高階管理人員重新塑造品牌，針對建築產業、公司競爭力與公司的歷史進行全面研究與競爭力稽核，分析現有的子公司名稱和行銷傳播工具。ACHC 的所有行政人員也共同合作，讓因紐特人的價值觀具體化，形塑出 ACHC 與子公司執行業務的方式。在品牌架構中，有一個單方面的協議，那就是品牌架構必須符合事實真相，明確地與 ACHC 和 6 家子公司溝通，各個單位務必像一個團隊齊心合作，才能提供獨一無二的效率和品牌價值。如此一來目標就很清楚，最後完成的品牌識別系統要能表達每一家公司都只是更大的組織其中一環，並開發出統一的命名規則，透過併購與收購傳達品牌優勢，支援未來成長。於是 ACHC 集團誕生了，變成創意過程的作業平台。

充滿創意的解決方案：薩敏恩設計了簡單又大膽的品牌標誌，用弓頭鯨的尾巴組成一個盾牌。弓頭鯨是長壽的哺乳動物，只生活在北極，在因紐特人的文化中，弓頭鯨象徵了社群、合作、公平、正直、領導、尊重與團隊合作，這些正是 ACHC 集團的核心價值。

品牌標誌的白色曲線和下方的形狀，代表遼闊的北極地平線。品牌的結構系統是將公司定位為一致的實體，擁抱文化遺產。母公司與子公司各有一個主色彩。色盤的製作是透過顏色名稱直接說明因紐特人的地理位置，像是「弓頭灰」、「鯨鬚黑」、「冰層藍」、「濕地綠」等。此外，為了開發識別標準，薩敏恩還設計了輔助材料、招牌、雜誌廣告、服裝、現場設備和 7 個網站。

成果：新的識別系統與品牌架構，讓現有客戶與未來客戶更容易了解 ACHC 集團對建築產業具有獨特經營重點，並可充分利用企業全面的技術、物流和人力資源。在公司舉辦內部發表會時，每位員工都收到一份禮物，包括一個時髦的咖啡隨行杯、水瓶和邀請函，邀請員工體驗最新發佈的網站。這個品牌塑造過程得到意外的收獲，就是讓員工對自己的工作場所更自豪，而重新為公司內部加滿活力。

策略過程是品牌建立的核心基礎與主要驅動力，幫助每個參與人作出明智的設計決定。

西妮・薩敏恩
Sini Salminen

設計師兼品牌顧問
Designer and
Brand Consultant

ACHC：
由西妮・薩敏恩設計

美國公民自由聯盟 (ACLU) 致力於維護美國人權條例（Bill of Rights），為維護種族正義、人權、宗教自由、隱私與自由言論，直面挑戰法律。

美國公民自由聯盟 (American Civil Liberties Union，ACLU) 創立於 1920 年代，是非營利的無黨派組織，擁有超過一百萬名會員和支持者。這個美國全國性組織與分散在全美五十州的分部合作，在法院、立法機構與社群工作，每年處理六千件法律案件。美國公民自由聯盟的資金來自會費、民眾捐贈與政府單位撥款。

目標

為整體組織建立統一的形象。

開發永續且有意義的整合識別系統。

讓組織結合理念與理想。

創造與其他公共倡議組織的差異。

向大眾溝通組織的高度與穩定。

促進對外傳播內容的一致性。

我們必須成為一體。

安東尼．羅梅羅
Anthony Romero

美國公民自由聯盟
執行總監
Executive Director
ACLU

我們希望讓美國公民自由聯盟看起來就像自由的守衛者。

西維亞．哈里斯
Sylvia Harris

資訊設計策略師
Information Design Strategist

品牌塑造流程與策略：美國公民自由聯盟希望擴大擁護者的範圍並且建立會員制，因此委託弗·威爾遜（Fo Wilson）團隊，協助建立一致又有意義的品牌識別。設計顧問公司弗·威爾遜團隊邀請了資訊設計策略師西維亞·哈里斯(Sylvia Harris) 與組織動力學專家邁克·赫胥鴻 (Michael Hirschhorn) 加入。在稽核過程中，團隊發現美國公民自由聯盟有超過五十個商標，因為每個州的分部都使用自己的商標、網站設計和品牌結構，與全國組織只有一點點薄弱的關聯。研究過其他倡議組織之後，西維亞·哈里斯發現美國公民自由聯盟代表了一套大原則，但大部份其他倡議團體只代表一個統一原則。「我們團隊鎖定了一大群利害關係人進行訪問，包括各個分部、傳播部員工與會員，大部份的人經常提到美國公民自由聯盟的屬性是『有原則』，其次是『公義』和『捍衛者』。」2000 年由調查機構「Belden, Russonello & Stewart」調查發現，十個美國人中就有八個人聽過美國公民自由聯盟（85%）。團隊發現美國公民自由聯盟的識別系統需要能為不同領域調整變化，從市政廳、法院到校園等。

充滿創意的解決方案：新識別系統的設計方向，是利用高知名度的縮寫，將組織縮寫和所代表的自由精神連起來。弗·威爾遜團隊設計一系列的識別標誌，使用當代文字商標設計與意義深遠的象徵主義，並測試幾個使用愛國意象的模組化系統。在稽核過程中，團隊發現美國公民自由聯盟在 1930 年代的符號是自由女神像，但在 1980 年代被拿掉了。雖然目前也有其他團體使用這個符號，美國公民自由聯盟決定回到本來的歷史沿革，使用獨特攝影角度的自由女神像照片、經風格化處理後，在數位環境中使用照片風格的識別標誌。設計團隊測試了一系列應用範圍，示範這個識別系統如何使用，從網站、電子報到會員卡等，靈活的系統才能符合全國辦公室、各州分部、基金會和特殊專案等各種需求。

成果：美國公民自由聯盟的領導團隊藉由分析資料、決策訂定與計劃推動，從計劃初期就支持設計團隊的提議。識別系統設計團隊對各分部進行一系列的電話會議簡報，員工教育方案則在總部進行，團隊幫助 50 個分部中的 49 組人員採用新的識別系統，全國組織則為分部支付新的信箋印刷。最後委任 Opto 設計公司完成設計系統，製作所有初步應用範圍用品，開發美國公民自由聯盟的識別系統指導方針網站。完成後，美國公民自由聯盟的會員從 400,000 人增加到超過一百萬人。

我們展示了美國公民自由聯盟全國與各分部的視覺設計歷史，包括識別系統、圖像、贈與人資料印刷品，並也展示其他倡議團體的識別系統，總結我們採訪得到的發現與其他研究分析成果，最後用全新設計方向結束簡報。

西維亞·哈里斯
Sylvia Harris

資訊設計策略師
Information Design Strategist

開發識別系統時要面對的挑戰，是要能在多種領域與結構中同時正常運作。

弗·威爾遜
Fo Wilson

設計師與教育家
Designer and Educator

雖然 ACLU 歷來媒體關係強大，但是仍需要大眾傳播這個新功能。

艾米莉·泰恩斯
Emily Tynes

美國公民自由聯盟
大眾傳播總監
Communications Director,
ACLU

像 ACLU 這種全國性聯合組織，重要的是訂定策略，全盤思考要如何收集各方意見，測試概念可不可行，然後在全國五十多個辦公室展開全新規劃。

邁克·赫胥鴻
Michael Hirschhorn

組織動力學專家
Organizational Dynamics Expert

全國識別

分部識別

基金會識別

我們率領全球共同對抗世界各地的飢饉,並對飢饉發生的原因與造成的影響採取行動。貧窮與營養不良通常肇因於政治動盪、社會不安、自然災害以及社會不平等。

反飢餓行動 (Action Against Hunger) 是全球人道組織,致力於終結世界各地的飢饉,於 1979 年成立至今,在近 50 個國家服務。這個組織幫助營養不良的兒童,同時為社區提供安全的飲用水,發展永續解決饑餓問題的方案。到 2015 年共計有超過 6,500 現場工作人員,為超過 1490 萬人提供協助。

目標

將組織定位為全球組織

釐清組織目標

發展清楚的全球品牌架構

創造令人難忘的品牌敘述

根據品牌資產,重新設計現有的品牌符號。

當我們開車進入馬利的戰區,當地人也許看不懂我們的商標,但是至少應該讓他們看懂我們的符號。

現場工作人員
反飢餓行動
Action Against Hunger

我們新的品牌識別更清楚、更有力,可以解釋我們是誰,我們代表什麼。

反飢餓行動
Action Against Hunger

品牌塑造流程與策略：近四十年來，反飢餓行動引領全球共同對抗世界各地的飢饉，1979 年由一群法國運動人士發起，原名為 ACF，該法文縮寫意即反飢餓行動。和許多跨國非政府組織一樣，這個組織在各地也有各式各樣的名字，Johnson Banks 設計工作室希望能為他們「找出共同點」，這樣一來，不論在哪裡看到 ACF，看起來、聽起來都一致。Johnson Banks 舉辦了許多工作坊，討論組織需要做什麼事，證明自己真的全球化：每個人都要採用 ACF 這個名稱，或是每個國家都需要採用當地語言表達「反飢餓行動」。因此，Johnson Banks 想找出在各種語言都能通用的口號，然後就發現每種語言中都有「為」與「對抗」等字眼。除了靈活度以外，新的命名系統和主題更感性，將清楚回答「為什麼我們在這裡？」我們是為了反飢餓而採取行動。

充滿創意的解決方案：幾十年來，組織的識別系統一直是植物連根的插畫，雖然這個符號對員工來說已經用了非常久，也非常熟悉，但是對新成員或是對外界來說，這個符號很令人困惑，難道這是農業組織嗎？或者在一些人眼中看起來像是…… 大麻葉？經過廣泛的討論和一次錯誤的嘗試，所有人都同意視覺標誌要和組織緊緊相連，某種程度必須包含舊的符號。最後，Johnson Banks 設計出新的符號，只用兩個元素簡單標示組織的工作，那就是食物和水，符號中調整了這兩個元素的顏色。另一種把組織整合在一起的方式，就是建立一套粗細一致的標準字體 (Futura Bold)，並使用相片圖庫和解說的指導方針。

成果：Johnson Banks 建立了一目瞭然的設計工具包，並製作出一套 PDF 檔案，成為全球設計資產的一部份，列出清楚的設計規則，讓當地溝通與募資團隊的作業更輕鬆，更容易推進緊急呼籲和倡議。反飢餓行動認為新的識別系統更清楚、更有力量，可以解釋組織是誰，組織代表什麼。行銷傳播變得更有效、更明確，讓組織在搶救弱勢團體時能發揮更大影響力，使我們往沒有飢饉的世界更邁進一步。

只因為一個決定，結果就讓人們飽受飢餓折磨，這種事情已經升級為全球性的事件。新聞與通訊都是無國界的。

邁克・喬森
Michael Johnson

Johnson Banks 設計工作室創辦人
Founder,Johnson Banks

**FOR FOOD.
AGAINST HUNGER
AND MALNUTRITION.**

**FOR CLEAN WATER.
AGAINST KILLER DISEASES.**

**FOR CHILDREN THAT GROW
UP STRONG.
AGAINST LIVES CUT SHORT.**

**FOR CROPS THIS YEAR,
AND NEXT.
AGAINST DROUGHT
AND DISASTER.**

**FOR CHANGING MINDS.
AGAINST IGNORANCE
AND INDIFFERENCE.**

**FOR FREEDOM FROM HUNGER.
FOR EVERYONE. FOR GOOD.**

**FOR ACTION.
AGAINST HUNGER.**

反飢餓行動：由 Johnson Banks 設計工作室設計

我們在迦納的偏遠地區建立學校，用教育改變兒童的生命，還有整個村落，永久改善當地的生活。

Adanu 是非政府組織，在偏遠地區與未開發社區服務，建立永久的解決方案來推動教育，幫助當地每個人都有平等的機會，不受性別、年齡或經濟狀態侷限。1997 年創辦人理查德‧伊恩卡（Richard Yinkah）成立迦納救災志工團（DIVOG），從那個時候起，至今已服務超過 55 個社區，接待超過 1500 名志願服務者，興建了學校、衛生設施、健康照護診所等許多設施。

目標

提高認知度並提升民眾支持度。

在美國代表加納非政府組織。

將組織重新命名 。

開發活潑有生命力的品牌敘事。

設計一個新的視覺識別系統。

Adanu 標誌抓住我們全部的價值精髓：迦納、社群、協作、永續發展、啟發，賦予弱勢族群平等權利。

理查德‧伊恩卡
Richard Yinkah

Adanu 創辦人與執行總監
Founder and Executive Director,Adanu

身為 Adanu 的合作夥伴，我們共享個關鍵信念，也就是堅定不移的協作精神，讓一切可以發生轉變。

雪莉‧摩爾斯
Shelly Morse

Adanu 董事會董事
Board Chair, Adanu

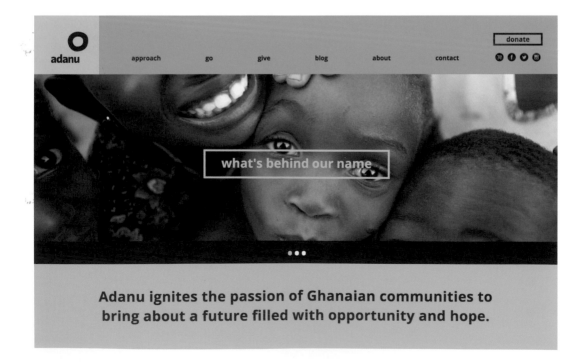

Adanu ignites the passion of Ghanaian communities to bring about a future filled with opportunity and hope.

Sun

Community

Village

Partnership

品牌塑造流程與策略：理查德・伊恩卡創辦迦納救災志工團，他的願景是為迦納人找到解決方案，賦予偏遠地區的弱勢族群平等權力。從那個時候開始，這個組織已經服務了 50 多個社群，接待超過 1500 名國際志工，幫助在迦納沃爾塔（Volta）全區興建學校，衛生設施、健康照護診所等設施。 Matchstic 品牌顧問公司受到委託參與該品牌的美國募資計劃，打造「迦納救災志工團在美國的朋友」這個品牌。這個專案並不是要建立新的品牌，Matchstic 想要尋找簡單一點的解決方案：重新塑造迦納救災志工團的品牌，讓迦納與美國都認識這個組織。Matchstic 希望能想出一個新名字，要有朝氣、充滿希望與啟發，經過一整天腦力激盪，團隊要求把主辦方的埃維語（Ewe）翻譯成英文，希望藉此找到新名字。經過許多嘗試之後，Matchstic 問了一個出乎意料的問題，意外挖到寶藏：「天賦或禮物的埃維語怎麼說？」主辦方帶著微笑回答：「Adanu，這個字是指精彩的合作智慧。」

充滿創意的解決方案：不論英語或埃維語，Adanu 都很容易發音。（埃維語是沃爾塔地區每日使用的語言），同時也符合可持續使用的命名策略：有意義、容易記住，而且 URL 還沒被註冊。

品牌需要強調迦納救災志工團獨一無二的社群發展方式，那就是賦予弱勢族群平等權利，而不是施捨；成為永續經營的合作夥伴，而不只是一時的協助。視覺語言方面，Matchstic 從太陽汲取靈感，因為太陽是樂觀的終極象徵，並使用來自西非織品 Kente 和 Adinkra 的符號。識別系統使用特定的亮色色塊，因為此顏色在這個區域有非常正面的象徵意義。這個大膽的識別系統從非洲得到圖像的靈感，使用迦納的顏色、紡織品和圖騰，設計出代表社群選擇、社群參與、社群夥伴關係的符號。識別系統中每個形狀都有自己的意思，整體組合起來為 Adanu 創造出獨一無二、還沒人使用過的視覺語言。

成果：2013 年 Adanu 成為美國國稅局的 501(c)(3) 非營利組織。一開始註冊為「迦納救災志工團在美國的朋友」，現在正式以「Adanu」的身份展開業務。新的品牌名稱、視覺識別系統和網站皆發揮了正面的影響力，不只迦納，也包括美國，提高了品牌知名度，吸引了更多人詢問，並獲得更多支持。來自迦納的名字讓品牌更容易敘述這個非政府組織的故事。全新傳播工具的專業度讓員工更有士氣，為自己的品牌感到驕傲。藉由塑造 Adanu 的品牌定位，與全球其他非營利組織肩並肩，擁有同樣的高度，就連長期合作夥伴也變得更支持 Adanu。

> 我們想為 Adanu 創造獨一無二、還沒人使用過的語彙，然後我的腦海中就浮現出迦納豐沛的色彩、紡織品與圖騰。
>
> 布萊克・霍華德
> Blake Howard
>
> Matchstic 品牌顧問公司
> 創意總監
> Creative Director,
> Matchstic

Adanu：由 Matchstic 品牌顧問公司設計

亞馬遜企圖成為全世界最以客戶為中心的公司，人們若想在網路上搜尋任何想買的東西，就要上亞馬遜。

一開始亞馬遜只是個網路書店，但亞馬遜已經把定位轉向「全球最大線上零售商」，銷售音樂、軟體、玩具、工具、電子產品、時裝和居家用品。亞馬遜創立於 1994 年，現在已經擁有超過 2.44 億個顧客，商品可以寄到超過 100 個國家。

目標

創造獨一無二的專屬識別系統。

保留原始設計的品牌資產。

將亞馬遜定位為以客戶為中心的友好品牌。

在全球網域修改核心識別系統。

為什麼你的公司會取名為亞馬遜？

因為這是地球上流域最大的河流，也是地球上提供最多選擇的地方。

傑夫·貝索斯
Jeff Bezos

亞馬遜創辦人暨執行長
Founder and CEO,
Amazon.com

Turner Duckworth 設計公司創造一個簡單的字母，下面緊跟著一朵微笑，作為亞馬遜品牌識別設計的一部份。一開始只是當作網路上的一顆按鈕，十年後，亞馬遜在自己的儲值卡上使用了這個設計。

品牌塑造流程與策略：1999 年，亞馬遜委託 Turner Duckworth 設計公司重新設計品牌的識別系統，亞馬遜定位是以客戶為中心的友好公司，這也是它的核心使命及價值。Turner Duckworth 面對的挑戰，是要創造出獨一無二、專屬於亞馬遜的品牌識別系統，同時還要保留亞馬遜的品牌資產：小寫的商標和品牌名稱下方的橘色旋風。Turner Duckworth 讓自己沉浸在這個品牌裡，花了很多時間在網站上，檢驗競爭對手的網站，同時分析了網路上什麼商標有效、什麼商標作用不大。「我們的目標是將品牌個性注入商標，創造有吸引力的概念，用來傳達品牌訊息。」首席設計師大衛·特納 (David Turner) 表示。

充滿創意的解決方案：設計團隊在第一階段開發出許多獨特的視覺策略，每個視覺策略都強調出品牌定位摘要的不同面向，最終商標設計從舊商標大突破，新商標背後的中心概念反映客戶業務經營的策略：「不只賣書，還有更多」。

設計團隊把「amazon」的字母 a 連到字母 z，傳達出「亞馬遜從 A 到 Z 什麼東西都賣」的概念。從 A 連到 Z 的圖像也說明了品牌定位：以客戶為中心，提供友善服務。這個圖像帶著一個調皮的微笑，用酒窩把字母 z 往上推。設計「amazon.com」的商標時，每個階段都一併考慮了亞馬遜咖啡色的郵寄箱，Turner Duckworth 設計了客製化文字標誌，讓「amazon」可以比「.com」更突出，字體設計讓商標看起來更友善且獨特。設計團隊也設計了完整的字母表，讓亞馬遜更新國際網域名稱。

成果：亞馬遜創辦人、執行長與前瞻者傑夫·貝索斯參與了每一次簡報，他也是關鍵決策者。亞馬遜決定新的識別系統要採取「非正式發表」，也就是說新的品牌識別沒有在報紙上公佈，也沒有在網站上特別強調。亞馬遜對客戶和華爾街分析師的感受特別敏感，所以重點是要讓亞馬遜看起來「沒有不一樣」。亞馬遜一直被視為是永遠改變零售業的電子商務公司。

與關鍵決策者會談，特別是公司裡的前瞻者，能讓我們的工作更容易。這不只能加速意見回饋、開發與核准的流程，也讓我們可以向前瞻者提出問題，聽到沒有編輯過的答案。

喬安妮·詹
Joanne Chan

Turner Duckworth 設計公司
客戶服務總監
Head of Client Services,
Turner Duckworth

當你有個具有遠見、對公司充滿熱情的領導人，就能感染整個團隊，為團隊帶來啟發。

賈拉·畢許拉特
Jaleh Bisharat

亞馬遜前行銷副總裁
Former VP of Marketing,
Amazon.com

亞馬遜：由 Turner Duckworth 設計公司設計

我們認為複雜會扼殺創新，創辦 Ansible 軟體就是為了讓 IT 界的人有更簡單的工作方法。若能自動執行乏味的日常業務，他們就能集中注意力去做更重要的創新工作。

Ansible 是一款簡單且強大的開源軟體（Open Source Software，表示其原始碼可任意取用），用途是讓 IT 工作流程自動化進行，因此成為在全世界都很受歡迎的開源軟體，每天有超過 2,250 名程式設計師投入，下載次數超過數千次。Ansible 的技術被應用在全世界最大的 IT 組織，加速科技創新。Ansible 的總部位於美國北卡羅萊納州的達罕（Durham），隸屬於全球領先的開源軟體供應商紅帽公司（Red Hat）。

目標

刺激社群並為社群帶來活力。

利用設計傳達科技的簡潔。

創造巨大的競爭力，拉大與傳統 IT 管理軟體的差異。

建立強大的識別系統，更容易被人喜歡與分享。

內部核心信念

簡單清楚

簡單快速

簡單完成

簡單有效

簡單安全

ANSIBLE

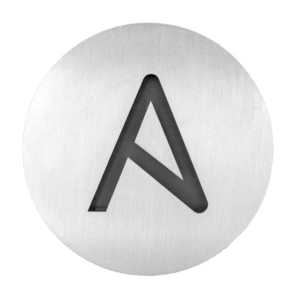

在 Ansible，我們必須擁有一個品牌，向經常抱持懷疑態度的受眾（IT 專業人士）傳達軟體的簡潔性。Ansible 必須看起來像一股清流。

圖德・巴爾
Todd Barr

Ansible by Red Hat
總經理
GM,
Ansible by Red Hat

Ansible 品牌已經成為社群使用者與客戶的徽章，他們願意驕傲地與人分享並使用這個軟體。有了這個品牌，我們可以利用口碑行銷，像病毒一樣有機且快速地發展。

格雷琴・米勒
Gretchen Miller

Ansible by Red Hat
行銷總監
Head of Marketing,
Ansible by Red Hat

品牌塑造流程與策略：Ansible 紮根在充滿熱情的開源軟體社群，這也成為一個穩固的平台，可建構有活力的品牌故事。但是 Ansible 花太多時間在創造技術，而不是品牌。New Kind 技術公司受到委託，與客戶、合作夥伴和員工展開研究，認識 Ansible 的優勢，找出 Ansible 的機會。New Kind 也舉辦了一系列調查和訪談，查看競爭力的細節，藉著研究當前的社群、客戶與公司文化，進一步了解 Ansible 可能成為什麼樣子，為品牌預備一個清晰的新未來，

New Kind 與 Ansible 團隊分享他們調查和訪談的新發現，並一起將研究集結成獨一無二的品牌故事，呈現 Ansible 產品簡單的力量。請開源軟體社群成員分享 Ansible 為他們的工作帶來的價值，幫團隊找到 Ansible 最大的差異，就是讓 IT 工作自動化且簡單的強大功能。精煉後的簡潔概念就成為 Ansible 品牌故事的核心。

充滿創意的解決方案：New Kind 技術公司與 Ansible 合作開發品牌訊息架構與品牌故事，並開始預想品牌的視覺識別系統，可以加強品牌故事的主要元素，也就是簡潔。品牌訊息的關鍵是傳達人人都可以運用這項強大的技術，而不是限定於少數菁英。視覺識別系統設計的關鍵策略就是打入已經投入這項技術的使用者社群，並讓使用者產生期待，品牌必須吸引充滿熱情的社群，讓社群願意將品牌貼在筆記型電腦上、穿上品牌的 T 恤，並在社群媒體上發文分享，以便幫助社群和品牌成長。

成果：在品牌上市兩年後，Ansible 的社群與業務成長超乎預期，每年網路流量持續成長，超過 100%，業務成長更快。2015 年，Red Hat 收購 Ansible，Ansible 繼續成為 Red Hat 旗下產品中不斷成長又充滿活力的科技品牌。

Ansible 開源軟體：由 New Kind 技術公司設計

Beeline 相信生命光明的一面，我們的目標是幫助人們開心，享受溝通樂趣，隨時隨地感受自由。

來自俄羅斯的 Beeline 是全球電信服務供應商 VEON 的商標（前稱為 VimpelCom）。VimpelCom 創辦於 1992 年，是第一家在紐約證券交易所上市的俄羅斯公司。Beeline 為一般消費者與企業提供語音服務、固定頻寬服務、數據服務與各種數位服務。

目標

從眾多競爭品牌中脫穎而出，提高產業標準。

為現代俄羅斯樹立電信新標準。

更新客戶對 Beeline 的認識。

建立自豪感與歸屬感。

play

live life

stand out

攝影：吉姆‧納騰（Jim Naughten）

品牌塑造流程與策略：2005 年時，俄羅斯行動通訊市場接近飽和，特別是莫斯科，主要參與者正在搶奪市場領導地位，然而他們之間沒有明顯的市場區隔。根據競爭力稽核顯示，行動通訊產業的行銷與品牌塑造，多半集中在技術，而不是集中在人。Wolff Olins 品牌諮詢公司致力於創造新的品牌識別系統，可以與消費者建立情感連結，以便維繫顧客忠誠度。新品牌的另一個先決條件是外在形象，如果品牌的外在面貌更有現代感，可以幫助公司為未來的區域競爭與國際擴張做好準備。競爭力稽核中也顯示，市場總是非常混亂，Wolff Olins 可以把握的機會很明確：創造一個能脫穎而出的品牌，可以壓倒眾聲喧嘩，品牌團隊與 Beeline 的行銷團隊緊密合作，完成個性鮮明活潑的品牌，並能發揮最大影響力。

充滿創意的解決方案：Wolff Olins 從公司策略得到啟發，開發出作業平台來協助集中工作，「Beeline 讓我懂得精彩發揮生命的每分每秒」這個概念推動每個層面的創意工作，包括視覺與語調。品牌識別的解決方案當然不止包括商標，還有完整流暢的品牌語言，能靈活運用在各種事情上，超越文化和社會的阻礙，捕捉俄羅斯不同受眾的想像力。

從視覺上來說，品牌就像一張邀請卡，邀請受眾在生活中發揮想像力，加上黑色與黃色條紋的插圖，讓品牌專屬於個人，讓人感覺自己也能擁有。新的標語是「活在生命中光明的一面」，構成新品牌的品牌個性基調。新品牌的屬性是：明亮、友善、簡潔、充滿可能，為品牌加滿活力。此外也建立了識別系統、溝通風格指導方針和圖庫，讓公司準備好新品牌的發佈。Wolff Olins 也被委託籌劃發佈活動。

成果：品牌重塑獲得巨大的成功，在2005 年底，收益增加 40%，市價成長 28%，每用戶平均收益增加 7%；隨著 Beeline 成長進入新的地方市場與產品領域，都由 Wolff Olins 繼續為 Beeline 服務。根據美國商業週刊中 Interbrand Zintzmeyer & Lux 的品牌解析文章表示，Beeline 重新發佈品牌以後，連續三年被各家媒體評論為俄羅斯最有價值的品牌。

Beeline 電信服務：由 Wolff Olins 品牌諮詢公司設計

在日益複雜的世界中,我們去解鎖萬物的奧祕,
獲得有深度的見解,並勇於採取行動。我們誠摯
希望幫助我們每一位委任客戶獲得成功,我們正
在一起攜手形塑未來。

波士頓顧問公司(Boston Consulting Group;BCG)是
美國全球管理諮詢公司,這雖然是一家私人企業,卻在
全球 48 個國家擁有超過 80 個辦公室。企業提供諮詢
服務的客戶遍及全球,包括私人企業、上市公司與非營
利組織,其中超過三分之二曾被美國《財富》雜誌評選
為全球最大的 500 家公司。

目標

吸引頂尖人才。

統一網站以外的數位頻道。

帶動更深的參與度。

在實體世界創造與線上體驗類
似的體驗。

創造符合成本效益的一系列獨
特視覺內容。

**我們需要改變我們在網路上的品
牌呈現,用能夠提升品牌的方式
經營,超越我們產業的期待。**

馬西莫波・蒂卡索
Massimo Portincaso

波士頓顧問公司
合夥人暨董事總經理
Partner and Managing Director,
Boston Consulting Group

**波士頓顧問公司前進的腳步非常
快,而且不怕嘗試新東西。我們
敏捷的作業流程來自快速的原型
設計和測試。**

保羅・皮爾森
Paul Pierson

Carbone Smolan 品牌代理公司
經營合夥人
Managing Partner CSA

©保羅・佩勒格林 (Paolo Pellegrin) / 馬格蘭攝影通訊社 (Magnum Photos)

品牌塑造流程與策略： 波士頓顧問公司希望改變在網路上的品牌呈現方式，並希望擁有更強大的市場引擎，以吸引頂尖人才加入。波士頓顧問公司的合作夥伴負責其品牌與全球招募工作，他們與 Carbone Smolan 品牌代理公司合作，流程非常順暢，把重點放在一系列重要的倡議提案、原型設計和測試。為了吸引頂尖 MBA 學生加入公司，越來越多新興科技公司加入搶人大戰，像是波士頓顧問公司這樣的管理顧問公司必須改變，才能保持重要地位。因此，全球徵才是第一優先。Carbone Smolan 開始進行深入訪查，以便獲得最好的質化研究深度剖析。Carbone Smolan 調查超過 1800 位全球諮詢人員，查閱波士頓顧問公司數千頁研究文件，了解波士頓顧問公司獨一無二的真實面貌，並總結成摘要，將重點放在三個品牌支柱與輔助訊息：建立影響力、連結未來展望、培養未來領導人。

充滿創意的解決方案：「我們要怎麼讓人們想來波士頓顧問公司上班？」為了迎接這個挑戰，Carbone Smolan 開發出綜合招募平台，包含所有聯絡資訊及吸引人的故事、認識公司的工具、談話的開場白、廣告活動以及互動案例資料庫。Carbone Smolan 完成招募用的微網站後，開始著手處理整體數位體驗。Carbone Smolan 與波士頓顧問公司密切合作，領導創新研討會，在創意過程中帶入更多合作夥伴。

Carbone Smolan 創造出一套可以跨管道、跨裝置使用的視覺品牌資產，包括動議工具和資訊圖表。此外，Carbone Smolan 也與數位媒體藝術家雷薩‧阿里 (Reza Ali) 合作，使用演算法創造出依參數變化的視覺藝術，和網站上的實務區塊區隔開來。在這個視覺效果強烈的網站上，波士頓顧問公司完全沒有使用圖庫照片，而是與全球攝影師社群 EyeEm 合作，取得其他發人深省的影像作品。例如他們買下攝影記者保羅‧佩勒格林（Paolo Pellegrin）的作品，捕捉全球顧問的生活瞬間。Carbone Smolan 同時也設計出社群媒體用的品牌發文範本，讓社群媒體發文更輕鬆。除此之外，也在波士頓顧問公司的網站 BCG.com 上引入簡潔的導覽架構。

成果：Carbone Smolan 把網頁的內容簡化，從 4000 頁減少為 1700 頁，減少了 68%。這次設計變革觸及品牌每個層面，當公司招募時，收到的申請表大幅增加，應聘者接受了工作條件，BCG.com 上的參與率成長為兩倍，除此之外，重新設計的微網站社群流量與貢獻人數都增加了 400%。

下圖是利用演算法創造出依參數變化的視覺藝術。

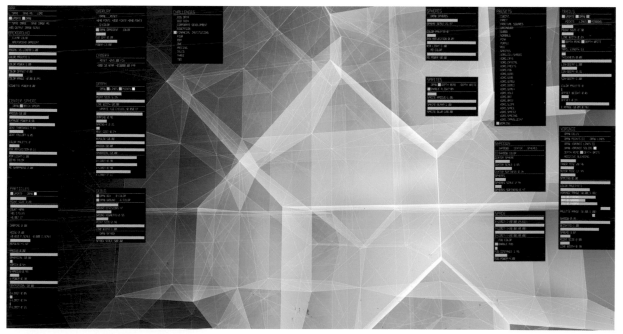

波士頓顧問公司：由 Carbone Smolan 品牌代理公司設計

我們相信教育活動與終身價值觀的培養可以與樂趣互相結合。美國男童軍的「可持續發展樹屋」(The Sustainability Treehouse) 就是生活教育中心，這是將童軍融入永續發展的概念。

美國男童軍（Boy Scouts of America；BSA）是美國最大的童軍組織，也是美洲最大的青年組織之一，有超過 240 萬名青年參與，約 100 萬成年志工加入。美國男童軍成立於 1910 年，從那以後有超過 1.1 億美國人的人生中都曾經參加過美國男童軍。

目標

設計展覽計劃與體驗。

讓學習就像一場大冒險。

將童軍融入永續發展的概念。

用充滿驚奇、意想不到的方式提供資訊。

我們希望創造一種學習體驗，
鼓勵童軍成為推動改變的代表。

亞當・布羅德斯利
Adam Brodsley

Volume 設計總監
Creative Director,
Volume

「讚！！！沒有別的形容詞。」

「超棒的展覽，讚！」

「好好玩，而且學到很多東西：)」

「超歡樂的解說，真厲害！」

參觀者回饋意見

品牌塑造流程與策略：「美國童軍全國大露營地」（The Summit）位於西維吉尼亞州，佔地 10,600 英畝，是舉辦夏令營的冒險基地和領導中心，也是參與美國童軍的數百萬青年與成年童軍的活動和冒險中心，每年會在此舉辦「童軍大露營」（Jamboree）。美國童軍想要一個環境教育設施，可以結合學習、養成保育價值觀等功能，當然還有遊樂。Mithun 室內設計工作室設計了一座高大的五層樹屋，屋頂高 125 英呎，比森林更高。負責識別設計的 Volume 公司，親自參與沈浸式學習體驗的設計，籌辦了一個關於生態與資源保護的展覽，並為這個專案組成一個跨職能團隊，包含展覽設計師、內容開發人員、研究人員、作家、攝影師和互動式展覽籌備人員。「要怎麼讓剛踏入冒險公園的小朋友認識永續發展呢？」這是團隊的挑戰，Volume 希望講一個關於永續發展的故事，和美國童軍的現場作業方式也很一致，那就是用充滿驚奇、意想不到的方式提供資訊，避免過時、公式化的展覽。

充滿創意的解決方案：這個專案強調自然系統在我們生活中的角色，鼓勵童軍們去了解事物之間相互的關聯，成為推動改變的代表，這就是展覽的設計目標。

Volume 知道年輕好動的聽眾需要活潑的學習體驗，不能說教。例如在循環再造中心（Recyclotron）裡，參觀者只要踏上一部固定的飛輪，就會觸發訊息，告訴你永續發展的建築如何運作；把露營用的鋼杯做成「雨水供應鏈」，把水從屋頂導到下方的貯水槽，經過淨化處理，最後流進 LED 資訊板旁邊的飲水機，該資訊板會顯示收集了多少水和使用了多少水。這裡使用的所有材料，都是根據生態建築挑戰（Living Building Challenge）中的永續發展標準，使用低科技的觸覺解決方案與可重覆使用的材料，這點非常重要，雖然使用者必須閱讀文字才能使用，但是語調經過設計，讀起來輕鬆，文字也搭配大量圖示來說明。

成果：一個多世紀以來，美國男童軍成為環境保育教育和環境管理的領導人，他們一直相信教育活動與終身價值觀的培養可以與樂趣相結合。這個可持續發展樹屋的理念，與生活教育中心以及美國童軍的使命都非常一致，「教育中心裡的每一步都記錄著孩童冒險的驚奇，給予參觀者挑戰，將重要的環境管理概念應用在自己的生活中，」Mithun 室內設計工作室表示。

美國男童軍 / Trinity Works　建築開發（委託客戶）：Volume / Studio Terpeluk
燈光設計（展覽設計）+ Mithun 室內設計工作室（建築設計師）+ BNIM 事務所（審案建築師）

我們的瓶子裡裝的是 140 年來的美國精神，並把它交到你的手中。百威啤酒誕生於 1876 年，擁有「啤酒之王」（The King of Beers）的稱號，一直都用最硬派的方式精釀每一瓶啤酒。

百威啤酒（Budweiser）是經過過濾的淡啤酒，有百威純生啤酒和瓶裝啤酒兩種包裝，由百威英博集團（Anheuser-Busch）設計與製作，屬於跨國集團英博集團的一部份。百威品牌在 1876 年由聖路易斯的卡爾科拉德公司（Carl Conrad & Co.）推出，之後成長為美國最暢銷的啤酒品牌，目前在全球 80 多國都能買到百威啤酒。

目標

在全球體現同一種品牌精神。

在美國恢復昔日重要地位。

創造更現代、更廣為人知的面貌。

達到全球一致，與在地文化連結。

我們整體的品牌定位都在展現我們對啤酒的重視，我們用最硬派 (hard way) 的方式精釀每瓶啤酒。

布萊恩・博金斯
Brian Perkins

百威啤酒
北美行銷副總裁
Vice President of Marketing,
Budweiser North America

百威啤酒，由 Jones Knowles Ritchie 設計公司設計

品牌塑造流程與策略：從四十年前起，淡啤酒的市場越來越受重視，數十年來經典啤酒品牌百威（Budweiser）走過美國的經濟衰退，同時擴張全球版圖。在全球不同區域，就有不同版本的百威：不同的包裝、不同的大眾傳播與各種變化。因此，百威和 JKR 設計公司（Jones Knowles Ritchie）合作，讓品牌在全世界各地都能代表同一件事情，讓品牌外觀與感受不分區域都能保持一致。另一個目標，是擷獲美國年輕一代的啤酒愛好者，重新取回市場佔有率。研究報告證實，百威雖然優秀，不過已經成為老一輩的回憶。所以 JKR 的任務就是讓百威的樣貌更現代、更廣為人知，他們認為產品的工藝沒有充分反映在品牌上，所以提升百威產品品質的認知度是勢在必行的。JKR 設計公司的創意總監到聖路易斯參觀釀酒廠，與釀酒師見面，逗逗百威的古祥物「克萊茲代爾馬」（Clydesdale）。最重要的是，他與史密森尼學會（Smithsonian Institution）出身的檔案管理員度過一整天，管理員帶他看過每一件百威啤酒的包裝和歷年的傳播專案。

充滿創意的解決方案：JKR 從設計過程的一開始就把重點擺在兩件核心代表元素：百威的領結造型商標以及百威的酒標。百威的領結商標經過大幅簡化，變成單色，因此可以在數位環境使用。

在代表性的啤酒包裝上，每個字體都以手工訂製重繪，有超過 14 個自訂字體樣本。此外，所有的說明元素也經過手工重繪，例如穀物、啤酒花和英博集團的縮寫 AB 封條等。最後設計出可用在廣告中的訂製無襯線字體，靈感來自原始百威啤酒瓶上的十九世紀美國工業風字體。這個方案在全球六個市場經過多次量化與質化測試，強化新的策略和視覺語言。在包裝更新後，JKR 打造了視覺識別系統，把所有內容精簡化：紅色、產品、使用訂製新字體書寫的強大訊息。此視覺辨識系統配合品牌全球各地市場，用當地的語言書寫，傳達「硬派精釀」的品牌訊息。

成果：重新設計的視覺辨識系統與包裝將品牌全球形象統一，簡化的設計語言讓品牌活化、充滿動力，重新取回年輕消費者心中的品牌相關性，再次將品牌推上「啤酒之王」的寶座。新設計同時讓百威在全球百大品牌的排名上升。此外，2016 年百威把酒標上的「Budweiser」改為「America」直到美國大選結束，這個愛國活動也讓百威在品牌最成熟的市場取得品牌相關性。百威透過此次媒體曝光全全球，總計效益約 13 億人，超過前兩屆超級盃廣告的總和。

我們重新設計了百威啤酒，因為百威值得重新設計，百威集結我們的文化資產與工藝技術，值得成為最好的。

托許・霍爾
Tosh Hall

Jones Knowles Ritchie
設計公司
全球執行創意總監
Global Executive
Creative Director,
Jones Knowles Ritchie

我們致力於滿足人們對醫療產業的需求,開發創新科技,有助創造更健康的明天。

塞納醫療科技(Cerner Corporation)是一家健康資訊科技公司,為了支援醫療照護機構的臨床、財務與營運所需,提供解決方案、服務、設備與硬體。塞納醫療科技已在超過 35 個國家 25,000 個設施取得許可。這家總部位於堪薩斯城(Kansas City)的公司,擁有超過 25,000 名塞納夥伴,現在已經公開上市。納斯達克股票代碼 CERN,2015 年收益達 44 億美元。

目標

為健康照護產業的消費者創造品牌相關性。

加強消費者對公司願景的了解。

加強品牌觀點。

在行銷與廣告宣傳等活動創造具有一定規模的效益。

建立訊息佈達與創意資產工具包。

Cerner Corporation / 2015 Annual Report

我們已將醫療照護數位化,現在要為病人創造新體驗。

尼爾・帕特森
Neal Patterson

塞納醫療科技
創辦人、董事會主席暨執行長
Chairman of the Board,
CEO and Cofounder,
Cerner Corporation

我們對品牌的承諾就是我們行動的核心,這決定我們的決策,影響我們的回應。

梅莉莎・漢德瑞克森
Melissa Hendricks

塞納醫療科技
行銷策略副總裁
Vice President,
Marketing Strategy
Cerner Corporation

作為一個全球品牌,我們與世界各地的團隊合作,共同創造跨越國界的主題。

莎拉・邦德
Sarah Bond

塞納醫療科技
品牌與數位體驗總監
Director, Brand and
Digital Experience,
Cerner Corporation

品牌塑造流程與策略：塞納醫療科技從一開始就把自己設定為可以轉變健康照護產業的公司，在過去的 35 年來，一直是電子病歷的先驅，目標市場包括行政人員、醫生、護士和其他醫療照護專業人士。健康照護產業的演變，漸漸從使用者付費模式變成依病患收入提供服務，個人在自我管理健康方面所扮演的角色變得越來越重要。

與消費者建立連結，將推動塞納醫療科技下一階段的成長，因此公司對消費者市場更加關注，其品牌團隊需要開發出新的溝通方式與訊息佈達模式。過去團隊雖然每年推出五到七個廣告，但是他們認為隨著公司進入消費者市場，採取單一且連貫的核心策略可以造成更大的衝擊，因此這個策略至關重要。

充滿創意的解決方案：塞納醫療科技的品牌團隊提出倡議，帶領內部創意部門、內部溝通與全球行銷成員進行最初腦力激盪，尋找可能幫助品牌擴展到全球的主題，並可用於各種活動和行銷管道。腦力激盪的重點是開發主題，強化品牌與一般消費者的接觸。最後在 2015 年公司年報上發佈的主題是「創造更健康的故事」。

品牌團隊將這個主題納入各種活動和佈達訊息，並準備創意資產和訊息佈達資源的補充工具，為內部創意部門創造更多空間可以專注在新的專案，而不是為許多不同主題反覆製作創意資產。強大的核心概念可減少客戶與員工之間產生資訊落差，進而提升塞納醫療科技的品牌優勢。

成果：「創造更健康的故事」這個概念很快就被全公司接受，員工們願意在社群媒體上分享自己的健康故事並標註 #healthierstories 關鍵字，並附上照片，證明他們的工作真的創造了更健康的故事。這個活動主題很快被全球行銷社群採用，用在全球的客戶活動，從西班牙到沙烏地阿拉伯都有。這個活動主題也應用在公司最重要的客戶活動——塞納健康大會（Cerner Health Conference），並且吸引了超過 15,000 人與會。此外，公司內部業務主管培訓也使用該主題，業務主管總計超過七百人。

墨爾本是一個個性鮮明的城市,充滿啟發而且以永續發展為主要目標。這裡為許多實驗、創新與創意帶來靈感,培養出思想和勇氣的領導先驅。

墨爾本是澳大利亞維多利亞州的首府,也是澳大利亞人口第二大城,根據 2016 年經濟學人智庫(Economist Intelligence Unit)數據顯示,墨爾本在教育、娛樂、健康照護、研究發展、觀光和運動都獲得極高評價,並連續六年獲選為世界上最宜居的城市。墨爾本市政廳(City of Melbourne Council)也支持這個城市在澳大利亞與全世界代表墨爾本發聲。

目標

為這個城市發展出具有凝聚力的品牌策略以及識別系統。

為這個城市找出核心品牌理念,並闡明理念內容。

增加市民的自豪感。

深入瞭解全球受眾的需求。

提高品牌管理的成本效益。

墨爾本市政廳的目標

以人為本的城市

充滿創意的城市

經濟繁榮的城市

知識淵博的城市

互相連結的城市

以身作則

妥善管理我們的資源

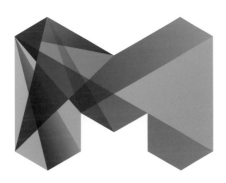

CITY OF MELBOURNE

品牌塑造流程與策略：2009 年，墨爾本市政廳委託朗濤品牌諮詢公司 (Landor) 開發一個有凝聚力的品牌策略與全新識別系統。朗濤針對墨爾本現有的的各種識別系統進行全面稽核，以及墨爾本長期的永續發展策略規劃。這個稽核評估了社會大眾的意見並訪問了利害關係人，包含政府官員、企業主和社區代表。除此之外也檢驗了品牌溝通、品牌行為、品牌架構與其他世界級大城的操作方式。新識別系統需要克服政治的複雜性，改善品牌管理的成本效益，統一不同範疇的治理單位，整合不斷增加的倡議、計劃、服務、節慶、活動等各種品牌投資組合。

品牌塑造的挑戰是找出城市明確觀點，什麼是最令人印象深刻也最受信賴的城市區隔，如果能找到獨一無二的故事、習慣、承諾或抱負，就能整合成這個城市的象徵、符號與價值觀。墨爾本的多樣性成為整合概念，隨著人口增加與改變，墨爾本可以彈性變化與成長，並能充滿活力、與未來的機會接軌。

充滿創意的解決方案：全新設計的品牌標誌，朗濤使用了與城市本身一樣多面貌的粗體「M」，代表創意、文化與永續發展。

識別系統中包含一定程度的靈活度，保留空間給主動倡議與創意詮釋，接納未來可能需要進行調整與改編的想法。此外也針對顏色、字體、圖像與聲音語調的系統建立一系列的範本，並有相關的應用範圍指導方針，包含廣告、贊助、節慶、聯合品牌合作夥伴、招牌看板和 3D 環境等。開發出整體且連貫的指導方針，可幫助推廣全新的識別系統。

成果：墨爾本全新識別系統創造積極正向、獨一無二的城市聯想，適用於全城的勞動人口、企業領導人與民間領袖、全球事業夥伴、遊客與居民等。該識別系統獲得市政廳採用，市政廳相信獨特的識別系統將提供直接的視覺觸發點，引發情感與想法，使城市的樣貌變成最理想的狀態。這個識別系統為城市居民增添自豪感與歸屬感，提升旅遊業和商業的投資，促進城市的經濟成長。

我們創造的識別系統希望能反映創意與多元文化，成為墨爾本的核心。

邁克‧史丹福德
Mike Staniford

朗濤品牌諮詢創意執行總監
Executive Creative
Director,
Landor

墨爾本市品牌設計：
由朗濤品牌諮詢公司設計

City of Melbourne: Landor

可口可樂帶來歡樂，就像把快樂裝在瓶子裡，讓我們發現真實，為真實歡呼。

可口可樂公司（Coca-Cola）是世界最大的飲料公司，也經常獲選為世界最有價值的品牌。全球有 200 多個國家的人，每天喝了超過 50 萬瓶可口可樂品牌旗下的各類飲料，每日總銷售量達 19 億次。

代表性品牌的品牌原則
由 Turner Duckworth 設計公司提出

有自信做到簡單

真誠（不會提出無法實現的承諾）

與當前文化保持步調一致

優先考慮使用圖示（icons）

注意細節

目標

讓可口可樂帶給人們快樂、清新、真誠的感受。

在視覺上利用商標代表性的優勢，創造恆久的價值。

推動吸引人、具有凝聚力的 360 度全方位品牌體驗。

在品牌與消費者之間創造有意義、讓人難忘的連結。

重新奠定可口可樂的商譽，確立可口可樂居於設計的領導地位。

可口可樂的設計策略啟發了多面向的設計語言，在所有的消費者接觸點，擴大了可口可樂品牌的品牌資產。

文森・威榮
Vince Voron

可口可樂公司
北美區設計長
Head of Design,
Coca-Cola North America

品牌塑造流程與策略：可口可樂公司名列世界上最有價值的品牌，也是最有知名度的品牌。可口可樂的註冊商標「曲線瓶設計」是到處都可以看到的文化指標。在 2005 年底，可口可樂公司北美區分公司委託了 Turner Duckworth 設計公司，希望達成設計目標，要讓可口可樂帶給人快樂、清新、真誠的感受。品牌塑造的流程從分析可口可樂的傳統和視覺資產開始，並示範一個領導品牌如何利用設計和視覺識別來創造競爭優勢。雙方都認為可口可樂的識別系統已經變得很混亂，讓人不感興趣，品牌停滯不前。今天消費社會變化的腳步如此快速，團隊認為可口可樂的識別需要更有活力，保持文化相關性。Turner Duckworth 確定了五個代表性品牌的品牌原則，利用這些原則來引導設計思考，如何傳達品牌理念「可口可樂帶來歡樂。」

充滿創意的解決方案：Turner Duckworth 把重點擺在可口可樂代表性的品牌元素，這是其他品牌不可能擁有的，包括紅底白字，使用史賓賽（Spencerian）字體，註冊商標的曲線瓶設計，還有充滿動感的飄揚緞帶。Turner Duckworth 在簡報中呈現了「可口可樂帶來歡樂」整體視覺的外觀與感受設計，並示範如果放在不同的接觸點看起來會是什麼樣子，從杯子、卡車到環境設計等。

Turner Duckworth 也檢驗了整個視覺識別工具包，包括：商標、圖示、顏色、比例、符號、圖騰、格式、排版與攝影等。在品牌塑造的不同階段，針對設計展開研究，驗證這些設計符合公司的策略。這套全新、大膽而且簡潔的設計策略，善用商標的歷久不衰以及情感上的吸引力，設計傳達出簡潔、充滿自信的感覺，並且保留彈性可配合不同的品牌環境和媒體做調整。品牌的主要決策者討論設計領導力的價值，確保設計與當前文化保持步調一致，開發出新的設計指導方針，並公佈在網路上，方便世界各地的供應商、創意合作夥伴和設計中心使用。

成果：新的視覺識別系統為品牌找回活力，不僅針對新世代創造了品牌相關度，也和那些與可口可樂一起長大的人們重新連結，同時也提升了銷售量。Turner Duckworth 與可口可樂公司因此榮獲許多國際獎項，例如可口可樂的鋁瓶，榮獲坎城國際創意節金獅獎等設計大獎。這個成功的設計策略讓可口可樂獲得新的領導地位，影響力也擴展到其他主要品牌。除此之外，也幫助可口可樂吸引到更多來自其他組織的創意人才，例如 Nike 公司和蘋果公司。

讓這樣的工作得以實現，秘訣就是熱情、說服力和堅持不放棄。

大衛・特納
David Turner

Turner Duckworth 設計公司
負責人
Principal,
Turner Duckworth

Coca-Cola: Turner Duckworth

以往的抗癌組織作戰模式，是追求人們在支票上簽名捐款；我們突破傳統，找到我們所知最好的方法來對抗癌症：將朋友與家人聚在一起，共同渡過充滿愛的夜晚，團結一心，與彼此交流情感，沒錯，就是對抗癌症的雞尾酒派對。

抗癌雞尾酒派對（Cocktails Against Cancer）是一家非營利組織，每年舉辦雞尾酒派對募款，款項用來支持直接對抗癌症的計劃，這些計劃將直接影響費城地區癌症患者的生命。Against Cancer 抗癌組織創立於 2008 年，是適用於美國稅收法免稅條款 501(c)(3) 的非營利組織。

目標

吸引民眾的支持與參與。

透過品牌宣傳，帶動抗癌雞尾酒會的票券銷售、捐款和贊助。

每年舉辦一場活動。

設計令人難忘的統一形象。

我們想回饋社區組織，這些組織直接影響癌症患者的生活品質。

雪倫・蘇萊基
Sharon Sulecki

Cocktails Against Cancer 抗癌組織
募資創辦人
Founder,
Cocktails Against Cancer

創辦人兩歲時與媽媽的合照

2015 年鄉村博覽會

2016 年 Boogie 點唱機

品牌塑造流程與策略：在 2008 年舉辦了第一次的抗癌募資活動，那是一個低調的家庭派對。當時創辦人雪倫·蘇萊基 (Sharon Sulecki) 的母親第四次被確診罹患癌症，而且是癌症第四期了。雪倫·蘇萊基希望用積極的方式，表達對媽媽抗癌的堅定支持，並決定用自己身為女主人的權威，舉辦一場精彩絕倫的雞尾酒派對，要求她的客人都要出席。雪倫·蘇萊基的母親在 2010 年逝世以後，這個每年一度的盛會仍然繼續舉辦，並且將募得款項用於支持那些直接影響患者抗癌的計劃。

創辦人雪倫·蘇萊基有市場行銷背景，她知道並重視品牌設計的力量。她邀請設計師凱西·穆勒（Kathy Mueller）加入 2014 年成立的第一屆董事會，凱西·穆勒的任務是運用設計，讓忠誠支持者保持參與，並把受眾拓展到創辦人的人脈圈之外。經過五年的穩定成長，該雞尾酒派對陸續加入了各種主題，讓活動持續保持新鮮感，並且持續吸引支持者。

充滿創意的解決方案：每年舉辦的活動都會設計不同主題與新的推廣活動。品牌塑造專案中包括活動命名、識別系統設計、海報、傳單、活動頁面、社群媒體、新聞資料包，還有日常裝飾元素，像是拍照用道具等。每個接觸點都經過重新設計，反映派對主題，為受眾創造身歷其境的體驗。就連商標也會配合派對主題做調整，社群媒體上的使用者資料也會跟著主題改頭換面。

先前用過的派對主題包括復古嘉年華、80 年代舞會、鄉村博覽會，賓客最近參加了 Boogie 點唱機派對，穿上澎澎的圓裙和燈籠袖毛衣，準備渡過時尚的夜晚，並預備進行捐贈。

成果：抗癌雞尾酒派對針對其賓客與贊助商，已募得近 $100,000 美元，這些資金投入直接對抗癌症的計劃，這些計劃將直接影響費城地區癌症患者的生命，包括費城麥當勞叔叔之家、大費城癌症支持社群（Cancer Support Community of Greater Philadelphia）等。

我們在 Facebook 活用 GIF 動畫來娛樂觀眾，成功地提升了 FB 觸及率和民眾參與度。

凱西·穆勒
Kathy Mueller

Kathy Mueller Design
凱西·穆勒設計公司

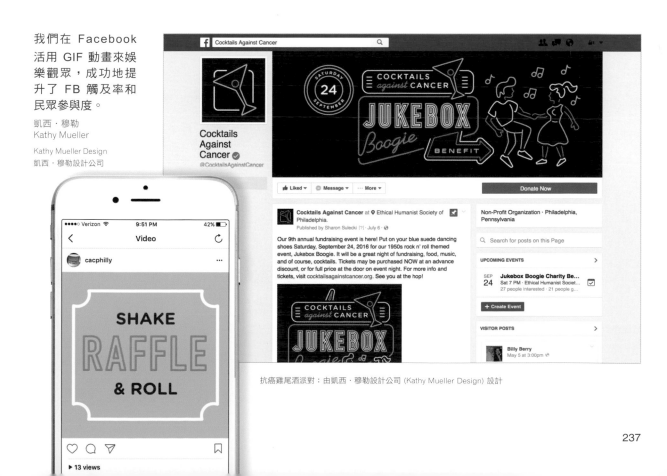

抗癌雞尾酒派對：由凱西·穆勒設計公司 (Kathy Mueller Design) 設計

我們的啤酒從釀造、過濾和包裝都在接近冷凍的溫度進行，就像洛磯山脈（Rocky Mountains）一樣清新爽口。我們的山脈造就了我們的品牌。

酷爾斯釀酒公司（Coors Brewing Company）創立於1873 年，由阿道夫·庫爾斯（Adolph Coors）創立，他選擇科羅拉多州戈登（Golden）的清溪峽谷（Clear Creek Valley）興建新的釀酒廠，因為鄰近的洛磯山脈可以提供純淨的泉水。酷爾斯淡啤酒（Coors Light）在 1978 年上市，現在由世界第三大釀酒廠美樂酷爾斯（MillerCoors）在全美各地釀造販售，是美國銷量第二大的啤酒品牌。

目標

建立在品牌傳統的基礎上。

建立更強烈的情感連結。

更新消費者的品牌體驗。

作為生活潮流品牌，提供連貫的品牌體驗。

透過我們活動的發展，創造視覺上極具代表性的品牌世界，將酷爾斯淡啤酒定位成生活潮流品牌，奠定未來永續發展的基礎。

艾莉娜·比韋斯
Elina Vives

美樂酷爾斯釀酒廠
資深行銷總監
Senior Marketing Director,
Miller Coors

品牌塑造流程與策略：酷爾斯淡啤酒是真正具有地方特色與開拓精神的品牌。自 1978 年上市以來，該品牌在各年齡、性別、種族的消費者族群中都取得重要地位。不過經過多年後，酷爾斯淡啤酒的品牌故事漸漸失去豐富性與廣度，因此在 2014 年酷爾斯淡啤酒品牌團隊就委託 Turner Duckworth 設計公司，重新為品牌的視覺識別系統帶來活力。設計團隊針對公司檔案進行研究，訪問啤酒分銷商和銷售人員後，發想創意過程，從描繪酷爾斯淡啤酒的品牌故事特色開始，傳達與 1978 年相同的開拓精神，這個精神引出酷爾斯淡啤酒冰釀純淨爽口的口感，就像「遠眺山峰，感受冰酷的力量。」

充滿創意的解決方案：Turner Duckworth 從酷爾斯淡啤酒的包裝開始設計，然後發展出範圍更廣的品牌視覺識別系統。他們從知名攝影師安瑟・亞當斯（Ansel Adams）的美國山脈攝影作品獲得靈感，開發出一組粗獷的攝影美學風格設計，就像花崗岩山稜，在藍色系的山脈影像上疊加酷爾斯淡啤酒代表性的紅色字體。

Turner Duckworth 為了將圖像特色帶入品牌，在圖片中間標記了來源，說明這張圖片是酷爾斯淡啤酒誕生的山脈。利用包裝設計的代表性元素為基礎，創造出新的品牌語言，必備的品牌應用範圍包括卡車外觀、招牌、啤酒機龍頭、吧臺裝潢和內部工具等。除此之外，72andSunny 團隊為了建立更優秀的品牌目標，將品牌策略帶入生活中，包括深入思考、吸引人、樂天與果決，所以策劃了「攀爬巔峰 Climb On」的活動，吸引酷爾斯淡啤酒的目標消費者，也就是相信「生命是享受旅程，而非為了抵達目的地」這個信條的男男女女。最後一步，是讓品牌的暱稱「銀彈」成為資產，進一步建立品牌資產。

成果：酷爾斯淡啤酒的行銷無所不包，從玻璃杯到快閃酒吧，還有服裝、體育館看板等。因此 Turner Duckworth 開發出品牌指導方針，讓新的代理商成員了解品牌代表什麼，如何應用新的視覺辨識原則。2016 年一月活動開跑以後，酷爾斯淡啤酒的飲用者市場滲透率逐步增加，特別是女性與西班牙裔的啤酒愛好者族群。

我們想讓酷爾斯成為更有自信、更精簡的品牌，並使設計符合時下文化潮流。

布魯斯・達克沃斯
Bruce Duckworth

Turner Duckworth
設計公司負責人
Principal,
Turner Duckworth

酷爾斯淡啤酒：由 Turner Duckworth 設計公司設計

庫柏休伊特設計博物館（Cooper Hewitt, Smithsonian Design Museum）是美國唯一針對歷史與當代設計而規劃的博物館，擁有多元、全面性的設計類館藏。

實業家彼得‧庫珀（Peter Cooper）的孫女薩拉‧休伊特（Sarah Hewitt）與埃莉諾‧休伊特（Eleanor Hewitt）在 1897 年創辦了這間庫柏休伊特設計博物館（Cooper Hewitt, Smithsonian Design Museum），藉由互動式展覽、程式設計和線上學習資源，推動大眾去認識設計。博物館的永久館藏包括超過 210,000 件設計作品，訴說設計最主要的故事，也就是設計如何大大改善我們的世界。

目標

重新定義並改變參觀者體驗。

提升大眾對設計的認識。

尋找國內外更廣大的受眾。

將博物館定位為設計教育的權威。

重新設計品牌視覺、網站、展覽和館內標示的平面設計。

我們想要重新塑造人們對設計力量的想法。人們最終會發現。設計有能力去解決真實世界的問題。

卡羅琳‧鮑曼
Caroline Baumann
庫柏休伊特設計博物館館長
Director,
Cooper Hewitt

庫柏休伊特設計博物館新的識別系統非常直白，發揮功能是首要目標，不玩弄複雜的視覺或理論。

艾迪‧歐帕拉
Eddie Opara
五角設計聯盟合作夥伴
Partner,
Pentagram

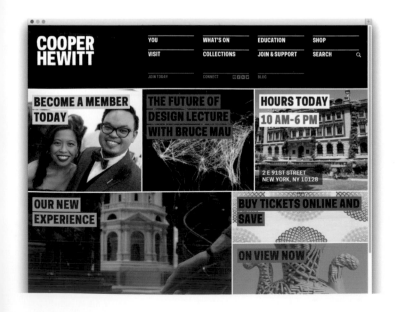

攝影：Peter Mauss/Esto

品牌塑造流程與策略：提升大眾對設計的認識，就是庫柏休伊特設計博物館的使命，在 2011 年，博物館開始了為期三年的合作，重新思考使用者體驗、吸引更廣大的受眾、創造沉浸式學習體驗，讓設計可以進入生活。博物館需要增加 60% 的展覽空間，也需要重新整修博物館地標安德魯・卡內基莊園（Andrew Carnegie Mansion），滿足這些需求，才能將博物館帶入廿一世紀，這是首要目標。有超過 13 個頂尖設計公司與董事會展開合作，協助博物館館長與全體員工展望新的未來，雖然博物館必須休館三年，但是將持續策劃巡迴展，加強庫柏休伊特的定位，也就是卓越的博物館與設計研究教育權威。五角設計聯盟從命名開始就參與進行品牌塑造流程，英文館名用「Smithsonian」史密森尼學會取代舊名稱中的「National」國立，並取消「Cooper-Hewitt」庫柏休伊特之間的連接符號，讓識別系統更簡潔有力。

充滿創意的解決方案：新的名稱、視覺識別系統與網站都需要在博物館重新開幕前啟用，五角設計聯盟設計了全新且大膽的文字標誌與品牌架構系統，適用於所有實體與數位溝通。他們找了新合作商 Village 鑄字行加入，開發出博物館專屬的字體系列，靈感來自文字標誌。五角設計聯盟也重新設計館內的方向指引，包括館內標示與環境的平面設計計劃，用創意解決博物館所在歷史地標的限制。庫柏休伊特希望能開發獨一無二的參觀體驗，強調玩樂的感覺，讓設計過程活起來。這個階段找來 Local Projects 專案規劃與 Diller Scofidio + Renfro 設計工作室合作，發想出一個互動工具：「數位導覽筆」，參觀民眾在購票時就會拿到數位導覽筆，其中有專門的 URL 可存取博物館目前與將來策劃的展覽。為了將這個概念轉為強大的消費者硬體設備，庫柏休伊特和彭博慈善基金會（Bloomberg Philanthropies）以及全球技術專家等專家團隊合作。

成果：庫柏休伊特新的互動式與沉浸式學習體驗，就是國際設計師們合作的成果，強調設計師如何解決現實世界的問題。庫柏休伊特博物館的轉變吸引到新參觀者與更廣大的受眾，包含學生、教師、家庭、設計師與一般大眾，庫柏休伊特的數位館藏可供每個人盡情瀏覽，截至 2017 年初，有超過 2.5 萬人下載庫柏休伊特的專屬字體 (Cooper Hewitt free font family)，這套免費的開源字體可以自由下載，且不限制使用目的。

數位導覽筆：由 Local Projects 專案規劃與 Diller Scofidio + Renfro 設計工作室設計

如果有一天我們把成為設計師的工具提供給每位參觀者，不分年齡，那會發生什麼事？

傑克・巴頓
Jake Barton

Local Projectst
創辦人暨負責人
Founder and Principal,
Local Projects

麥特・弗萊恩（Matt Flynn）攝影 © 史密森尼學會（Smithsonian Institution）

我們以 160 多年的瑞士傳統創業精神和創新作為基礎，我們致力於預測客戶的需求，提供客戶量身打造的解決方案與深入剖析。

瑞士信貸（Credit Suisse）提供領先全球的金融服務。這是一間綜合金融機構，為客戶提供結合各領域的專業金融知識，包含私人銀行、投資銀行和資產管理等。瑞士信貸成立於 1856 年，業務遍佈全球 50 多個國家，有來自 150 多個不同國家的 48,000 名員工。

目標

統一遍及全球的品牌形象和聲音。

激發我們的品牌表現。

讓溝通更以客戶為中心。

增加我們的客戶群。

建構流暢有效率的整合系統。

我們需要看起來更全球化。我們的新識別系統充滿活力，幫助我們從越來越擁擠的市場脫穎而出。

雷蒙娜‧波士頓
Ramona Boston

瑞士信貸品牌與傳播全球總監
Global Head of Marketing and Communications,
Credit Suisse

品牌的內容管理需要更加以客戶為中心，也必須更有效率、更流暢，如此一來，瑞士信貸的品牌才能專注在業務上並獲得成功。

雷司禮‧斯莫蘭
Leslie Smolan

Carbone Smolan 品牌代理公司
共同創辦人
Cofounder,
Carbone Smolan Agency

品牌塑造流程與策略：瑞士信貸是委託 Carbone Smolan 品牌代理公司來提升銀行的形象，開發以客戶為主的內容管理方法。Carbone Smolan 與主要行銷專員、人才招募專員和全球品牌塑造行銷總監緊密合作，瑞士信貸希望能簡化跨部門與跨區域的部門溝通，展現全球銀行在行銷管道的專注力與創造力。Carbone Smolan 這家以設計為導向的品牌代理公司就針對所有內容與受眾的溝通進行深入稽核，考慮其領導階層、活動與贊助單位，協助其建立品牌認知度、品牌能力、產品與規劃的主要基礎；此外還分析了各部門和全球區域規劃，進一步瞭解誰需要什麼內容、為什麼需要。在進行大規模稽核的同時，Carbone Smolan 也開始重新思考瑞士信貸的全球招募活動。

充滿創意的解決方案：Carbone Smolan 設計了大範圍的功能性工具，包含線上溝通到各種事半功倍的活動。他們示範了簡潔、配色、圖像與排版會造成的影響。在全球招募廣告影片《工作的未來 The Future at Work》中，完全沒有旁白，只有音樂，希望吸引到擁有多國語言能力的新世代銀行家。

Carbone Smolan 採用概念獨特的攝影作品，與瑞士信貸的目標受眾產生個人關聯。所有設計中皆使用簡單的圖片搭配新的企業標準色盤上搶眼的色彩，並涵蓋各種題材，從客戶和生活方式、客戶和商業、商業部門、全球區域、投資解決方案、慈善事業等，以及抽象的企業理念與概念，像是成就、網路、創新等，全部整理分類，建立品牌內容架構。該圖庫包含超過 1,200 張圖片、資訊圖表和圖示，這一系列的設計讓公司旗下各部門在全球金融市場中創造出更大的差異化。

成果：藉由開發瑞士信貸品牌的基礎設計元素整合系統，協助全球行銷團隊能夠部署強大的行銷工具系統，讓品牌可以採取行動，對品牌體系更有信心。在全球 13 個地區舉辦的 84 場全球培訓研討會上，員工們都覺得「活力、動感、全球化」的訴求讓人感覺煥然一新，而全球招募影片《工作的未來》在測試中也獲得 72% 的正面回饋。根據線上每日新聞媒體《Financialist》報導，提高了 54% 高淨值的客戶參與率，社群媒體滲透率也增加了 22%。

瑞士信貸：由 Carbone Smolan 品牌代理公司設計

讓我們真正與眾不同的，並不是我們公司多大、也不是我們在哪裡服務或提供什麼服務；真正定義我們的是，德勤努力為世界創造不同，我們就像我們所作的一樣好。

德勤在 150 個國家擁有超過 244,400 名專業人員，服務客戶遍佈各個產業，包含上市公司和私人客戶，提供審計、稅務、諮詢、財務建議、風險建議等相關服務。「德勤」(Deloitte) 品牌泛指根據英國法律組成的私人有限擔保公司組織 Deloitte Touche Tohmatsu Limited（Deloitte Global），整個德勤集團代表由眾多會員公司和相關實體組成的網路。德勤的 2016 財政年總收入為 368 億美元。

目標

將品牌帶入生活中。

讓所有德勤專業人士參與公司聲譽的建立。

提供品牌識別的規則與工具，擴大品牌成功的發揮空間。

發展持續成長的品牌中心，提供一致性且有效率的品牌識別。

提供一致、直觀的使用者體驗。

Deloitte.

我們的目標是努力為世界創造不同，這讓德勤人有一個共同的精神支柱去談論我們的組織。

蜜雪兒・帕默利
Michele Parmelee

德勤品牌與溝通全球人才管理公司負責人
Managing Principal, Global Talent, Brand & Communications, Deloitte

品牌塑造流程與策略：2016 年，德勤推出了自 2003 年以來的第一套品牌識別系統。德勤的目標是創造單一的品牌架構與識別系統，所以不論客戶的地理位置是什麼，經營什麼業務，或使用什麼設備，都能與德勤專業人員連繫，並獲得全球一致且有意義的客戶體驗。

為了支援品牌全新識別系統的啟用，德勤品牌團隊成員與 Monigle 品牌諮詢機構合作，開發品牌空間，研究建立這個空間的必要條件，首要目標是該品牌空間要與新的品牌願景保持一致，並建立更多品牌參與，以利品牌宣傳。除此之外，新的品牌空間需要配合品牌更新後的效能，所以需要高階的功能和更好的工具。一開始時，焦點小組先深入剖析，繪製線框稿來探索介面的可能性。確認需求後，再加上同產業品牌空間的最佳案例與最佳功能，最後的網站更新計劃是一個為期四個月的開發工程。

充滿創意的解決方案：無論是德勤的專業人員或是外部使用者，品牌空間都需要提供一致的品牌體驗，無論是印刷品、電腦桌面或行動裝置，風格都要連貫。在視覺元素背後，品牌中心也示範如何引導溝通的基調，確保德勤自信、清晰和人性化的品牌屬性可以真實傳達出去。

品牌網站的新功能如響應式網頁設計、數位指導方針與工具、培訓材料和最佳案例資料庫，也放到品牌空間，幫助改善使用者體驗。德勤網站具備強大的內容管理功能，讓管理員可以更新網站上所有元素，追蹤使用情況，計算投資回報。並且會定期調查使用狀況並追蹤分析，幫助網站定期更新。除此之外，SaaS （Software as a Service;軟體即服務）模型也會定時更新，讓網站上的功能保持在最新版本。

成果：2016 年中，也就是品牌空間重新推出的前六個月，德勤的網站流量增加了 25 倍。該網站受到德勤全球社群廣泛好評，增加了約 70,000 名活躍使用者，參考資料與品牌支援檔案的下載量也明顯增加，使用者可以下載強大的品牌培訓影片，進一步參與品牌，齊心讓德勤的品牌提升到更高水準。

德勤的品牌中心已經發展到可以滿足目前品牌啟動的需求，提供專業技能，擺脫以往品牌監督的角色，轉變成品牌的禮賓服務中心。

邁克‧萊因哈特
Mike Reinhardt

Monigle 品牌諮詢機構助理
Associate, Monigle

德勤品牌空間：由 Monigle 品牌諮詢機構設計

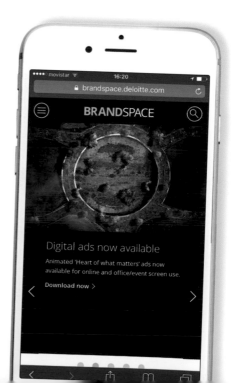

我們的設計以人為中心,所以在每天不斷變化的工作環境中,要讓使用者能坐得更舒服、工作得更舒服、感覺更舒服。

傢俱公司「海沃氏」(Haworth) 專門打造可調整的工作空間,包括升降地板、活動隔牆、辦公室傢俱和座椅。海沃氏傢俱成立於 1948 年,是一家私人控股的家族企業,為 120 多個國家的市場提供服務,全球網路由 650 個經銷商組成,海沃氏在全球擁有六千多名員工,業務經營使用三十種語言,總部位於美國密西根州的荷蘭城(Holland)。

HAWORTH®

目標

研究與設計新一代的座椅。

嘗試讓自然、工程與設計交會。

規劃品牌的上市與行銷活動。

設計 NeoCon 展示間。

我們的客戶會直接影響我們所設計的物件。我們的 Fern 辦公座椅設計是從人出發,在整個開發過程中始終以人為主要考量。

邁克・威爾胥
Michael Welsh

海沃氏設計工作室
座椅設計經理
Seating Design Manager,
Haworth Design Studio

Fern 辦公座椅中體現了海沃氏對傢俱的研究、對創新和合作文化的基礎,並且善用海沃氏的優勢,以精準策略驅動不同功能的團隊。

馬貝爾・凱西
Mabel Casey

海沃氏傢俱設計
全球行銷+銷售支援副總裁
VP Global Marketing + Sales Support,
Haworth

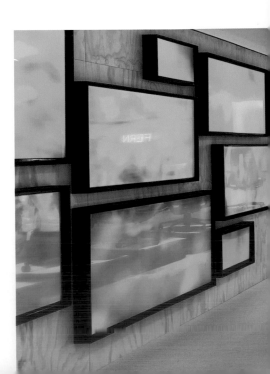

品牌塑造流程與策略：海沃氏擅長借助全球資源與知識，找出創新突破。十幾年來與擅長人體工學研究的合作夥伴，也就是美國西密西根大學（Western Michigan University）的人類行為表現學院（Human Performance Institute）合作，收集了超過 50 億個壓力量測數據點，了解人與座椅之間的物理關係。海沃氏設計工作室也與德國 ITO 設計公司合作，設計新一代座椅體驗，為了尋找更高的效能、運動平衡、彈性和支撐系統，這個設計團隊從自然中發想。他們希望椅子能使用更少機械，擁有更多人性，並整合高階工程與科學技術。團隊設計出許多功能原型，雕刻並實際建構出來。這些椅子經過美國與國外客戶測試，最受歡迎的座椅原型採用懸吊創新技術，能夠回應使用者的身體，更有彈性，並擁有強大的支撐系統，能承受新的人體動作。

充滿創意的解決方案：將產品與技術命名並註冊為註冊商標，可讓討論與保護品牌資產變得更容易。新開發的座椅最後被命名為「Fern」（意思是蕨類植物），射出成形的背部結構稱為「Fronds」，中央結構稱為「Stem」，新系統稱為「Wave Suspension」，意即波浪懸吊系統。

設計應該提供更人性、更貼近自然的體驗，「Fern」辦公座椅的設計能讓生活更豐富，幫助人們擁有更好的生活。

凱爾・弗里特 (Kyle Fleet)

海沃氏設計工作室工業設計師
Industrial Designer,
Haworth Design Studio

在產業主要商展上正式推出品牌前，海沃氏先進行強大的員工培訓，讓員工進入辦公空間，感受舒服座椅的好處，符合人體工程學的座椅可幫助坐的人更集中，減少身體的不舒服。

成果：經過五年的研究和開發，2016 年海沃氏的辦公座椅「Fern」正式在 NeoCon 設計展登場，地點是海沃氏的展示間，其中也展出海沃氏其他關於辦公空間的創新設計。設計師 Patricia Urquiola 負責整個展示間的設計，呈現產品設計的不同階段與研發過程，說明該設計如何成型。產品名稱「Fern」是蕨類植物的意思，因此在展示間裡放了一個巨大的玻璃生態瓶，裝滿紙葉子，並打上霓虹燈光，提升視覺趣味，讓人更難忘這個有意義的名字。商展共計 50,000 人參與，包括設計專業人士、企業領導人、設備管理員、人體工程學家和其它決定工作環境座椅採購的採購人員等。「Fern」辦公座椅榮獲《室內設計 Interior Design》雜誌的辦公空間類年度最佳 HiP 獎（表彰業界人士和產品），同時也獲得美國人因工程學會（United States Ergonomics）的認可。

弗瑞德・哈欽森（Fred Hutchinson）於四十年前成立了癌症研究中心，癌症治療從此開始。我們與全世界分享治療方法。我們的使命是消滅導致人類痛苦與死亡的癌症和相關疾病。

弗瑞德・哈欽森癌症研究中心（Fred Hutchinson Cancer Research Center，簡稱為 Fred Hutch）於 1972 年在西雅圖成立，成員是由世界知名的科學家和慈善家們組成的跨學科小組，一起合作研究癌症、HIV/AIDS 與其他疾病的預防、診斷與治療。弗瑞德・哈欽森癌症研究中心的科學家因其研究和發現曾獲得許多重要獎項，其中包含三位諾貝爾生理學與醫學獎得主。

目標

將品牌帶入生活，傳達品牌的精神。

說明 Fred Hutch 所代表的意義。

重新構思 Fred Hutch 的品牌。

增進對 Fred Hutch 工作的認識。

將科學研究和生活聯繫起來。

我們一直在研究要怎麼服務我們數位環境的觀眾，要怎麼統一我們正在做的事情，讓弗瑞德・哈欽森癌症研究中心在實體世界也獲得更好的介紹。這並不是廣告活動，而是表達我們對拯救生命相關的研究充滿熱情、希望與合作精神，這些讓我們成為重要且特別的存在。

珍妮弗・塞思莫爾
Jennifer Sizemore

弗瑞德・哈欽森癌症研究中心
傳播與行銷副總裁
VP, Communications & Marketing,
Fred Hutch

在弗瑞德・哈欽森癌症研究中心向全世界訴說自己的故事以前，我們已經在研究中心的內部找到共同點。

邁克・康納斯
Michael Connors

Hornall Anderson 設計公司
創意副總監
VP, Creative,
Hornall Anderson

充滿創意的解決方案：弗瑞德‧哈欽森癌症研究中心被譽為這世界對抗癌症的領導力量，也是世界上著名的研究機構之一。但事實上，大多數人並不了解他們的工作範圍，也不清楚科學研究與改變生命有什麼關聯。其實在過去，他們的許多研究突破都足以改變這世界，例如骨髓移植技術和開發 HPV 疫苗。

Hornall Anderson 設計公司總部位於西雅圖，這家全球品牌設計機構與弗瑞德‧哈欽森癌症研究中心的團隊合作，重新想像品牌的塑造。他們在研究中心的園區召開一系列對談，從說明品牌最主要的理念重要性開始，以這個共同理解作為初始點，深入並坦誠地討論弗瑞德‧哈欽森癌症研究中心的工作與人員。

團隊想要找出「一件最真實的事情」，也就是組織的精髓，例如這個研究中心代表什麼，在一般共同語言中這個地方具有什麼精神。在其中一場會議中，有一位員工站起來，他說：「治療從這裡開始。」這簡單的一句話背後代表的真實意義，貫穿了整個品牌故事。

品牌塑造流程與策略：進行第三方調查是為了獲得更加深入的剖析，包括人們如何談論這個研究中心。團隊發現「Fred Hutch」是大多數利害關係人用來稱呼研究中心的念法，因此創意探索從新識別系統開始，商標必須傳達 Fred Hutch 是一個科學研發機構，而研發結果是用於治療。

其中有一位研究人員提到，尋找癌症的過程，就是尋找細胞改變的時機，當細胞開始表現異常、超過應有的表現，就可能是癌症的起點。這句話讓所有想法「卡嗒」一聲扣在一起，設計出來的商標就像用顯微鏡觀察細胞培養皿，讓「Fred Hutch」的字母「H」兩條直線中間那一橫變成催化的關鍵時刻，成為商標的最終版本。而在設計網站時，也提出明確的要求，要更完善地介紹研發人員、科學技術與科學發現，要呈現出來自患者、癌症倖存者與護理人員身上關於這個研究中心的故事。

成果：全新的「Fred Hutch」品牌設計透過目標明確的強大推廣計劃而變得栩栩如生，這個品牌的設計是為了帶動大眾的認知度，加強大眾的品牌參與度。團隊製作的新網站，也讓曾經受惠於這個研究中心成果的人願意分享體驗，傳講以人為中心的故事。此外還推出充滿感情的電臺廣告，主要也是圍繞著這些人的故事，並且在每個接觸點特別強調研究與成果之間的關聯。所有的廣告與活動印刷品都傳頌著這個研究中心的使命，也就是將複雜的科學帶入所有人之中。

弗瑞德‧哈欽森癌症研究中心：由 Hornall Anderson 設計公司設計

我們就是鼓勵孩子改變的推手,改變自己家庭、學校和世界各地的社區。「清潔雙手,生命有救」,比任何單一疫苗或醫療介入都更有效。

十月 15 日世界洗手日(Global Handwashing Day),這一天要動員世界各地的數百萬人用肥皂洗手。發起此活動的單位是「洗手公私伙伴組織」(Global Public-Private partnership for Handwashing;PPPHW),這是 2001 年成立的國際洗手利害關係人聯盟。

目標

讓人們認知到用肥皂洗手的好處。

培養用肥皂洗手的全球文化。

開發出不使用文字的獨特視覺識別。

吸引世界各地的成年人和兒童。

為未來的利害關係人制定指導方針。

Global Handwashing Day
October 15

我們的挑戰是把「用肥皂洗手」變成大家自然而然的習慣,在家裡、學校和世界各地的社區都能做。要用品質好的肥皂洗手,像是「舒膚佳」(Safeguard)抗菌皂,就能預防腹瀉和呼吸道感染之類的疾病,這些疾病每年奪走數百萬兒童的生命。

阿齊茲・傑達尼
Aziz Jindani

舒膚佳肥皂行銷總監
Marketing Director,
Safeguard

Clean
hands
save
lives

在品牌塑造與設計方面,人們往往沒有沒有機會參與拯救生命的工作,這個計劃要提供的是設計滿意度,這是很暖心的工作。

理查・威斯特道夫
Richard Westendorf

朗濤品牌諮詢公司
執行創意總監
Executive Creative Director,
Landor

充滿創意的解決方案：用肥皂洗手是預防腹瀉與肺炎最有效、最省錢的方法，這兩種疾病是世界各地兒童早逝的主要原因。「世界洗手日」由「洗手公私伙伴組織」在 2008 年成立，鼓勵世界各地的人用肥皂洗手，後來就把十月 15 日定為世界洗手日。洗手公私伙伴組織決定要為此設計一個獨特的視覺識別，以便註冊並擁有其使用權。該識別系統必須要容易跨文化與語言，傳達背後強大的生命拯救資訊。

有鑑於此，洗手公私伙伴組織的成員之一，寶僑公司（Procter & Gamble, P&G）和旗下產品「舒膚佳肥皂」（Safeguard）的品牌團隊，就委託朗濤（Landor）品牌諮詢公司為這個年度活動打造識別系統。他們希望把抽象的優秀理念轉換為人們自動自發的行為，在家裡、學校和世界各地的社區都能做。朗濤開始稽核其他成功改變全球行為的活動案例，確立其設計標準。

品牌塑造流程與策略：為了呼應寶僑旗艦肥皂品牌「舒膚佳」的品牌摘要，朗濤集結全球六個辦事處一起合作，創造出一個具代表性與記憶點的識別系統，鼓勵人們採取洗手行動、挽救生命。該識別系統必須吸引人，且讓世界各地不同文化的大人小孩都容易理解，因此必須使用圖像而非語言，並能適用於各種應用範圍及媒體，大小也要能配合調整。

朗濤為世界洗手日設計出三個友善又充滿吸引力的吉祥物，他們手牽著手傳達水與肥皂的結合，而健康就是成果，而且健康值得微笑。朗濤也開發出識別系統的指導方針、示範應用範圍與環境標準，方便活動策劃者和未來的利害關係人將這套系統運用在龐大的工作中，並在不同溝通管道建立認知度。朗濤同時創造出多種推廣材料，提供六個國家的地方團隊使用，包含規劃者手冊，以及吉祥物的小雕像和活動手環等。

成果：「世界洗手日」目前已經成為該品牌全球活動的核心，在一百多國影響超過兩億人。2016 年的世界洗手日已經來到第八年，並成為政策制定者也倡導的強大平台，鼓勵為凝聚大眾承諾採取行動，改變行為。這個令人難忘的歡樂識別系統，能跨越不同文化與國家的倡議與媒體平台，使用起來非常有效率。

世界洗手日：由朗濤品牌諮詢公司設計

IBM 100 進步的標誌，展現我們對科學的信念、我們對知識的追求，以及我們一起努力讓世界更美好的信念。

IBM 是一家全球整合的跨國企業，利用其商業洞察力和資訊技術解決方案，幫助客戶成功提高業務價值，變得更創新、更高效率、更有競爭力。 IBM 在全球共有超過 38 萬名員工。

目標

記錄 IBM 長達一年的百年計劃。

歌頌創新、理念和人。

擷取並記錄品牌的進展過程。

表達期待並為未來撒下種子。

我們問自己：「為什麼我們只有一個識別標誌？何不用一百個標誌來慶祝一百年來的創新和成就？」

喬恩・岩田
Jon Iwata

IBM 行銷傳播資深副總裁
SVP, Marketing and Communications,
IBM

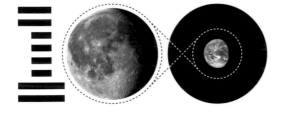

這些圖示用前所未有的方式來對大家訴說 IBM 的故事，用視覺化的方式，凸顯公司對世界的多元影響。

柯特・施萊柏
Curt Schreiber

VSAPartners 創意代理公司負責人
Principal,
VSA Partners

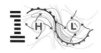

品牌塑造流程與策略：在 2009 年，IBM 與合作夥伴 VSAPartners 創意代理公司聯繫，邀請他們研究 IBM 2011 年百年慶祝的識別系統，並將系統概念化。經過三個月的大量實驗和構思，IBM 頂尖的行銷、傳播與品牌團隊與合作夥伴，一起收集數百個草稿，讓百年識別系統的願景成型。在製作設計的同時也解構理念並討論。

其中一個大略的拼貼草圖，是將 1972 年設計大師保羅·蘭德為 IBM 設計的代表性「八橫桿商標」與「Selectric 打字機」結合在一起，引發團隊的靈感：為什麼只能做一個標誌？如果我們用一百個標誌和每個值得慶祝的時刻做成整合系統會如何？如果我們想向形塑我們是誰的理念與創新致敬，要怎麼做？這就是之後的誕生的「IBM 100 進步的標誌」（IBM 100 Icons of Progress）。由三十位成員組成專業團隊，負責監督開發人員、設計師、寫手、內容管理人員、製作人、編輯和主題相關的專家。

充滿創意的解決方案：每個圖示都像獨一無二的瓶子，裝著一個有意義的故事，內容先向全世界的 IBM 使用者徵求故事：「我們希望了解過去與現在的創新、專案與合作夥伴，為當地與區域市場帶來哪些革命性的轉變，幫助這個世界變得更美好。」

VSA Partners 看完上百份資料後，著手開發出一個具凝聚力又有彈性的系統，目標是設計出一百個標誌，每個標誌都要引人注目，能立刻讓人想起強大的理念。IBM 內部與外部團隊竭盡心力把 860 個故事編輯成一百個代表性時刻，作家、編輯與內容管理員組成的團隊則執行額外的搜尋，為每個故事打造聲音和語調。設計師從 IBM 的檔案、第三方材料和當代與歷史上的藝術文化中尋找靈感，反覆創造了數千個標誌，只為了捕捉每個標誌背後最具代表性的故事。

成果：「IBM 100 進步的標誌」系列設計在 2011 年初於 IBM100.com 網站和其他各種管道推出，為期一年，展現來自 186 個國家的故事，關於 IBM 如何改變商業、科學、社會，從幫助人類初次登上月球，到開發條碼與個人電腦。對 IBM 來說，百年紀念的價值不只是慶祝過去的成就，而是認識 IBM 進展模式的基礎，用以展望未來、撒下種子。

> 我們從未想過這些故事將對我們的客戶、我們的員工、我們的工作環境和全球其他前瞻思想家來說有多強大、多吸引人。
>
> 泰瑞·尤
> Terry Yoo
>
> IBM 品牌表達總監
> Director,
> Brand Expression, IBM

IBM 100 進步的標誌：由 VSA Partners 創意代理公司設計

IBM 的「華生」（Watson）人工智慧電腦系統體現了人類對知識、解答與探索的追求，華生釋放人工智慧的力量，象徵我們對璀璨未來的期盼與信念。

IBM 是一家全球整合的跨國企業，致力於應用人工智慧 、理性與科學，讓商業、社會與人類狀態更進步。

目標

教導全新的複合科技概念。

讓 IBM 在受眾心中擁有重要地位。

捕捉全世界人的想像力。

華生就像個催化劑，讓我們非常龐大複雜的公司可以擁有共同目的、觀點和商業目標，成為我們員工的驕傲來源，讓每個人都能更輕鬆談論 IBM 手上的工作。

諾亞·賽肯
Noah Syken
IBM 商務分析與領導行銷最佳化經理
Manager, Business Analytics and
Optimization Leadership Marketing,
IBM

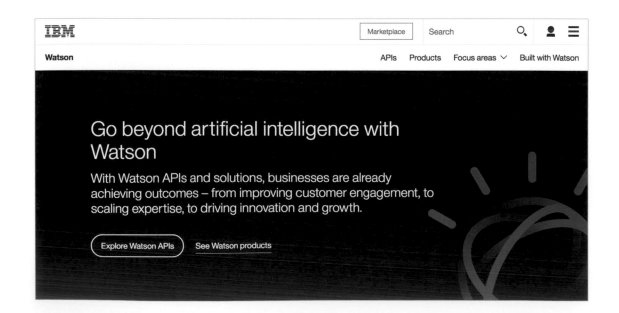

充滿創意的解決方案：多年來，IBM 的科學家們一直在研究可以理解人類語言的高速計算系統，研究團隊相信這個系統可以用充分的理解力、自信與速度回答複雜問題，贏得美國電視智力競賽節目《危險邊緣 Jeopardy》！由於世界上 80% 的數據都是非結構化的，包括自然語言、影像、影片等，因此傳統計算系統不可能理解這些數據。IBM 相信這種科學進展有潛力改變許多產業，解決一部份世界上最關鍵的問題。因此 IBM 向奧美環球（Ogilvy & Mather Worldwide）提出這個挑戰，要利用視覺呈現科技，向全球受眾傳達這個複雜計算系統的長遠重要性和價值。當科學研究人員努力投入技術的躍進時，奧美環球團隊思考了以下的問題：這個系統看起來應該是什麼樣子？會多有人性？電視上看起來怎麼樣？合作單位 VSA 創意代理公司建議將這個系統取名為「華生」（Watson），紀念 IBM 有遠見的總裁托馬斯·J·華生（Thomas J. Watson）。

品牌塑造流程與策略：設計的過程中展現了科技與藝術相遇的成果，奧美團隊挑戰人的情感特徵與數位資料的完美平衡，他們設計出數百個視覺概念，發現虛擬化身需要與 IBM 智慧星球（Smarter Planet）有視覺上的連結，華生的開發進度顯然非常重要，因此要打造出機械化、相互連結與智慧世界等概念。奧美這次的創意突破，是為電視觀眾開發一個視覺化的對答面板，上面會顯示華生的思考過程與信心程度。

數位藝術家約書亞·戴維斯（Joshua Davis）也根據華生參與遊戲時產生的數據，開發出一系列的電腦動畫。在公開的開發過程中，奧美也解釋了科技能力背後的科學原理，並開始向世界宣傳這項科技的可能。奧美製作了一系列影片，紀錄 IBM 研究人員眼中華生的旅程。整個華生計劃由主要研究員大衛·費魯奇（David Ferrucci）領導。

成果：雖然 IBM 華生在第一次公開測試中，在《危險邊緣 Jeopardy》的節目上已經打敗真人對手，但是 IBM 檢視華生應用在不同產業上的測試，希望提供以往不可能達成的成果，先從健康照護開始。IBM 的華生吸引了全球媒體的報導，媒體曝光超過 10 億。隨後 IBM 成立新的部門來應用這項技術，華生最深刻的價值是傳達 IBM 的文化，用全新的使命感與自豪感，帶給全世界 IBM 員工更多啟發。

我們看見運算從交易變成洞察力的世界，從這個意義上來說，IBM 正在幫助人們活用資訊，並且用新的方式思考。

喬恩·岩田（Jon Iwata）
IBM 行銷與傳播資深副總裁
SVP, Marketing and Communications, IBM

IBM 華生特別之處是我們團隊的利他主義，我們可以看到我們是否做正確的事情，激發人們對 IBM 的想像，IBM 可以展現更好的人性，真正改變世界。

大衛·科爾欽（David Korchin）
奧美環球廣告與傳播集團創意總監與資深合夥人
Senior Partner, Group Creative Director, Ogilvy & Mather Worldwide

一系列的視覺化面板經過程式設計，會在螢幕上反映華生的思考過程。

IBM 華生人工智慧電腦系統：由奧美環球廣告與傳播集團設計

Jawwy 是沙烏地阿拉伯地區的個人化行動服務，可說是數位世代的全新行動體驗，使用者可自行建立、管理與分享自己的服務規劃。

Jawwy 提供的是個人化的行動服務，隸屬於沙烏地電信集團（STC 集團）。STC 集團是中東與北非（MENA）地區最大的電信公司，總部位於沙烏地阿拉伯利雅德，提供室內電話、行動電話、網路服務與電腦網路等電信相關服務。

目標

以消費者為核心來打造品牌。

改變行動購買、使用並創新體驗。

重新定義客戶服務過程。

深入研究沙烏地阿拉伯地區的千禧世代。

為新的服務命名，創造大膽的視覺識別。

深入研究、提出精確策略與富有啟發的設計，這些都是品牌創立與導入的基本元素。

艾許・班納吉
Ash Banerjee

沙烏地電信集團 Jawwy 前品牌長
Former Chief Brand Officer,
Jawwy from STC

我們面對的挑戰是，不只要創造出能反映全新內容的視覺識別系統，還要能忠於區域、大眾、產品與新公司，並保持簡潔。

馬克・史奎格
Mark Scragg

Lippincott 設計合作夥伴
Partner, Design,
Lippincott

品牌塑造流程與策略：沙烏地阿拉伯約有 65% 的人口年齡是介於 15-34 歲之間的年輕人，當地民眾非常熱衷手機娛樂，推特與 YouTube 等網站的滲透率達全球最高。然而行動通訊的消費者所想要的東西，與供應商所提供的產品之間，存在著巨大的鴻溝，從傳統技術、文化優先到世代落差，有各式各樣的問題。STC 集團和新的事業單位「Sapphire」找了 Lippincott 品牌設計公司以及許多外部代理商合作，利用共同創作的力量，想為當地的數位世代改變行動購買、使用與後續保固的消費者體驗。客戶與 Studio D Radiodurans 研究設計策略顧問公司合作，發起詳盡的民族志研究，揭露數位時代在該國如何影響文化，發現這些影響主要由社群媒體引起。品牌識別該研究同步，團隊使用高參與率的消費者平台，探討品牌策略、命名、功能設計與使用者體驗的關鍵元素。

充滿創意的解決方案：Lippincott 與客戶的團隊一起合作，開發了以消費者體驗為導向的品牌策略和定位，作為服務的基礎。他們徹底調查出行動服務的客戶旅程將會是品牌真正的機會，因此要從消費者希望如何購買、付款、使用，或與提供行動服務的業者溝通等流程開始改善。

Lippincott 以阿拉伯語為主要語言來發展符合當代的品牌名稱，經過龐大的測試以後，「Jawwy」這個名字勝出，以 2:1 的比數打敗第二受歡迎的名字。「Jawwy」是當地現在的流行語，意指「我的環境」、「我的空間」、「我的氣氛」，這個恰到好處的名字很適合當地的全新個人化數位行動服務。「STC 集團增加這個品牌與母公司的連結，提供必要的監管透明度。」其文字商標包括直書的阿拉伯文書寫，去除疊音符（shadda）以便與訊息文字對比，將簡單的幾何造型變成視覺識別系統的基礎，讓印刷品與數位應用都更有彈性與功能性。採取充滿活力的配色，讓品牌從一上市就感受到遠遠勝過競爭者的識別系統。

成果：年輕歡樂的品牌概念，透過數位平台與社群媒體與消費者連結。Jawwy 的定價透明，服務完全客製化，讓消費者可在幾秒鐘內搭配自己的方案，或是修改方案，然後分享自己的額度。除了看不到表情的電話客服中心，客戶也可以享受匿名的自助式線上社群加快支援服務。Jawwy 的推出，讓中東與北非地區出現史上第一的電信服務，這是第一個以消費者為核心的共同品牌，改變了消費者使用方式，也改變了消費者對行動服務的體驗。

品牌指導方針

Jawwy 行動服務：由 Lippincott 品牌設計公司設計

微笑牛乳酪不論是法文的「La Vache qui rit」還是德文的「Die Lachende Kuh」、越南文的「Con bo cuoi i」，共同點永遠是為消費者帶來微笑和美味。

微笑牛（Laughing Cow）是貝爾集團（Bel Group）旗下的一個全球化品牌，產品包括 Babybel 乳酪、Kiri 乳酪、Leerdammer 乳酪以及 Boursin 乳酪等。微笑牛乳酪的產品特色是把乳酪預先分成小份量，這是貝爾集團於 150 年前發明的乳酪新吃法。這家公司的國際業務由家族成員領導，目前傳到第五代。貝爾集團擁有 12,000 名員工，產品銷往全球 130 個國家。

目標

維繫創新與具有創意的傳統。

將當代藝術帶給最廣大的觀眾。

體現貝爾實驗室（Lab'Bel）之精神，這是貝爾集團的藝術實驗室。

在 2021 年紀念品牌的一百週年慶。

只要花幾枚銅板，原本只能看的博物館或藝廊展示作品，將會變成你也能擁有的原創藝術品。新的藝術展覽與藝術評論，就在廚房餐桌上舉辦。

邁克·史達柏
Michael Staab

貝爾實驗室
策展人
Curator,
Lab'Bel

近一個世紀以來，許多藝術家運用微笑牛這個當代標誌作為靈感來源。這些合作延續著微笑牛與藝術家們特別的關係。

羅洪·飛費
Laurent Fie'vet

貝爾實驗室
館長
Director
Lab'Bel

2014 年德國當代藝術家漢斯·彼得·費爾德曼（Hans-Peter Feldmann）設計的微笑牛珍藏版包裝盒 © GroupeBel-Hans-Peter Feldmann 2014

品牌塑造流程與策略：1921 年，貝爾集團創辦人之子里昂·貝爾（Leon Bel）註冊了「微笑牛」商標。他原本把這個品牌叫做「Fromageries Bel」，法文原意是「貝爾乳酪店」的意思。微笑牛是第一個在法國註冊的乳酪品牌，1923 年，著名插畫家班傑明·哈比耶（Benjamin Rabier），創作了一幅微笑牛的插畫，包含許多經典元素：幽默、紅色、耳環、還有調皮的眼睛，這些元素大部份都沿用至今。

2010 年，貝爾實驗室（Lab'Bel）創立，成為貝爾集團的藝術實驗室，貝爾實驗室的誕生，是配合母公司想要積極投入當代藝術，因此展開龐大的藝術支援政策。貝爾實驗室與當代視覺藝術家和演員合作，結合了幽默、冒冒失失、非傳統的創作，在法國文化贊助的世界裡，建立獨一無二的品牌定位。

充滿創意的解決方案：微笑牛將在 2021 年慶祝品牌創立 100 週年，因此從現在到 2021 年，貝爾實驗室計劃與當代重要藝術家展開一系列的合作，請每位藝術家都設計一款珍藏版的微笑牛乳酪包裝盒，消費者與收藏家可在法國與德國的特定商店，用零售價買到這些珍藏版。這種不常見的投資方式讓更廣大的民眾可以更親近藝術，還讓民眾掉進選擇障礙：要吃掉還是要收集。

2014 年，貝爾集團邀請德國當代藝術家漢斯·彼得·費爾德曼（Hans-Peter Feldmann）設計出第一版的微笑牛乳酪珍藏版包裝盒。後來，歐洲普普藝術的先驅托馬斯·拜勒（Thomas Bayrle）從 1967 年開始就把微笑牛的商標用在自己的作品中，這位藝術家也完成了第二版的珍藏版包裝盒。接下來，英國概念藝術家喬納森·芒克（Jonathan Monk）創造了第三版的珍藏版包裝盒。

成果：在 2016 年 FIAC 巴黎國際藝術博覽會，貝爾實驗室在與藝術家攜手合作設計的展示空間中，推出喬納森·芒克的的珍藏版包裝盒，該展示空間設計成一間迷你超市，利用最原創、非主流，甚至有點無厘頭的方式，將當代藝術帶給更廣大的觀眾。微笑牛乳酪的珍藏版包裝盒中，體現了貝爾實驗室的哲學，讓消費者、收藏家與藝術愛好者之間的界限越來越模糊。

2015 年德國當代藝術家托馬斯·拜勒設計的珍藏版包裝盒
©GroupeBel-Thomas Bayrle 2015

2016 年英國當代藝術家喬納森·芒克設計的珍藏版包裝盒
©GroupeBel-Jonathan Monk 2016

我們連結全世界的專業人士，助你發揮生產力，獲得成功。當你加入 LinkedIn 領英，你就能獲得人力、工作、產業新聞與深入剖析，幫助你開始了解就業機會、商務經營，並認識更多新企業。

領英（LinkedIn）是商業導向的社交網路服務，也是上市公司。領英公司成立於 2002 年，服務在 2013 年推出，主要用於協助專業人士建立人脈。領英是世界最大的專業人才網路，擁有超過 4.6 億個會員，遍及全球 200 個國家與區域，並且有 24 種語言版本。2016 年，微軟收購了領英。

目標

建立簡單、容易發音、不容易忘記的中文名字，與英文「LinkedIn」的發音類似。

確保這個名字在語言上有吸引力，而且沒有被註冊過。

建立在現有的全球品牌資產與品牌意義上，同時探索中國特有的定位與屬性。

將中文品牌名稱整合到品牌的識別標誌中。

協調研究與品牌名稱導入。

Linked in 領英

一般來說，任何跨國公司在中國最重要的行銷決策，就是品牌名稱中文化。

安吉拉‧多蘭
Angela Doland

廣告時代
AdAge

塑造流程與策略：領英希望拓展中國的專業社群網路。領英作為世界最大的專業人才網路，在全球 200 多個國家擁有 2.25 億個使用者，在中國也已經有 400 萬個使用者。為了拓展在中國的使用群，領英希望為中國受眾打造出中文名稱與識別系統。2012 年，領英委託朗標公司（Labbrand）打造出中文語音識別系統與整合策略。領英對於其中文品牌名稱，基本要求是中文名字一定要簡單、容易發音、不容易忘記，且要反映領英使用者的素質。

朗標與語言學家進行了三輪品牌命名，檢查在中文與主要中國方言中的意義，確保品牌名稱適合消費者。在中國，中文品牌名稱經常在商標註冊時遇到潛藏的問題，因此朗標執行了智慧型法務檢查（Smart Legal Check）等工作，確保新的中文品牌名稱可用於商標註冊。

充滿創意的解決方案：朗標以對中國市場全面性的了解為基礎，為領英的品牌名稱探索了各種創意方向。品牌的英文名字很平易近人，意思是利用平台將每個人連結在一起，而中國消費者則是非常熱衷於成功和推動。領英的品牌識別需要與全球品牌保持一致，但在中文情境也要聽起來別有深意，在焦點小組與主要消費者討論之後，決定最有吸引力的名字就是「領英」，發音非常類似原本的英文名稱，又帶有領導和菁英的含義。

朗標也與領英合作了中文名稱與品牌識別標誌的整合與字體鎖定策略，在中國實現了強大又一致的品牌識別系統。

成果：自從 2014 年推出以後，領英中國吸引了超過二千萬使用者註冊。中文品牌名稱為領英的本土創新鋪路，得以與中國領導科技平台合作，例如騰訊的微信和阿里巴巴的螞蟻金融，也與上海市政府合作，共同打造城市品牌和業務。

中文名稱應該要反映品牌屬性。領英的中文名字強調領導與菁英的含義，能與中國目標受眾產生共鳴。

劉芳
Amanda Liu

朗標創意總監
Creative Director,
Labbrand

領英中國：由朗標設計

馬克貨車這個品牌代表耐用、勇氣與韌性，成為卡車運輸的代名詞。我們製造這部機器，而機器本身讓男人成為傳奇。

馬克貨車公司（MackTrucks）創立於 1900 年，是北美最大的公開上市製造商，產品包括重型卡車、發動機與變速箱。馬克貨車公司在全球超過 45 個國家銷售和維修，屬於富豪集團（Volvo Group）的一部分。富豪集團是世界領先的機械製造商，產品包括卡車、公車、建築設備、船舶和工業用發動機等。

目標

讓馬克貨車公司在快速改變的全球市場中重新取得地位。

恢復消費者對品牌獨特的情感。

透過充滿抱負的品牌將馬克貨車公司與合作夥伴團結起來。

將馬克貨車公司的傳奇故事放大，為未來成長鋪路。

馬克貨車公司的品牌重塑是為了建立品牌的真實性與深入剖析，我們的目標是從頭開始打造品牌，隨時展現出真實有感情的故事。

設計團隊
VSAPartners 創意代理公司

充滿創意的解決方案：馬克貨車公司希望能向主要利害關係人鄭重說明組織將有重大變革，包括產品與客戶支援解決方案。領導階層希望重新展現馬克貨車品牌的情感核心，帶動消費者忠誠度，與消費者建立新的關係並提升卡車銷售。馬克貨車與 VSAPartners 創意代理公司展開品牌重振的過程，VSAPartners 檢驗了品牌的各個層面，平衡不同利害關係人的觀點。

VSAPartners 與馬克貨車全球行政部門和熟悉品牌歷史的人合作，並接觸了經銷商、銷售團隊、車隊所有人、司機、消費者和馬克貨車的員工等，進行全面的競爭市場分析和田野調查。VSAPartners 在分析公司裡外和行銷狀況後找出關鍵，開發出全新的差異化策略性品牌定位，讓品牌給人真實感，並打造出一位情感人物，以人與機器關係的重要性為品牌核心。

品牌塑造流程與策略：VSAPartners 為馬克貨車打造一個差異化策略性品牌定位，重新燃起消費者對品牌的熱情。新的全球標語是「Born Ready」，意思是「一出生就準備好了」，這捕捉了馬克貨車公司不可撼動的無畏精神，為消費者、為品牌中心的傳統發聲。品牌識別的工作包括根據經典的馬克貨車車篷裝飾，開發出新的識別系統，這個車篷裝飾在 1932 年取得專利。VSAPartners 還做了品牌影片、附屬識別系統、包裝設計、一套全面識別系統與零售指導方針等，360 度全面性的曝光，強調出全新的消費者區隔，還加上廣告活動、全新招牌系統和全面改版的馬克貨車公司網頁。

成果：在拉斯維加斯舉辦的最大的商展上，馬克貨車的管理階層大聲宣佈新的識別系統提案，有助於提升市場佔有率，在貨車運輸社群獲得熱烈讚美，因為這個識別系統展示了重要的品牌價值、歷史和文化。VSAPartners 與馬克貨車的這次合作，完成了公司歷史上最全面、最具策略意義的品牌革命。

馬克貨車公司：由 VSAPartners 創意代理公司設計

五十年來，萬事達卡改變了這世界支付與收款的方式，讓交易更快、更輕鬆、更便捷、更安全。

萬事達卡（Mastercard）是全球領先的支付科技公司，將消費者、企業、商家、發行商和政府單位互相連結。萬事達卡國際組織（Mastercard Worldwide）自 2006 年起成為上市公司，納斯達克股票代碼為「MA」，公司擁有 10,000 多名員工。在首次公開發行之前，萬事達卡國際組織就已經擁有超過 25,000 家金融機構會員，並由這些金融機構發行萬事達卡。

目標

改善數位識別系統。

突顯萬事達卡的品牌特色：廣大連結與無縫使用。

以傳統與品牌資產為基礎。

簡化識別系統，為未來產品與服務建立標準。

將萬事達卡定位為科技公司。

在今天，所有的事情都與消費者連結相關，而數位化則是我們實現與消費者連結的核心，數位科技涵蓋他們生活中所有領域。

拉賈·拉賈曼納
Raja Rajamannar

萬事達卡行銷與傳播總監
Chief Marketing &
Communications Officer,
Mastercard

品牌塑造流程與策略：數位科技是萬事達卡業務中不斷成長的部門，這家全球公司希望將自己的品牌定位為具有前瞻性思維、以人為中心的科技公司。品牌標誌最後一次重新設計是 1996 年，這個以紅色與黃色互扣的雙環，已經名列世界上最知名的品牌標誌。到今天為止，帶有萬事達標誌的卡片已經發行超過 23 億張，數百萬的商家貼接受萬事達卡交易的標誌。萬事達卡行銷與傳播總監拉賈‧拉賈曼納與萬事達卡領導團隊，找來五角設計聯盟緊密合作，設計目標是表現簡潔與現代，同時保留萬事達卡的傳統和巨大的品牌資產。新的標誌需要在所有數位平台、零售管道和連結設備之間流暢地連結和運作。

充滿創意的解決方案：為了創造新的符號，設計團隊分離品牌的元素，還原為最純粹的形式。在 1968 年剛開始設計時，萬事達卡的品牌標誌依賴兩個極簡單的元素：兩個互扣的雙環，分別是紅色與黃色。這個重疊的符號毫不費力地傳達「互相連結」的概念，而簡單的圓形又說明「包容一切、容易取得」。這些就是萬事達卡品牌訊息「萬事皆可達，唯有情無價」的關鍵，新的品牌標誌保留這個部份，在這個代表性的基礎上，創造更清爽的外觀，能靈活配置，更適合數位應用範圍。在新的品牌識別中，「Mastercard」的文字改放到雙環之外，可輕鬆切換直書或橫書。從數位支付的發展來看，「Mastercard」的 C 已經很少使用大寫，避免強調卡片本身。

新的商標代表萬事達卡這家公司，同時也代表萬事達卡全部的產品和服務。為整個組織創造一致的品牌系統，便於現有與未來可能的產品應用。這個新標誌取代了 2006 年版本的標誌，目的是區分品牌的企業形象與面對消費者的形象。

成果：在這個標誌的全球市場調查中，萬事達卡發現 81% 的消費者能自然認出新標誌，不需要萬事達卡的品牌名稱幫助。新的品牌標誌將應用在萬事達卡所有的接觸點，從消費者隨身攜帶的卡片、萬事達卡總部的招牌，到智慧型手機上的數位支付平台。品牌標誌指導方針已公佈在萬事達卡的網站上，提供該標誌的各種配置與版本，讓同意萬事達卡圖像下載協議的使用者取用。

經過幾世紀以來的曝光，品牌經典的互扣雙環變得非常有知名度，就算簡化到只有雙環，消費者依然可以看出來這是萬事達卡，不論尺寸大小，不論在實體或數位環境，甚至不需要文字說明。

邁克‧柏魯特
Michael Bierut

五角設計聯盟合夥人
Partner, Pentagram

萬事達卡的新標誌使這個品牌回到根基。

路克‧海曼
Luke Hayman

五角設計聯盟合夥人
Partner, Pentagram

萬事達卡：由五角設計聯盟設計

我們是全球化的社群，由技術人員、思考家與網路環境建造者合作，要保持網路環境健全、開放，方便存取，代表每一位看重網路價值，視網路為全球公共資源的人發聲。

Mozilla 是非營利組織，創立於 1998 年，由一群 Netscape 的開放原始碼倡導者成立，獲得全球志願者社群支持。Mozilla 組織製作有益於網路環境健全的軟體、技術、產品等。Firefox 即為 Mozilla 開發的開放原始碼瀏覽器，每日使用者超過一億人。Firefox 用行動展現組織的價值。

目標

運用開放原始碼原則，增加品牌知名度。

重新加強品牌核心價值與非營利狀態。

讓全世界知道品牌擁護健全的網路環境。

將 Mozailla 與核心產品 Firefox 瀏覽器品牌區隔開來。

我們的品牌識別是重要的信號，包含我們的商標、品牌的聲音、我們的設計，代表我們的信念，也代表我們是誰。我們已經把網路語言設計成我們的品牌識別。

提姆·莫瑞
Tim Murray

Mozilla 創意總監
Creative Director,
Mozilla

這個開放原始碼流程是收集深入見解最好的方法，我們直接對參與度最高的網路社群做調查，就沒人可以抗議說：「你沒有問過我。」

邁克·喬森
Michael Johnson

Johnson Banks 設計工作室創辦人
Founder,
Johnson Banks

畫作來源：©Olesya22, iStockphoto 圖庫　　鐵屑作品：©Windell H. Oskay, Flickr　　抽象彎曲光線圖片來源：Pexels 圖庫

品牌塑造流程與策略：Mozilla 長期以來與他們最知名的產品 Firefox 相連，這是一個免費的網站瀏覽器，每天有一億人使用，但母公司 Mozilla 的非營利組織狀態根本沒有多少支持者知道，因此 Mozilla 希望讓人們多認識、多理解自己的組織。Mozilla 委託 Johnson Banks 設計工作室重新為組織塑造品牌，透過無數的討論、預想情境、舉辦工作坊和研究，Johnson Banks 試著找到明確的戰略點，創造品牌視覺識別系統的平台。Mozilla 的核心目標變得明確：「我們獨特的能力就是透過產品、技術、程式，打造健全成長的網路環境，讓每個人都能瞭解、控制自己的網路人生。」

就連這個識別設計的過程，也是採取開放原始碼的原則，鼓勵 Mozilla 的全球網路使用者在部落格 Mozilla Open Design 參與製作過程，又稱為「無牆品牌」。從一開始的策略與描述階段，到第一個設計概念與開發，部落格上貼了大量的文章與部落格留言，甚至吸引了 Mozilla 全球網路以外的設計師參與討論。

充滿創意的解決方案：Johnson Banks 提出一個想法，把網路 URL 的編碼鑲進 Mozilla 的名字裡，代表在連結越來越深的世界裡，人類與知識如何連結在一起。這個概念的含義，讓核心團隊與外部受眾都很有共鳴，決定用這個想法作為最後的品牌策略。

Mozilla 還請到荷蘭的 Typotheque 鑄字行設計了新的字體，可以用在文字標誌與字體相關的內容上。Mozilla 這個網路先驅需要一個系統，讓人們知道什麼東西是來自 Mozilla。他們將動態識別系統簡化，並統合了 Mozilla 許許多多的活動，也能整合各種核心訊息。另外，也將色彩加入新的商標，可以配合上下文調整改變，不斷改變的圖像代表網路生態無限的彩蛋驚喜。Mozilla 將邀請新藝術家、程式設計師與開發者，讓品牌圖像可在創用 CC 授權模式下提供所有人使用。品牌的專屬字體「Zilla」現在就已經免費開放所有人使用了。

成果：重新塑造品牌的過程中，Mozilla 對自己是誰？自己正在做什麼？品牌代表什麼？保留非常真實的態度，這個過程本身就像催化劑，開啟世界各地眾多受眾的對話，結果讓品牌在技術人員、思考家與網路環境建造者之間知名度上升，作為非營利組織，Mozilla 大膽地公開重申自己獨特的能力，就是透過產品、技術、程式，打造健全成長的網路環境，讓每個人都能瞭解並控制自己的網路人生。

現在大眾會更容易知道哪些東西是來自 Mozilla 的，並瞭解 Mozilla 的全球倡議，就是如何連結和加強彼此。

提姆．莫瑞
Tim Murray

Mozilla 創意總監
Creative Director,
Mozilla

zilla:
a contemporary
slab serif font
that directly echoes
the new moz://a logo

abcdefghi
jklmnopqr
stuvwxyz

0123456789 0123456789
#%$£€¥://@&\>,.;?!_

267

我們相信，藝術會引燃改變。我們是美國最大的公共藝術計劃，集合個人與社區力量，一起改造公共空間和個人生活。

費城壁畫創作計劃（Mural Arts Philadelphia）成立於 1984 年，由藝術家珍・高登（Jane Golden）策劃。當時政府為了反擊街頭隨意塗鴉，有「費城反塗鴉網路 Anti Graffiti Network」的政策，將會消滅偏離城市本質的非藝術塗鴉作品，而費城壁畫創作計劃就是為了因應該政策、保護和推廣藝術塗鴉而發起的活動。此計劃每年會推出 50 到 100 個公共藝術計劃，作為社區參與，並透過整修保護 3500 多幅藝術壁畫。計畫中包含藝術教育、修復式正義 (Restorative Justice)、門廊燈光計劃（Porch Light）等核心課程，以專案為基礎，為數千名青年與成人提供獨一無二的藝術學習機會。

目標

在國家與全球舞台上，重新為壁畫創作計劃找到定位。

簡化品牌故事。

展示組織的影響力。

吸引不同的藝術家和社區。

吸引企業投資。

我們希望在社區中建立連結與理解，刺激關鍵議題的對話。

珍・高登
Jane Golden

費城壁畫創作計劃
創辦人與執行總監
Founder and Executive Director,
City of Philadelphia Mural Arts Program

品牌塑造流程與策略：過去三十年來，費城壁畫創作計劃已經從一個小型城市計畫，變成美國最大的公共藝術計劃，也是全球社區發展的典範。有超過 3,500 幅壁畫改變了城裡各區的面貌。

該計劃的合作過程中，產出大量關於藝術教育、修復式正義與健康行為的計劃。所以目前的挑戰是要告訴大眾，壁畫創作計劃不只是在牆上塗鴉而已，還要展現對個人與社區的深遠影響。

J2 Design 設計公司參與了費城壁畫創作計劃的品牌重新塑造與重新定位等工作。首先從員工、董事會、城市合作單位與利害關係人的對話開始進行整個創意過程。J2 Design 領導工作坊的進行，深入了解壁畫創作計劃最有意義的成果。他們也檢視了所有現存的傳播資料，找出關鍵問題和需要改進的領域，加強未來的溝通方式。作為加強溝通的方法之一，他們將計劃的溝通名稱簡化為「費城壁畫創作計劃」（Mural Arts Philadelphia）。

充滿創意的解決方案：「藝術會引燃改變」就是核心品牌理念，為整個創意過程帶來靈感。費城壁畫創作計劃與其他人一起改變了場所、個人、社區與機構，J2 Design 設計出一個活潑的字母「M」，重新賦予目的、重新詮釋，並重新開始想像。用「M」標誌代表費城壁畫創作計劃，該計劃是一個有願景的組織，自從珍・高登創辦以來，就不斷持續轉變。

J2 Design 設計了整合的溝通系統，包含一系列關鍵訊息、字體、設計範本和新的敘述方式。與大眾溝通的訊息有個重要轉變，就是焦點從傳達壁畫本身，轉變成壁畫帶來的影響。J2 Design 提出量化結果與影響，透過驅動識別系統的視覺設計，去傳達費城壁畫創作計劃帶給支持者和城裡居民的回饋。新品牌在費城設計展的主要活動「費城壁畫創作月」登場，由 Bluecadet 公司重新設計網站，並在城市裡張貼橫幅廣告，也同步更新所有文宣品。

成果：費城壁畫創作計劃持續受惠於大眾的關注，來自社群媒體、公共活動和媒體報導等。新識別系統讓傳播團隊可以用有限資源有效傳達他們的訊息，而且設計過程和新的品牌識別系統已經重新引起費城壁畫創作計劃參與者的熱情，包括員工、董事會、粉絲，還有廣大的支持者，新的承諾將推動未來偉大的成就。

> 費城壁畫創作計劃正在重塑大眾如何接觸藝術的方式，我們需要特別強調「壁畫」不只是在牆上塗鴉而已。
>
> 布萊恩・雅各森
> Brian Jacobson
>
> J2 Design 設計公司共同創辦人
> Cofounder, J2 Design

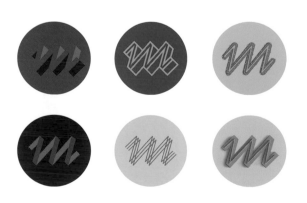

費城壁畫創作計劃：由 J2 Design 設計公司設計

尼祖克溫泉渡假飯店位於最有吸引力的外飛地[※]，展現墨西哥的精神以及瑪雅人的靈魂，我們想重新定義奢華，為地圖加上一個嶄新的渡假勝地。

墨西哥尼祖克溫泉渡假飯店（NIZUC）是位於墨西哥猶加坦半島（Yucatan Peninsula）的極致奢華渡假村，佔地 29 英畝，擁有 274 間套房和私人別墅、六間餐廳、三間酒吧、兩個海灘、兩個網球場和 3 萬平方英尺的 spa 中心。墨西哥尼祖克溫泉度假飯店於 2014 年三月開業。

※編註：「外飛地」(Exclave) 是指當某國有一塊與該國國土分離的領土，且該領土被其他國家包圍，則該領土就稱為某國的「外飛地」。在本文中，猶加坦半島（Yucatan Peninsula）即是墨西哥的外飛地。

目標

用靈魂打造生活潮流奢華品牌

將尼祖克溫泉度假飯店和其他世界級的奢華渡假勝地做出品牌差異。

吸引世界一流的建築、料理、spa 和旅館合作夥伴。

創造發表活動，帶動訂房率。

對我們飯店來說，品牌至關重要，讓品牌從一個草案快速成型，讓我們可以從奢華市場競爭品牌中脫穎而出。

德雷克・艾曼
Darrick Eman

尼祖克溫泉度假飯店
銷售行銷總監
Director of Sales & Marketing,
NIZUC Resort & Spa

設計是品牌的核心，在一家旅館成形以前，我們已經看見旅館的樣子，我們定義了尼祖克溫泉渡假飯店的生活潮流，客戶自然而然就會上門。

雷司禮・斯莫蘭
Leslie Smolan

Carbone Smolan 品牌代理公司
共同創辦人
Cofounder and Creative Director,
Carbone Smolan Agency

品牌塑造流程與策略：在建築設計或建築施工開始之前，Carbone Smolan 品牌代理公司就已經加入墨西哥猶加坦半島的極致奢華渡假飯店專案，開始打造獨特的品牌平台。Carbone Smolan 設計了一本品牌手冊，傳達開發商的願景和品牌承諾。受到渡假飯店所在地的瑪雅文化遺產和自然環境啟發，Carbone Smolan 為該品牌立下基礎。

Carbone Smolan 建立起品牌故事的關鍵訊息，是圍繞著寧靜的感受、未受破壞的自然環境、溫暖的個人化服務和精緻的設計等特色，並且依據這些概念特別拍攝攝影作品，再活用成果來吸引飯店的營運夥伴、世界級的建築團隊和頂級旅遊業合作夥伴。這個品牌讓人與渡假飯店的體驗連結在一起，帶來海洋地平線與墨西哥風格美學，若從投資角度來看，成立品牌平台與以品牌為優先的營運方法，當然也有助於行銷。

充滿創意的解決方案：優雅和原始的商標設計是該品牌識別的元素之一，現代感的雕刻風標誌適合創造漂亮圖樣，可設計出吸引人購買的商品。從護身符到包裝，利用敘述與現場攝影創造出體驗，形成強大的廣告與社群媒體核心，帶動直接行銷活動。Carbone Smolan 除了推出驅動品牌的平面媒體廣告，也推出針對美國奢侈品市場的綜合媒體活動，以橫幅影片為主的數位廣告，會帶動大眾前往最新設計的身歷其境型體驗網站，將客戶對品牌的興趣轉化成線上訂房率。

成果：直接行銷的提案受到旅遊業從業人員的支持，社群媒體活動利用廣大的粉絲創造口碑行銷，《Conde Nast Traveler, Fodor's》與《Travel + Leisure》等媒體同時提名尼祖克溫泉渡假飯店為 2014 年世界最佳新飯店，發佈廣告活動的媒體曝光達七億人，觸及超過 1.3 億人，社群媒體活動也讓 Instagram 追蹤者成長 558%，數字持續攀升中。多管齊下的品牌策略締造成功，飯店第一年營運就開出紅盤，2014 年第一季渡假旺季的訂房率達 100%。

尼祖克溫泉度假飯店銷售行銷總監：Carbone Smolan 品牌代理公司

只要我們齊心，就能終結家庭暴力與性侵害。
NO MORE 提升我們社會對家庭暴力與性侵害的認知，透過品牌與符號，讓改變真正發生。

「NO MORE 家庭暴力防治專案」創辦於 2011 年，為了提升大眾對家庭暴力與性侵害的認知，刺激改變，消除家庭暴力與性侵害受害者的污名，NO MORE 的使命是改變社會習俗，改善公共政策，為研究與預防產出更多資源。

目標

增加對家庭暴力與性侵害的相關能見度和對話

移除大眾對家庭暴力與性侵害議題相關的羞恥感、緘默與污名。

讓大眾更加認識家庭暴力與性侵害對每個人的影響，包含直接與間接影響。

改善公共政策，增加資源。

創造普遍且立即可以認出的識別符號。

NO MORE 家庭暴力防治組織讓我們能正視那些普遍存在但隱藏、看不見的問題。目標是提高能見度，展開對話，幫助改變社會習俗。簡單來說，家庭暴力與性侵害就在我們的身邊，每一天我們認識的人、我們所愛的人都有可能受害，是時候採取行動，是時候說：「夠了！」

執行委員會
NO MORE 家庭暴力防治專案 (The NO MORE Project)

NO MORE 家庭暴力防治專案的符號充滿啟發，要讓問題消失，就從我們想要去除我們文化中這個問題的那一刻開始 。

克里斯汀・茅
Christine Mau

NO MORE 家庭暴力防治專案董事會成員
NO MORE Board Member

攝影：SR 2 Motor Sports

品牌塑造流程與策略：NO MORE 家庭暴力防治專案由五十位來自公私部門的個人聯合組成，這些人有感於家庭暴力與性侵害 (DV/ SA) 的普遍性，而且影響範圍不分貧富、老少、男女，包括各個種族、地區與宗教，但這個問題卻不是國家優先處理的事項，因為資金不足，受害人仍深陷羞辱感與恥辱感之中。

為解決此問題，安妮・格羅貝爾（Anne Glauber）、維珍尼亞・威特（Virginia Witt）、麥爾・贊布托（Maile Zambuto）和珍・藍道爾（Jane Randel）等人，努力提升家庭暴力與性侵害問題的能見度，並與大眾建立更好的連結。問題是我們要如何支援倖存者，並讓肇事者知道他們的行為不能被容忍，進而向公職人員表達大眾對問題深切的關注。首先 NO MORE 家庭暴力防治專案與美國主要家庭暴力與性侵害組織接洽，提出可以敦促個人、組織與國家品牌採取行動的大膽策略，然後舉辦許多研討會建立共識與策略聯盟。最後所有人都同意，如果有個跨平台、廣泛的通用符號，可刺激大眾支持，帶來資金並提升大眾認知。

充滿創意的解決方案：創辦人首先組成智庫，由頂尖的品牌塑造專家與行銷專家組成，這些人先前從來沒有考慮過這些問題。創意發想階段最後建立出「NO MORE」的識別符號，象徵共有的集體情感和必須履行的責任。

「NO MORE」符號的作用就像大眾熟知的和平符號、紅色愛滋緞帶或是粉紅色乳癌緞帶，大眾、具有影響力的名人和家庭暴力與性侵害相關組織，都將利用這個「NO MORE」符號，讓這個議題在公眾議事行程上向前推進。因此，這個符號必須能跨平台使用，從推特頁面、行動裝置和 T 恤，三年的發佈計劃中，讓具有影響力的名人和日常工作人員穿上這個符號，展現品牌承諾，激發行動。透過各式各樣的聯合品牌平台，讓國內品牌與策略聯盟展現他們的支持。

成果：2013 年，NO MORE 家庭暴力防治專案推出第一個公共服務宣傳活動，該活動由「喜悦心慈善基金會」（Joyful Heart Foundation）與 Young & Rubicam 全球行銷傳播公司的理查・豪沃（Rachel Howald）共同創辦。2014 年美國國家足球聯盟在足球廣播期間播出更多公益廣告，請 23 位現任與退役球員參與「NFL 球員說夠了」的公益廣告。2015 年，美國國家橄欖球聯盟贊助超級盃的放送時間，第一次在公益廣告中，向超過一億名超級杯粉絲宣導家庭暴力與性侵害問題。2016 年在第五十屆超級盃的「Text Talk」廣告活動推出，NO MORE 公益廣告達成 40 億媒體曝光，獲得價值將近一億美金的廣告時段捐贈，並觸及美國全部 210 個媒體市場。在英國，也於 2015 年推出「英國說夠了」（UK Says NO MORE）的活動。

NO MORE：由 Sterling Brands 品牌設計公司設計

這是一座擁有運河的小鎮，鄰近區域有地方民族居住，並有公園、可供休閒遊憩的河流和大湖泊，工業區景緻和綠色的山谷。作為美國國家遺產區，我們所在的位置適合大眾體驗健行，搭乘火車或觀光小火車欣賞風景。

美國俄亥俄與伊利河岸公路（Ohio & Erie Canalway）是美國 49 個國家遺產區之一，保留重要的美國遺產，並與大眾分享。每年有超過 250 萬旅客造訪全長 86 英哩的運河曳船道，穿越運河中心，無論賞鳥、健行、騎單車或是騎馬、搭火車或搭觀光小火車旅行，旅客都能感受俄亥俄州東北部的文化、歷史、休閒與自然資源。

目標

為這個區域命名與塑造品牌。

開發全面的道路指引、 方向定位和說明系統。

與旅客分享豐富的故事與展覽解說

吸引當地與區域的投資與成長。

提高地方與全國的認知。

我們展開旅程，加入所有利害關係人一起努力，帶大家認識俄亥俄與伊利河岸公路的巨大潛力，並為附屬區域轉型成主要旅遊勝地打下基礎。

提姆・唐納文
Tim Donovan

俄亥俄與伊利河岸公路機構
執行董事
Executive Director
Canalway Partners

品牌塑造流程與策略：在 19 世紀，俄亥俄州東北部的運河系統促進了地區和國家的繁榮。雖然這個區域擁有豐富的文化、休閒與自然資源，但還是需要刺激經濟成長，鼓勵高科技投資，建立綠色發展、旅遊業與社區支持。2001 年，48 個社區參與訂定國家遺產管理計劃，之後由 16 名成員組成指導委員會，委託 Cloud Gehshan 設計公司對這個區域進行命名與品牌塑造，設計全面的品牌識別、行銷、指引路標與資訊陳列系統。Cloud Gehshan 為了了解使用者與訪客的體驗，針對所有路線與場地進行攝影稽核，透過採訪與論壇，向 48 個社區募集廣泛的創意，首要任務是重新命名長達 110 英哩的俄亥俄與伊利運河國家遺產走廊，要求名字要容易唸、方便好記，而且用在路標和所有其他媒體的效果要好。

充滿創意的解決方案：選擇「俄亥俄與伊利河岸公路」（Ohio & Erie Canalway）這個名字，是因為夠簡潔、精確，能與其他地點區隔開來。「canalway」的意思是「運河」與「道路」，「運河」就是設計概念的一部份，亦指通道。Cloud Gehshan 設計的視覺識別系統，在路標和所有其他數位媒體上具有一定效果，道路指引與路標系統對使用者友善，有效協助當地居民和訪客探訪社區、湖泊、建築與花園、參加當地活動。Cloud Gehshan 和多梅爾特‧菲利普（Dommert Phillips）合作建立指引手冊，說明俄亥俄與伊利豐富的歷史主題和故事。

指引手冊中提供商標與應用範圍的標準，可應用在印刷、服飾、零售和推廣品，還包含了完整的路牌製作標準與規格。例如入口標誌、行車方向和道路指引標誌、健行起點和行人方向指示牌、旅客資訊亭、一系列的說明工具、哩程標記、健行與單車路標、建築物識別與橫幅規劃等。

成果：新名稱推出以後，有數百萬人拜訪此地，享受各式各樣的旅遊行程、健行、水上運動、娛樂場所和博物館。俄亥俄與伊利河岸公路協會（Ohio & Erie Canalway Association）的願景正在穩步實現，現在第二階段的發展與投資目標是利用有限的資源，協調出各種發展模式，找出整個區域的定位，讓大眾知道俄亥俄與伊利河岸公路是人們生活與工作的重要區域，值得探訪，令人充滿期待 。

當一群城鎮聯手組成共同區域行銷自己，創造的成果將大於各自行銷的總和。

丹‧萊斯
Dan Rice

俄亥俄與伊利運河聯盟
總裁暨執行長
President & CEO,
Ohio and Erie Canal Coalition

將過去的工業城後院，轉型為未來的文化休閒前院。

傑洛米‧克勞德
Jerome Cloud

Cloud Gehshan 設計公司負責人
Principal, Cloud Gehshan

俄亥俄與伊利河岸公路：由 Cloud Gehshan 設計公司設計

秘魯包含了城鎮、亞馬遜河流域與安地斯山脈，這是一個多元文化國家，不斷進步、改變與轉型。

秘魯位於南美洲西部，人口共計 3170 萬，主要產業包括農業、漁業、礦業和製造業。常用的語言包括西班牙語和克丘亞語（Quechua）等。

目標

傳達明確的品牌承諾。

增加投資業、旅遊業與出口業。

增加對產品與服務的需求。

創建品牌識別系統。

最近一項調查顯示，「秘魯」這個品牌在秘魯人民中支持率達 94%，甚至有人認為這個品牌是最受歡迎的刺青圖騰！

伊莎貝拉‧法爾寇
Isabella Falco

秘魯品牌總監
Head Brand Perú

這個手繪的圖騰活用了印加或印加前文化中一連串的線條，凸顯人或手工藝的質感。

古斯塔瓦‧柯尼切
Gustavo Koniszczer

FutureBrand 品牌顧問公司
西語拉丁美洲管理總監
Managing Director,
FutureBrand Spanish Latin America

在祕魯，無論公私機構，都很渴望展現秘魯這個國家品牌象徵。其他國家也正在研究自己的品牌，並想了解祕魯品牌如何在最重要的受眾，也就是秘魯人民中獲得成功。

朱莉亞‧維涅斯
Julia Viñas

FutureBrand 品牌顧問公司
利馬執行總監
Executive Director,
FutureBrand Lima

Perú 秘魯國家品牌：
由 FutureBrand 品牌顧問公司設計

品牌塑造流程與策略：秘魯國家品牌的塑造，是由秘魯的出口和旅遊促進委員會「Promperu」（Peru's exports and tourism promotion commission）、秘魯外交部和私人投資促進機構「Proinversión」發起工作小組，任務是建立國家品牌，並溝通與眾不同的品牌承諾。他們請到 FutureBrand 品牌顧問公司參與這個任務，為國家提供品牌定位、品牌策略與設計服務，長期目標則是建立旅遊業、出口業與投資業。品牌研究過程中加入了廣大專家團隊，包含全球、國內與地方等多重領域的觀點，以及不同的利害關係小組，參觀考古區、旅遊景點、博物館和各種製造區。FutureBrand 開發出不同的品牌定位平台，在主要外部市場中，評估八個秘魯區域與七座城市。

策略平台依據三大要點來定位秘魯這個品牌，就是多方面、專業化與國家魅力。反映秘魯在文化與自然方面的獨特性，品牌大使團隊來自旅遊業、出口業與投資業，一致認為秘魯這個品牌的主要訴求是不斷進步、改變與轉型。

充滿創意的解決方案：秘魯是南美文明的誕生地，從馬丘比丘神祕的碉堡，到亞馬遜的熱帶雨林，有大自然的奇蹟，也有人類古文明創造的奇蹟。在此區並陳的原住民文化，包括印加（Inca）、納斯卡（Nazca）、莫切（Moche）和莫奇卡（Mochica）等，FutureBrand 從這裡獲得靈感，設計出代表性的螺旋圖騰，這是從字母「P」發展而來，反應了國家不斷進步與轉型。這個圖示就像指紋，傳達「每個人都有自己專屬的秘魯。」設計團隊也開發出專用的圖像風格，捕捉秘魯的奇蹟景緻。標準色是紅色，搭配預設顏色白色。TypeTogether 字體設計公司為這個品牌創造出專屬的字體系列，輔助品牌的識別系統，FutureBrand 則建立品牌指引方針，在品牌手冊中有明確的使用說明。

成果：秘魯國家品牌的新形象在 2011 年三月透過 Young & Rubicam 全球行銷傳播公司製作的廣告，在祕魯全國各地都能看到，除此之外，也在秘魯的機場與火車站歡迎旅客到訪，請不分年齡的人都穿上秘魯品牌 T 恤，這個活動喚醒愛國情操並廣泛宣導：「身為秘魯人，我很驕傲。」全國人民共同合作，無論公私部門都持續推廣旅遊與出口業，讓秘魯在全球市場佔有一席之地。

下圖是紐約時代廣場和華爾街第一個「秘魯日」的品牌呈現活動。

我們是費城藝術博物館，一個充滿創意的地方，收藏世界知名的珍品，每個角落都有驚喜。參觀者可以透過藝術的美好與表現力，重新看見世界與自己。

費城藝術博物館 (Philadelphia Museum of Art) 擁有超過 240,000 件世界知名館藏，名列世界上訪問人次最多的百大博物館。博物館內還分成幾個不同行政區，包含羅丹博物館 (Rodin Museum)，擁有巴黎以外最多的公共羅丹收藏品；露絲雷蒙貝爾曼大樓（Ruth and Raymond G. Perelman Building），還有兩座歷史悠久的殖民時期房屋，其中一座希臘復興風格的主樓是費城的代表建築之一。

目標

重新找回博物館的核心目的

增加民眾參與和參觀人次。

吸引新的受眾。

讓博物館更顯眼，更容易接近。

設計動態的視覺識別系統。

我們希望博物館歡迎每個人，充滿創意，也充滿驚喜和歡樂。

堤莫斯・魯伯
Timothy Rub

費城藝術博物館
執行長暨喬治懷德分館館長
George D. Widener Director and CEO
Philadelphia Museum of Art

我們全新的品牌策略將把博物館的文化擴大至社區，包括地方、區域、全國與國際，將博物館與新的受眾連結在一起。

珍妮弗・弗朗西斯
Jennifer Francis

費城藝術博物館
行銷傳播執行總監
Executive Director of Marketing and Communications,
Philadelphia Museum of Art

Philadelphia
Museum of Art

品牌塑造流程與策略：費城藝術博物館是美國最好的博物館之一，其收藏品受到世界各地的藝術愛好者推崇。2012 年，在新任執行長與行銷長帶領下，進行品牌定位與競爭力的研究。原本的博物館參觀人數普通，當地民眾認為博物館屬於菁英階級，讓人無法親近。從歷史記錄看來，行銷一直著重在館內的大型製作節目，而非館藏。

Jane Wentworth 品牌顧問公司是位於倫敦的策略顧問公司，專門從事文化領域，幫助博物館與更年輕、更多元的受眾建立相關性。其品牌顧問與博物館的員工和主要利害關係人進行一系列的工作坊後，確定博物館該如何講述更有吸引力的故事，實踐博物館的策略目標。新的品牌策略從「費城的創意遊樂場」這個願景開始，將以參觀者為中心，邀請他們進入藝術家的世界，重新看待這個世界，讓藝術成為自己生活中不可或缺的一部份。

充滿創意的解決方案：五角設計聯盟為這個博物館設計了靈活的品牌識別系統，希望這個識別系統充滿活力與包容力。博物館在當地最受歡迎的稱呼一直都只有「藝術博物館」，新的識別則將「藝術」放在中央，透過富有想像力的視覺資產圖庫，強調館藏的廣泛。還有一點與其他各地或全球文化截然不同的是，將「藝術」(Art) 這個字用電腦動畫強調出創意遊樂場的品牌策略。知名設計師暨建築師法蘭克‧蓋瑞 (Frank Gehry) 也宣佈，在博物館大規模擴建的同時，在同一週就推出新的品牌識別系統。

成果：品牌的塑造能重新點燃博物館的願景與目標、創造新的視覺形象，這一直都是催化劑，可改變並影響員工參與和博物館的民眾參與。品牌策略成為博物館內部文化轉型的指引，鼓勵內部團隊更有實驗精神並多多合作，創造清晰自信的品牌識別語言。這場改變由高級領導團隊引導，再加上博物館內較大的品牌擁護者在各部門負責推動，這些人的角色是透過各式各樣的活動導入品牌策略，讓博物館的參觀人數繼續成長，超出原本的預期。

> 發展品牌策略的過程中讓博物館的員工更有自信去與城市的人們接觸，向更廣泛、更多元的受眾，分享博物館絕佳的收藏。

珍‧溫特沃斯
Jane Wentworth

Jane Wentworth 品牌顧問公司
Jane Wentworth Associates

> 這個一流博物館需要品牌識別，引導大眾前來全美最好的博物館。

寶拉‧雪兒
Paula Scher

五角設計聯盟合夥人
Partner, Pentagram

費城藝術博物館：由五角設計聯盟設計

在必能寶科技，我們在全面連結、無國界的商業世界裡，提供準確且精密的技術服務，幫助我們的客戶締造有意義的影響。

必能寶科技（Pitney Bowes）是全球性科技公司，提供無數實體與數位交易服務。必能寶為客戶提供產品、解決方案和服務，客戶遍及全球，其中有 90% 名列美國《財富》雜誌評選的全球 500 大公司。必能寶的業務範圍包含客戶資訊管理、智慧型位置管理、客戶參與、運輸、郵寄、全球電子商務等。

目標

重新定義業務類別與品牌策略

從購買單位與合作夥伴獲得利潤

讓視覺識別系統看起來更現代，並更新品牌語調。

利用新品牌重整企業員工。

清楚展現品牌如何實踐品牌承諾。

我們希望新的品牌策略與識別系統不只反映目前品牌代表什麼，也能展現品牌未來的發展方向。

馬克‧勞騰巴克
Marc Lautenbach

必能寶科技
總裁暨執行長
President and CEO,
Pitney Bowes

新品牌策略讓我們在不斷變化的全球商務中，釐清我們扮演的角色，讓我們與世界各地廣泛的受眾產生關聯。

艾比‧寇斯坦
Abby Kohnstamm

必能寶科技
執行副總裁暨行銷長
EVP and Chief Marketing Officer,
Pitney Bowes

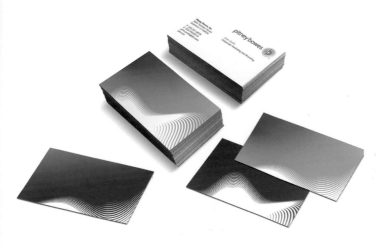

必能寶科技：由 FutureBrand 品牌顧問公司設計

品牌塑造流程與策略：必能寶科技一直是公認的郵務產業領導者，且不斷擴大自己的業務能力，成為全球性的科技公司，在商業世界中提供無數實體與數位交易服務。然而大眾對公司廣大業務能力的認知遠不及公司實體的業務，進而影響品牌的關聯性。必能寶科技因此與 FutureBrand 品牌顧問公司合作，希望引領品牌轉型。首先進行全球研究，建立新的品牌策略，為了增加品牌重新定位的深度，FutureBrand 重新定義必能寶科技的競爭市場，用下列的聲明完美體現改造後的業務：「在必能寶科技，我們不斷茁壯成長，幫助我們的客戶駕馭複雜的商業世界。我們的工作包括完整的流程：從在市場中活用數據針對最佳客群、有效寄發運送包裹，到確保結單與請款單正確支付，讓客戶的業務向前推進。」

充滿創意的解決方案：FutureBrand 以嚴謹且深入的見解為必能寶推動核心品牌定位與品牌個性的發展，為所有工作帶來發展，為業務帶來連結，也為品牌注入新生命。除此之外，進入市場的策略以下列業務能力為中心，擴大公司在實體與電子商務的關注，包括客戶資訊管理、智慧型位置管理、客戶參與、運輸、郵寄、全球電子商務等。FutureBrand 開發了更現代的視覺識別系統，強調公司專注於為無國界的商務世界帶來一連串衝擊，同時推崇公司的歷史和創辦人。

FutureBrand 為必能寶的每個業務領域創造出一系列品牌專屬圖示和客製化的插圖，幫助大眾理解必能寶科技的主要業務能力將如何滿足商務世界的需求。除此之外，新的品牌外觀與感受改變了每個接觸點與消費管道，包含印刷、數位環境與消費者體驗。每個識別系統的元素都暗示著活用智慧型科技，不斷強調必能寶科技的業務能力，可成為企業最佳的合作夥伴。

成果：品牌塑造的正面結果非常顯著，大量的員工參與了 2015 年品牌發表會，超過兩百家媒體報導，顯示品牌發佈的這個瞬間對公司的重要性。品牌發表後，無論是社群媒體參與、網路客流量與詢問皆明顯增加，更重要的是，重新發想的品牌已經開始影響客戶與員工對必能寶科技的想法，從落後過時的印象，轉變成充滿活力並以未來為導向的企業。讓這個品牌在商務世界中具備明確的觀點與清晰的價值。

 客戶資訊管理

 智慧型位置管理

 客戶參與

 運輸 & 郵寄

 全球電子商務

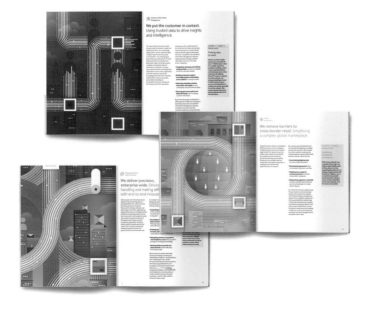

PNC 金融服務集團致力於加強組織各層面的團隊合作,我們共同努力實現我們的目標,並在過程中也幫助客戶完成目標。

PNC 金融服務集團(PNC Financial Services Group, Inc.)是一家總部位於美國的金融服務公司。PNC 的業務包括區域銀行業務加盟,為公司和政府提供專業金融業務、全套資產管理計劃和業務處理系統。

目標

變更 26,000 個告示牌招牌。

協調 1,640 個設施轉換。

建立多團隊任務小組。

評估供應商與分包商。

保持品質,控制成本與工作進度。

我們的專案不只影響基層,還影響 PNC 作為我們服務市場中的企業公民所扮演的角色。

約翰・祖林斯卡
John J. Zurinskas

PNC 房地產服務公司
副總裁暨集團區域經理
Vice President and Group Regional Manager,
PNC Realty Services

品牌塑造流程與策略：由於 PNC 集團收購了國家城市銀行（National City Corporation；NCC），因此需要前所未有的大規模變更，包括更新超過 9 個州的 1,640 個分行與設施，加上 1,524 台自動櫃員機、製作安裝超過 26,000 個新告示牌。因此 PNC 旗下的房地產服務（PNC Realty Services）和國家城市銀行的設施管理團隊成員，組成多團隊任務小組，PNC 也與 Monigle 品牌諮詢機構接洽，請他們協助提供專業知識，並管理日常戰略項目的推展。這個專案需要嚴謹遵守規定的變更排程，提供最高品質的產品與安裝標準，並且要控制專案成本。最重要的目標是保持 PNC 銀行的核心價值，第一，保持 PNC 與 NCC 的客戶關係；第二，堅持 PNC 的「綠色價值觀」，在專案開始時進行長達 16 週的供應商評估，檢驗製作過程與安裝能力，而 Monigle 則透過專案管理軟體 SignChart 提供了規格，能追蹤進度里程碑和數據，在整個複雜的變更過程中，這些指標對同時管理多家承包商非常重要。

充滿創意的解決方案：雖然 PNC 的告示牌系列已經完成，但還是需要改善以增加能源效率，滿足品牌塑造的需求。當設施的設計建議通過變更團隊的審核，接下來所有告示牌建議套裝都會親自交付給個別零售市場經理，進行最終審核。

在品牌塑造通過審核以後，PNC 旗下的租賃集團（PNC Leasing Group）會送出套裝告示牌給租賃地點的房東進行審核與批准，在一些能見度高的地點，還會經歷複雜的變更流程聽證會，讓地區與建築審查委員會參與。在安裝過程中透過多種方式節省開支，包括採用低成本製造與安裝方式、分析新的 LED 照明告示牌並安裝。因此在不犧牲品質的情況下，平均牆面告示牌功率消耗減少了 62%，後續保養維護工作也較少。55% 的承包業務的供應商與 PNC 銀行建立良好的關係，少數民族供應商約佔 25% 的人力，對 PNC 銀行供應商的多樣性帶來正面影響。

成果：整個變更過程從開始到完成花了 76 週，包括確認系統、驗證每個階段，最後各個市場都滿意告示牌變更的成果。PNC 銀行與國家城市銀行的員工，利用內部新聞網路來討論專案的品質和速度，確保符合品牌塑造各階段的進展。

我們的目標是改善每家國家城市銀行（National City）地點的品牌塑造與識別系統，並在緊迫的時間表和管理成本中完成專案。

庫特・蒙尼涅
Kurt Monigle

Monigle 品牌諮詢機構負責人
Principal, Monigle

PNC 銀行：由 Monigle 品牌諮詢機構設計

對於期待一切改變的人來說，我們是新興全球經濟指南，我們的報導中心圍繞一系列「迷戀」，包括形塑這個世界的趨勢、現象與巨變。

《石英》（Quartz）是數位原生新聞媒體，隸屬於大西洋媒體集團（Atlantic Media）。他們針對新興全球經濟做報導，內容專為行動設備設計，沒有付費牆，也不需要註冊，就能在社群媒體上轉發文章。讀者可透過 qz.com 網站、電子郵件、社群媒體及原生 App 來讀取《石英》雜誌。

目標

為一個革新的新聞媒體命名，同時保持媒體信譽與自重。

為第一個數位原生全球新聞媒體，創造適當的品牌差異。

創造品牌基礎，便於品牌跨文化、跨民族地茁壯成長。

為行動設備社群分享與購買的策略提供支援。

加強品牌共識，釐清產品的定義與方向。

QUARTZ

我們獲得的品牌名稱，定義了這品牌未來可能的成長，而同樣重要的是，從第一天起，這個命名也在提醒我們過去沒有達成的事項。

扎克・西沃德
Zach Seward

石英雜誌
產品資深副總裁暨執行編輯
SVP of Product & Executive Editor,
Quartz

大衛・布拉德利（David Bradley）要求突破性創意，這個指令讓我們可以自由自在發揮。

霍華・費雪
Howard Fish

Fish Partners 費雪策略顧問公司

《石英》雜誌：由 Fish Partners
費雪策略顧問公司設計

品牌塑造流程與策略：大西洋媒體集團過去曾經從傳統印刷媒體轉換為數位媒體，基於這優良的歷史，希望能將過去所學到的知識，應用於全新的數位優先全球媒體產品。大西洋媒體集團後來的總裁賈斯汀·史密斯（Justin Smith）因此引入 Fish Partners 策略顧問公司，指導品牌的命名過程，同時組成新的核心團隊。Fish Partners 剛開始先對大西洋媒體集團的領導階層與關鍵利害關係人進行研究與訪談，之後再與新的核心團隊合作，釐清產品共同定義。Fish Partners 檢查過上萬個可能的單字與單詞，建立特定指標與應完成任務的共識後，分別測試這些候選名稱能不能完成使命。Fish Partners 最後縮短候選名單，完成最後建議的品牌名稱《石英》（Quartz）與設定 URL。

充滿創意的解決方案：這個品牌命名需要快速、聰明，與現有的全球商業新聞產品做出區隔，還要帶來顛覆，成為數位焦點，在全世界通用。《石英》作為一個品牌名稱，簡短有力、視覺和語言都很獨特，英文名稱「Quartz」使用兩個最少用的字母，且語義豐富，與現有出版媒體明顯不同。這個詞帶有數位質感，又不會淪為一時流行語。石英這種礦物給人的聯想充滿吸引力，在壓力下可以產生電流，並且在促使構造變化時能發揮重要作用，而且全世界都知道這種礦物質，也沒有暗指任何原產國。qz.com 的網址也非常實用，能立即傳達出版物的數位焦點。

成果：在兩年內，《石英》網站每月不重複造訪人數達到 500 萬，四年內達到兩千萬。自推出以來，廣告收入每個季度都創下新紀錄。《石英》成功之後，又繼續推出《石英印度》、《石英非洲》與 app、圖表建構平台 Atlas、多個新聞電子報與一個全球會議服務。

《石英》室內設計：由 Desai Chia 建築工作室設計

(RED) 擁抱每個品牌,讓消費者有權力選擇能為全球基金募資的產品,幫助消弭非洲愛滋病。

(RED) 是全球授權品牌,創立於 2016 年,為非洲愛滋病募集資金,並提升大眾的認知。(RED) 與每個合作夥伴共同製作、行銷獨家的 (RED) 產品,並將部份利潤直接捐贈給全球基金(Global Fund),投入 HIV 與愛滋對抗計劃。

目標

借助全球偉大企業的力量,聯手消弭非洲愛滋病。

開發新業務與品牌模組。

為全球基金開發可永續經營的私人部門收入來源。

讓消費者輕鬆參與。

激勵合作公司參與。

(RED)™

(RED) 誕生於友誼與憤怒、野心與真心,以及讓不可能成為可能的純粹意志。
www.joinRED.com

品牌塑造流程與策略：U2 樂團的主唱波諾（Bono）與（RED）組織創辦人波比·薛瑞弗（Bobby Shriver）認為，透過私人部門與全球成功品牌合作，有可能消弭非洲愛滋病。這個主要訴求稱為「有意識的消費主義」，這種新業務模式有三個整體原則：為全球基金提供可永續發展的私人部門收入來源，讓全球資金成為被大眾認可的對抗愛滋募資領袖與專家；為消費者提供額外的選擇，輕鬆而且不需要額外成本；為合作夥伴公司創造利潤與感受意義。加入這個業務模式後，品牌合作夥伴只要支付授權費用，就能使用（RED）的品牌，之後在管理與行銷品牌聯名（RED）產品時，其費用不會削減全球基金可獲得的總額。波比·薛瑞弗及其團隊請到 Wolff Olins 品牌諮詢公司合作，共同為新品牌繪製願景，開發新的品牌策略，吸引初創時期的合作夥伴，創造獨一無二的品牌表達，讓（RED）能與代表性的品牌結合，讓知名產品保留原本特色，同時又能代表(RED)。

充滿創意的解決方案：Wolff Olins 建立品牌時圍繞著（RED）的訴求，包括（RED）帶來的啟發與聯繫，並讓消費者有選擇的權力。設計團隊需要創建（RED）品牌架構，展現給參與的品牌，並讓品牌與（RED）的力量聯結起來。（RED）的識別系統需要一看到就能立即識別，並能跨媒體使用，並且適用於行銷和產品上。雖然把產品變成紅色並不是必要條件，但是許多參與的企業都將（RED）的概念擴展到產品上。例如蘋果公司製作了紅色的 iPod Shuffle 與 iPod Nano。而在英國，有一張(RED)美國運通卡，每次消費者刷卡時都能向全球基金捐款，若購買帶有（RED）標誌的產品與品牌，都能進行捐款。

成果：（RED）在美國推出幾週以後，（RED）無提示品牌認知達 30%，（RED）成為一種實際現象，在臉書上已經有超過四百萬粉絲，2006 年推出以後，（RED）已經為全球基金募集了超過 4.65 億美元，影響了超過九千萬人的人生。

在非洲，有三分之二
受到愛滋影響的人口
都是女人與小孩。

(RED)：由 Wolff Olins 品牌諮詢公司設計

位於美國堪薩斯城的 RideKC 有軌電車可以自由搭乘，交通距離兩英哩，穿過整個市中心，帶來全新的地方交通體驗。

美國堪薩斯城有軌電車管理局（The Kansas City Streetcar Authority；KCSA）是一家非營利組織，負責 RideKC 有軌電車的管理、營運與維護。堪薩斯城有軌電車管理局也支援系統的品牌塑造、行銷、大眾傳播與社區參與，並與密蘇里州堪薩斯城和市中心交通發展區（TDD）密切合作。

目標

從新的有軌電車開始，為統一的區域交通系統命名、進行品牌塑造。

圍繞著新的命名，延伸出相關交通品牌，整合周邊區域。

重燃大眾對公共交通的興趣與驕傲。

為堪薩斯城建立出一套可立即識別、直觀、有凝聚力、獨一無二的品牌識別。

建立交通品牌標準。

我們新的品牌塑造讓我們可以推動區域合作，將重點放在市中心的有軌電車，作為經濟發展的催化劑，成為改善市中心街區與就業中心的連鎖效應。

湯姆·傑蘭德
Tom Gerend

堪薩斯城有軌電車管理局
執行總監
Executive Director, KCSA

公民設計項目是設計外交的一課。來自五個獨立交通系統與兩個國家交通系統的利害關係人，具有同樣的公民自豪感，共同推動聯合品牌塑造成功。

梅根·斯蒂芬斯
Megan Stephens

Willoughby 設計管理公司
負責人
Managing Principal,
Willoughby Design

品牌塑造流程與策略：為了提升城市體驗，並成為市中心經濟持續發展的催化劑，新的堪薩斯城有軌電車起始路線建設獲得了當地選民的同意。在建設的同時，也成立了橫跨兩個洲與四個主要都會區的區域交通協調委員會（Regional Transit Coordinating Council；RTCC）。此地有 234 萬居住人口，成立目的是監督傘域品牌（umbrella brands）的建立，統一當地所有獨立的運輸營運之品牌設計，讓在當地搭乘交通工具的民眾有統一的資訊來源。區域交通系統和有軌電車的命名和品牌設計專案是來自兩個不同客群，Willoughby 設計公司針對這兩個需求建議書作出回應，因為 Willoughby 相信要納入有軌電車，這對堪薩斯城區域交通品牌很重要。結果兩個提議書都通過了，因此後來就根據兩個平行路線展開額外兩年的作業過程。

充滿創意的解決方案：經過深入的研究和設計探索過程，Willoughby 提出有軌電車識別系統的最終建議，「RideKC」這個名字直觀、簡單、獨特，讓堪薩斯城在世界最佳交通系統佔有一席之地，該品牌讓通用的鐵道符號與堪薩斯城結合，呈現開放又友善的感受，色調歷久不衰。

Willoughby 針對提議的區域品牌塑造進行大膽的設計，將功能性品牌名稱「有軌電車」與「RideKC」搭配，變成「RideKC 有軌電車」。Willoughby 還設計了一系列交通圖示與品牌套件，可用於整個傳播系統，包括交通工具設計（有軌電車、巴士、地鐵接駁巴士）、候車亭、路標指示牌、數位、文宣、安全或推廣活動。

成果：「RideKC 有軌電車」締造了美國所有系統中每英哩最高載客量，沿線營業稅收增長 58%，前五個月載客量已經超過一百萬人次，是預計載客量的兩倍。由於有軌電車非常擁擠，讓堪薩斯城有軌電車管理局提議加購兩輛電車，並拓展更多可能的行駛路線。

堪薩斯城有軌電車正好是堪薩斯城結成大聯盟所需要的，你必須要大膽行動。

史萊・詹姆斯
Sly James

密蘇里州堪薩斯市市長
Mayor, Kansas City, Missouri

攝影：Alistair Tutton Photography

RideKC 有軌電車：由 Willoughby 設計公司設計

桑托斯巴西物流公司致力於結合高水準財務與經營績效，輔以環境保護與社會責任，達成可永續發展的成長模式。

桑托斯巴西物流公司（Santos Brasil）是一家擁有 3,500 名員工的上市公司，並且是南美洲主要的港口營運和物流服務提供商之一，吞吐量約佔巴西 25% 的集裝箱，集裝箱碼頭位於巴西海岸的戰略港口。

目標

將桑托斯巴西物流公司定位成全球市場領導者。

傳達負責任的領導方針。

提升員工的團隊精神。

在業務部門建立協同作用。

建立品牌認知度。

我們的新品牌讓我們有實力，可以向全世界和我們自己證明這是一家全球化企業。

安東尼奧・塞普維達
Antonio C.D. Sepu lveda

桑托斯巴西
執行長
CEO,
Santos Brasil

品牌塑造流程與策略：最初桑托斯巴西物流公司是與 Cauduro Associates 品牌識別設計公司接洽，更改上市公司的名稱。這個命名過程從資深管理團隊重申公司未來的願景開始，這個願景就是成為所在市場中最好的港口基礎設施和綜合物流服務公司。桑托斯巴西希望給人的感受是友善，且對社會與環境負責。該公司希望定位為全球企業，因為桑托斯巴西港口的營運效率領先世界各地的碼頭。研究發現，投資界對桑托斯巴西品牌的認知度與可見度整體偏低，Cauduro Associates 分析與深入剖析後，決定使用「桑托斯巴西」（Santos Brasil）這個名稱，可以吸引全世界的受眾，桑托斯港是巴西最大港口，與產業類別相關，並具體傳達公司對社區的關懷以及公司對永續發展的承諾。整個品牌圍繞著一個概念，就是負責任的領導方針。

充滿創意的解決方案：Cauduro Associates 從創建單一品牌架構開始，這個架構成為上市公司作為市場領導人的定位架構，由桑托斯巴西的主品牌管理物流與集裝箱，不同業務部門的命名都加以簡化與統一，有利於未來的收購案。新的桑托斯巴西符號設計，是為了日後成為綜合品牌的經濟價值與象徵意義。

在「桑托斯巴西」（Santos Brasil）的品牌識別中，「S」形設計代表桑托斯巴西的地理位置，顏色的選擇也符合邏輯，藍色代表大海，綠色代表自然。整體規劃發展讓新的品牌視覺辨識系統在任何港口都相當顯眼，在投資與內部溝通的可見度也很醒目。

成果：桑托斯巴西新的品牌象徵品牌對企業卓越營運和持續改進的承諾，並為股東、客戶、供應商、員工、當地社區和社會創造價值，讓員工有自豪感，提升業務部門的團結感，投資界的品牌認知度也提高了。2011 年，桑托斯巴西名列經營產業類別的市場領導者，在所有設備上都能看到顯眼的全新品牌識別，也能在所有港口與設施發現桑托斯巴西的品牌象徵符號。

> 桑托斯巴西是一家開明的企業，不斷進步，具有社會責任，利用新品牌轉換觀感，建立負責任產業領導者的認知。

馬可・瑞桑德
Marco A. Rezende

Cauduro Associates 品牌識別
設計公司
設計總監
Director, Cauduro Associates

桑托斯巴西物流公司:由 Cauduro Associates 設計公司設計

我們是一家美國公司，致力於生產高品質的產品，創造有意義的工作，為了保存工藝技術與產業的美好而存在。我們想展現底特律不只有悠久歷史，也有未來，這就是我們存在的意義。

Shinola 是位於美國底特律的奢華生活潮流品牌，致力於生產產品，進而創造就業機會。產品包含手錶、自行車、皮革製品、珠寶、音響產品與最高品質的期刊雜誌。Shinola 的母公司是基岩製造風險投資公司（Bedrock Manufacturing）和 Ronda AG 高精度手錶機芯製造商，Shinola 本身的員工就超過六百人，並有 22 家店面，在全球三百多家奢侈品零售店銷售。

目標

創造世界級的製造業工作機會。

藉由高品質工藝技術與對成就的自豪，建立全球奢華生活潮流品牌。

對品牌所在地的底特律地區產生正面的影響。

重新定義美國奢華產業。

使用真實的故事講述，激發消費者的購買慾望與對品牌的親切感。

奢華的樣貌正在改變，不再只侷限於商標，人們尋找的是品牌背後的故事。

布里奇特・魯索
Bridget Russo

Shinola 品牌
行銷長
CMO,
Shinola

© Bruce Weber

品牌塑造流程與策略：Shinola 這個品牌由 Fossil 手錶與配件品牌的共同創辦人湯姆·卡特索蒂斯（Tom Kartsotis）創立，母公司是位在達拉斯的基岩製造公司（Bedrock Manufacturing），那是一家私人股權與風險投資公司。卡特索蒂斯的目標是建立真正的美國設計品牌，從底特律開始，重燃世界級的製造能力。經研究證實，消費者願意為底特律本地製造的產品支付更高的價格，他因此購入品牌名稱「Shinola」。Shinola 本來是鞋油品牌的名字，成立於 1877 年，於 1960 年停業，並於 2012 年重啟，二次世界大戰期間的流行語「你對 Shinola 啥也不懂」一度非常受歡迎。

Shinola 為了開始製造手錶，與瑞士的 Ronda AG 高精度手錶機芯製造商合作。公司總部與手錶工廠設在底特律設計名校：創意研究學院（College for Creative Studies）。

Shinola 品牌之所以有力，是因為他不只販售虛構的生活方式，而是代表去推動真實社區的發展。

安東尼·史普杜蒂
Anthony Sperduti
Partners & Spade 品牌塑造工作室

充滿創意的解決方案：Shinola 的創辦人與 Partners & Spade 品牌塑造工作室合作，在 2013 年推出品牌，委託工作室發展品牌訊息策略、品牌手冊、網站設計以及所有廣告需求。品牌策略的作業從命名開始，商標則由 Shinola 內部創意團隊設計。Partners & Spade 也負責引導品牌與產品的攝影，例如與布魯斯·韋伯（Bruce Weber）這樣的時尚攝影大師合作，並規劃各種活動，吸引 Shinola 日漸成長的女性客群。

成果：Shinola 這個品牌成為底特律地區復興的象徵，也代表美國製造業的潛力，Shinola 推出後的前 18 個月，總訂單達 8000 萬美元，Shinola 的產品可在線上購買，或在美國各大城市 21 個旗艦店購買，倫敦也有一家旗艦店，全球各地都有頂級零售商代理。Shinola 目前仍繼續拓展其產品種類，並建立新的合作夥伴關係，目前產品包括皮件、自行車、期刊、珠寶、唱盤、耳機等。Shinola 公司在 2011 年成立後，至今員工已經增加到六百多人。

Shinola：由 Partners & Spade 品牌塑造工作室設計

Izzy Pullen

美國國家航空航太博物館 (Smithsonian National Air and Space Museum) 是美國最受歡迎的博物館，館內藏著迷人的文物與故事，包括阿波羅太空船的指揮艙哥倫比亞號、聖路易斯精神號，發現號太空梭，以及世界最快的噴射機。

1976 年，位於美國華盛頓特區的國家航空航太博物館在美國的建國 200 年國慶日首次對外開放，作為送給全美國的禮物。從那時候開始，已有超過 3.2 億民眾前來參觀，見證現代航空航太科學的里程碑。這間博物館是史密森尼學會 (Smithsonian Institution，美國博物館與研究機構聯合組織) 的 19 座博物館中最大的，館內的「地球與行星研究中心」（Center for Earth and Planetary Studies）也是史密森尼學會中九個研究中心其中一座。

目標

創造數位生態系統。

重新構思參觀者體驗。

慶祝博物館成立四十週年。

將已知的故事與館藏連結。

重振網站與 app。

透過體驗更細節的館藏與數位科技，參觀者可更加了解航太與航空對大眾生活的影響。

約翰・戴利將軍
Gen. J.R. "Jack" Dailey

美國國家航空航太博物館
John and Adrienne Mars 紀念館館長
The John and Adrienne Mars Director,
National Air and Space Museum

品牌塑造流程與策略：美國國家航空航太博物館每年接待超過八百萬名參觀民眾，擁有數千件歷史上最具代表性的航空與航太館藏，這些要如何讓新一代參觀民眾感覺期待？要如何教育年紀比這些館藏還小的年輕大眾？在飛行廳的波音紀念碑（Boeing Milestones of Flight Hall）前，要怎麼幫助參觀者與展品互動？為此他們委託 Bluecadet 品牌數位體驗代理公司，規劃出全新且難忘的參觀體驗，開發數位生態系，讓一系列動態內容可以快速調整，方便跨平台、跨部門的維護。Bluecadet 與跨學科、跨部門的策展人、航空航太專家以及數位、行銷、展覽等各領域專家密切合作，探索階段包含對跨部門員工的訪談，現有平台的審查以及分析結果稽核。

充滿創意的解決方案：Bluecadet 的架構師、策略師與 UX 設計師在快速構思階段提出許多方法，最後博物館同意設置 200 平方英呎的大型互動體驗牆，以及一款 app 和網路數位體驗系統「Go Flight」，能讓參觀民眾根據自己的興趣與目前所在位置，快速取得身邊展品的故事與相關內容。

對於 app 中的館內體驗，Bluecadet 開發了一套「near me」的資料輸入系統，在你探索博物館時會同步更新。也就是説，當你站在貝爾 X-1 超音速飛機前面，想看看 B-52 戰略轟炸機如何空襲時，透過互動體驗牆上的動畫和有趣的介面，可獲得意外的收穫。參觀民眾還可以將展品加入我的最愛，同步到 app 或是網站上，製作自己個人化的博物館導覽。這套互相串聯的數位產品和品牌策略也包含新網站，並與現有的內容管理系統（CMS）相結合。同樣地。內容管理系統驅動網站與行動裝置的 app，都會將內容投影到互動體驗牆上。

成果：博物館在四十週年紀念活動上，宣告新近完成改裝的飛行廳波音紀念碑對外開放，在開幕當天就有數千名參觀民眾體驗了巨大的互動螢幕，借助數位生態系統策略，促進工作流程與內容管理更完善。在開放後的前兩個月，互動牆觸碰次數就超過一百萬次，新網站的頁面瀏覽量也超過二百萬。

當參觀民眾踏入博物館開始探索，他的體驗就開始了。透過 app，可在參觀民眾回家後繼續引導他們探索航空與航太的知識。

賈許・高布倫 (Josh Goldblum)
Bluecadet 品牌數位體驗代理公司執行長
CEO, Bluecadet

美國國家航空航太博物館：由 Bluecadet 品牌數位體驗代理公司設計

「SocialSecurity.gov 我的社會安全服務網」在生命旅程中與你同在，了解美國社會安全局如何保障您生命每個階段，確保您今日與明日的安全。

美國社會安全局（United States Social Security Administration；SSA）是美國聯邦政府的獨立機構，負責管理美國社會安全保險，社會保險計劃包含退休人士、殘障人士和倖存者的社會福利，由富蘭克林·羅斯福 (Franklin D.Roosevelt) 總統於 1935 年創立，是聯邦政府設立的第一個社會安全機構，目的是為了幫助美國人走完生命最後階段，或協助殘疾人士度過難關。

目標

幫助民眾去規劃以及了解自己的退休生活、醫療保險與殘障福利。

創建對使用者友善的介面與使用時的正面體驗。

提供安全的線上服務中心，讓民眾可以直接透過網路上傳檔案。

重振退休規劃工具。

提供大眾服務管道的選擇。

my Social Security

SocialSecurity.gov 現況

SocialSecurity.gov 網站一整年的造訪人次多達 2.15 億（根據 2015 財政年資料）。

每年約有 6,000 萬人獲得社會安全福利。

將近 4400 萬受益人是退休勞工或勞工家屬。

使用「我的社會安全服務網」網路服務進行交易的筆數達 8800 萬筆（2016 年 9 月資料）。

品牌塑造流程與策略：自 2000 年代起，美國社會安全局開始提供退休人士、殘障人士及其配偶專屬的福利，他們可透過線上申請。設置「我的社會安全服務網」（my Social Security）窗口的優勢，是提供每個人 24 小時皆可處理業務的便捷替代方案，不需要親自到當地辦事處。除此之外，代理機構的員工也有更多時間處理辦公室裡無法處理的複雜作業量，並有更多時間服務那些沒有網路可用的民眾，或是協助單純喜歡與真人對話的個案。

這個網站的關鍵目標，是為大眾提供他們可選擇的服務管道，並持續協助，讓線上體驗對使用者友善、安全、流暢、高效率。

充滿創意的解決方案：由於戰後嬰兒潮開始屆齡退役，代理機構就面臨補助申請大幅增加的狀況，需要重新設計線上補助申請的流程。「iClaim」在 2009 財政年初推出宣傳活動，該年度線上申請就增加了 32%。到了 2012 年，新的網站與「我的社會安全服務網」上線，為受益人和非受益人（18 歲及以上）增加新的服務。

完成這個服務改善方案的挑戰很大，因為使用者需求多樣且複雜，有數以億計的交易與民眾仰賴的工具、應用程式與其他資訊科技資源要處理。每次變更前，美國社會安全局都要在當地辦公室進行公開可用性測試，組成焦點小組，在當地辦事處進行客戶訪談。他們除了要改善「我的社會安全服務網」，也為金融機構、健康照護組織、私人部門公司和其他政府機構設立基準。最後，線上申請的客戶滿意度始終達成或接近 ForeSee 客戶滿意度指標的高標，且固定得分也高於營運最佳的私人公司網站。

成果：「我的社會安全服務網」上線後，所有線上補助申請與 2000 年代初相比，增加了 10% 以上，退休與殘障補助增加 50%，過去幾年單純醫療保險（Medicare）補助申請增加超過 70%，有超過 2700 萬人註冊使用此服務，證明了這個網站的成功。自 2012 年網站成立以來，已經處理約 2.6 億筆交易；2013 財政年第一次全年投入生產，使用者交易量達 3250 萬筆；2016 財政年交易量又增加 140%，2016 年九月達 8800 萬。

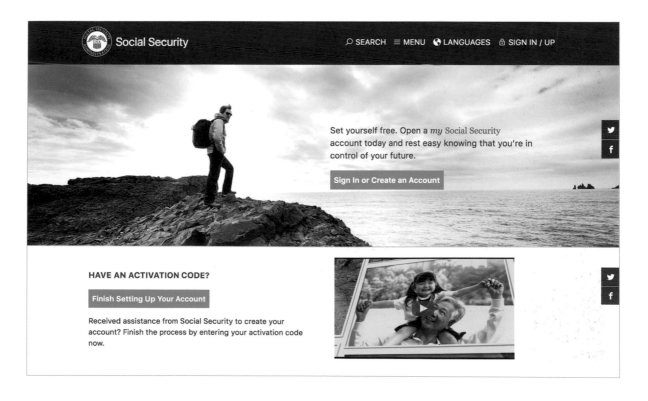

我們常常認為自己是一家客戶服務公司,只是碰巧會開飛機罷了。如果沒有真心,我們的飛機也只不過是機器。

西南航空(Southwest Airlines)是美國主要的航空公司,也是全球最大的低成本航空公司(廉航)。其總部位於美國德克薩斯州達拉斯市(Dallas)。西南航空公司擁有超過 45,000 名員工,每年服務的客戶人數超過 1 億。西南航空由赫伯·凱萊赫(Herb Kelleher)創辦,成立於 1967 年 。

Southwest®

目標

創造全新外觀,要有影響力

表達西南航空公司文化的標誌

讓分散的識別系統可以統一

吸引千禧世代與商務旅客

印在我們飛機上的愛心,象徵西南航空的承諾,我們放眼未來時,始終忠於自己的核心價值。

蓋瑞·凱利
Gary.Kelly

西南航空
執行董事長、總裁暨執行長
Chairman, President, CEO,
Southwest Airlines

我們已經知道自己是誰,開發識別系統是為了保留我們員工和客戶都喜歡的西南航空元素,讓品牌識別更加活潑、更現代,可以傳達我們的未來。

凱文·克朗
Kevin Krone

西南航空
總裁暨行銷長
President and CMO,
Southwest Airlines

西南航空·史蒂芬·凱萊赫 (Stephen Keller)

品牌塑造流程與策略：雖然西南航空擁有非常人性化的商譽，在過去四十年中年年獲利，但是西南航空希望重新思考並重新定義品牌外觀，統一分散的視覺系統。西南航空想要一個能表達公司文化標誌，也就是人性化、個人化服務，才能在日益疲軟的航空運輸市場中更清晰、引發共鳴。

西南航空請到 Lippincott 品牌設計公司協助，Lippincott 的目標是從航空公司成功經驗中擷取精華，幫助西南航空鎖定兩個主要目標客群：千禧世代和商務旅客。為了要有成功的設計方案，需要統一公司的願景與龐大的歷史背景。Lippincott 對西南航空的資產、公司面臨的阻礙與公司目標進行調查。西南航空長期以來一直代表自由，調查結果得到一個強而有力的發現：西南航空平等對待每一位乘客，使飛行的價格更大眾化。深入剖析這件事後，他們發現西南航空之所以偉大，是因為西南航空強調以人為本。

我們開發識別系統時，不僅是製作新的制服或是新的商標，而是開發西南航空整體、整合的品牌表達。

羅德尼・阿博特
Rodney Abbot

Lippincott 品牌設計公司
設計資深合作夥伴
Senior Partner, Design,
Lippincott

充滿創意的解決方案：Lippincott 認為「愛心」是西南航空最有力的象徵資產，他們選擇將愛心的品牌描述放大，讓愛心成為真正有代表意義的符號。仔細思考後，他們將愛心用在建立連結的時刻，這是整套識別系統中最有情感的符號。在客戶體驗方面，愛心標明了品牌獨到之處：個人化服務。識別系統也包括西南航空制服、飛行材料、機場與網站的重新設計，從飛機機身到機上的花生包裝，改頭換面變得更現代，忠於西南航空的 DNA：自信、真實、充滿個性。

成果：2014 年，西南航空公司宣布品牌象徵改為謙遜但活潑的愛心，詮釋西南航空的商業哲學，向全世界表示開創西南航空的品牌理念，也將繼續帶領西南航空邁向未來，這個理念就是真誠接待每個人。西南航空創辦時的想法，是以人為優先，現在他們向世人展現，小巧的真心將帶領西南航空走得更遠，旅客比以往任何時候都更加了解，他們所搭乘的航空公司真心在乎每一位乘客，不論他們坐在哪裡。

西南航空：由 Lippincott 品牌設計公司設計

我們的員工、醫生和志工共同擁有一樣的使命：改善我們服務的社區健康，我們的歷史始於減緩人類痛苦的心願。

Spectrum Health 醫療系統是美國密西根州規模最大、最全面的衛生系統，擁有 25,000 名員工、3,100 名醫生和 2,300 名現任志工。Spectrum Health 醫療系統包含一個主要醫療中心，12 個地方社區醫院、一個兒童專門醫院、一個國家認可的醫療計劃。

目標

創建一個主要品牌。

開發一體化的視覺識別系統。

開發統一的命名系統。

為品牌增長與擴張做好準備。

建立線上品牌標準資源。

SPECTRUM HEALTH

我們知道醫療保健未來將掀起巨大的改變。我們希望確保品牌的公開表達清晰簡潔，對我們所做的事情有足夠的自信。

理查・布瑞恩
Richard C. Breon

Spectrum Health 醫療系統
總裁暨執行長
President and CEO,
Spectrum Health System

Spectrum Health 醫療系統在快速成長與擴張的整個過程中，持續運用品牌作為組織催化劑和管理策略。

巴特・克勞斯比
Bart Crosby

Crosby 品牌顧問公司
總裁
Principal,
Crosby Associates

品牌塑造流程與策略：Spectrum Health 醫療系統創立於 1997 年，先併購兩家位於密西根州大湍城（Grand Rapids）的競爭醫院，之後又加入九家醫院與超過 190 個服務站。過去在醫院或服務站加入 Spectrum Health 醫療系統後，原名稱會保留或略為修改，這是為了讓醫療專業人員和社區民眾繼續使用原本熟悉的名字。然而，就像許多快速成長的組織，Spectrum Health 醫療系統由於組織龐大，原本的視覺辨識系統與命名結構很快就不堪使用。管理階層漸漸意識到需要成熟流暢的識別與命名系統，用來定義組織是誰，描述組織的工作，並在未來數十年協助組織拓展。因此在 2008 年請 Crosby 品牌顧問公司合作，開發新的視覺識別系統以及綜合品牌塑造計劃。這個流程一開始先建立品牌實體架構，從行政人員到組織單位，各部門和分部，包含醫療中心和研究單位，此外也制定了收購或與其他公司聯盟時的命名標準。

充滿創意的解決方案：Crosby 設計了主要品牌的動態識別符號，暗示能量波動和向前邁進，傳達 Spectrum Health 醫療系統擁有許多部門、服務與服務站點。隨著品牌定位策略發展，Crosby 也開發了綜合識別系統，包括子品牌、排版、顏色和格式等。

代表 Spectrum Health 醫療系統的每個結構與項目，也有自己的識別標準，包含招牌、交通工具、文具、印刷與電子通訊、禮品與設備、食物服務、制服等，還有 Microsoft Word 軟體用的制式範本，可用於所有 Spectrum Health 醫療系統的文件。接著，Crosby 將標準整合到受密碼保護的網站，讓所有內部傳播團隊和外部供應商都可以上網存取。這些標準現在已經被納入 Spectrum Health 醫療系統的官方政策和程序手冊。完成這標準之後，Crosby 繼續提供品牌諮詢，監督 Spectrum Health 醫療系統的外部設計師和供應商。

成果：Spectrum Health 醫療系統有助於吸引優質醫師與其他醫療照護專業人員。若公司在尋求併購合作夥伴，健康照護服務提供者的首選就是 Spectrum Health 醫療系統。視覺識別與命名標準有助於整合收購的組織，2010 年到 2016 年期間，Spectrum Health 醫療系統曾被 Truven 健康分析公司（Truven Health Analytics™）評為全美前 15 大醫療系統以及第五大醫療系統。Spectrum Health 醫療系統一直是當地最大的健康照護提供單位，並在美國西密西根州地區提供最多就業機會。

完整執行的品牌規劃，將為組織內部人員帶來自豪，組織內的人了解他們為誰工作，認識組織的價值，明白「品牌」就是他們每天所作的一切。

南希·泰特（Nancy A. Tait）

Spectrum Health 醫療系統發展部資深總監
Senior Director, Development Spectrum Health System

Spectrum Health 醫療系統：由 Crosby 品牌顧問公司設計

我們的使命是要帶給人們啟發，發揚以人為重的品牌精神—— 與人互動，讓每個人、每杯咖啡、每個社群都是進展。每一家星巴克店面都是社區的一部份，我們會負起責任認真對待好鄰居。

星巴克（Starbucks）是世界上最大的特色咖啡烘焙商與零售商。星巴克在超過 70 個國家的 24,000 零售點營運，員工超過 190,000 人。第一家星巴克是在 1971 年開業。

目標

慶祝星巴克滿四十週年

展望未來，不限於咖啡

讓客戶體驗有新鮮感

重振品牌的視覺表達

執行新的全球策略

星巴克的品牌精神是，持續保持我們的核心價值、忠於我們的傳統，確保我們已經準備好面對未來。

霍華德‧舒爾茨
Howard Schultz

星巴克
執行長與董事長
CEO and Chairman,
Starbucks

攝影：西川公朗（Masao Nishikawa）

品牌塑造流程與策略：2011 年時，隨著星巴克邁向第四十週年，希望能利用這個里程碑釐清星巴克的未來，更新客戶體驗與品牌的視覺表達。2010 年初，星巴克全球創意工作室開始執行全面性的品牌、行銷與策略評估工作，開始在每個接觸點尋找星巴克品牌的經典元素。星巴克認為品牌識別需要更靈活，才能因應產品創新，因此決定利用廣泛的策略規劃，在全球與地區取得重要地位，開發逐步形成的客戶體驗。星巴克決定把品牌標誌中央的「海妖賽倫」從圓圈解放出來，讓客戶可以建立更個人化的品牌連結。內部創意小組考察了數百種海妖象徵的圖案，並考慮與星巴克（咖啡）品牌名稱放在一起時的大小和相對位置，最後完成簡單俐落的新標誌。

星巴克全球創意工作室是委託 Lippincott 品牌設計公司協助改善品牌元素，帶來跨文化的觀點，建立綜合的多平台系統。Lippincott 在全球品牌塑造和執行方面有豐富的經驗，在規劃階段非常有價值，並在公司內部建立共識。

充滿創意的解決方案：星巴克希望視覺辨識系統可以用長達 40 年的信任當作基礎，充分表達星巴克的未來，就像一直以來的一樣。Lippincott 研究了品牌定位策略將如何運用在行銷、零售環境和包裝上，檢驗了星巴克外觀與感受的使用元素層次結構，包括顏色、排版和圖騰使用、攝影和插畫等。在整個過程中，Lippincott 與星巴克內部創意團隊持續合作，改善並重新定義品牌元素和品牌角色屬性，開發執行指導方針，並協助在內部利害關係人中建立共識。最後，他們決定將「海妖賽倫」從圓圈解放出來，加上充滿活力的綠色，表明前方即將迎來明朗的未來。

成果：2011 年三月八日，星巴克慶祝第四十週年紀念，在全世界的 16,500 家店展開新計劃，首先是星巴克執行長暨董事長霍華德・舒爾茨的影片，邀請世界各地的客戶參加與海妖賽倫有關的談話。這次的品牌新進展讓星巴克更能自由靈活地探索創新的可能與全新的銷售管道，讓公司可以和新的客戶建立牢固的客戶關係。

過去四十年來，星巴克海妖一直在我們對咖啡的熱情中心，現在這個標誌不僅能代表我們的傳統，而且也代表了星巴克品牌的未來。

傑弗里・菲爾茨
Jeffrey Fields

星巴克
全球創意副總裁
Vice President,
Global Creative Studio
Starbucks

我們與星巴克全球創意工作室密切合作，星巴克擁有這個全世界最獨特的零售體驗，而我們一起攜手重振這個品牌。

康妮・柏雪
Connie Birdsall

Lippincott 品牌顧問
全球創意總監
Creative Director,
Lippincott

我們對雪梨歌劇院的願景,是認可創意與藝術能帶來啟發,有助澳洲發現我們是一個怎麼樣的國家,找出我們想成為的模樣。

雪梨歌劇院(Sydney Opera House)如同海上船帆的代表性造型,一向是澳洲最受歡迎的旅遊景點,也是世界知名的建築之一,名列聯合國教科文組織的世界遺產,是澳洲人最自豪的建築物。每年有超過 820 萬參觀人次,這也是個讓人讚嘆又敬佩不已的地方。雪梨歌劇院本身是擁有多個表演廳的藝術中心,一年舉辦超過兩千場演出。

目標

將願景帶入生活,推動表演藝術中心的創作。

為下一個發展時期,找到表演藝術中心的定位。

統一所有訪客體驗、提供的產品或服務,使大眾傳播內容保持一致。

建立品牌資產。

傳達品牌的內在魔力。

改變觀點

我們對新想法、新朋友與新體驗抱持開放態度。不論是做白日夢的人或自由思想家,老朋友或新面孔,還有在未知世界尋求安慰的人。

因此,如果你看待事物的觀點與眾不同,如果你希望從不同觀點思考,如果你樂於面對挑戰,勇於改變,成為你想成為的人——我們為你敞開大門。

雖然我們的建築物從港口看來壯觀得令人屏息,不過雪梨歌劇院真正的魔力是在建築物內上演。

攝影:漢密爾頓‧隆德 (Hamilton Lund) 影像提供:雪梨歌劇院信託基金

品牌塑造流程與策略：為了重振品牌，雪梨歌劇院和澳洲的 Interbrand 體驗設計公司合作，讓品牌能為下個世代做好準備與維護。專案開始時進行大規模探索，包含超過 50 小時沉浸體驗、超過 30 個現場攔截式訪問調查、超過 20 個小時的社群聆聽、超過 100 個小時的網站研究、120 場個人訪談，還有無數的工作坊。逐步釐清品牌需要啟發與表演、藝術和文化相關的對話。

「改變觀點」是品牌新的核心概念，鼓勵品牌提供深入思考後的比較，鼓勵陳述，提出假設，質問為什麼不採取行動，並從充滿創意、出乎意料之外的角度審視日常訊息。這個概念是邀請參觀者走入歌劇院，任何人都可以獲得溫暖歡迎，雪梨歌劇院邀請人們嘗試某件新東西前，停下來先想想看，並邀請大眾參與表演藝術文化。

充滿創意的解決方案：「改變觀點」提供更精準的語言方法，為傳播與視覺設計提供更能喚起人們想像的方式。Interbrand 設計雪梨歌劇院的標準字體，看起來就像雕塑一樣，體現建築物本身的形式和律動。這套字體是運用工程軟體開發的，可確保字體有必要的完整結構，能夠實際鑄造字母或是透過 3D 列印製造出來。

品牌標誌的貝殼狀圖案使用原色和黑色，這是從建築物鮮明的外觀獲得靈感，品牌的次要標準色盤則突顯出雪梨歌劇院內部的活躍和能量。標準色盤中提供明亮多元的色彩，應用於大眾傳播時可以與特定的演出節目連結，去選用與表演本身相關的顏色和情緒。雪梨歌劇院的建築師約恩·烏松（Jørn Utzon）原本就希望這棟建築物能充滿各種顏色。

一個人繞著建築物散步時，就能看到建築物不同的角度，這就是品牌概念的來源，所以品牌必須捕捉移動的感覺。Interbrand 就與動畫專家 Collider 合作製作動畫元件，可運用動態工具箱來改變光線，讓品牌標誌在電影、數位環境與招牌上看起來都能栩栩如生。

成果：品牌直接從建築師約恩·烏松的願景和創意原則擷取經驗，並從作為歌劇院代表的建築物本體獲得靈感，傳達永恆的感覺。在同一時間，品牌重塑的過程中也改變了表演藝術中心的溝通方式以及與客戶的接觸方式，透過改變自己，用表演藝術中心的能力培養熱情友好、齊心合作的公司文化，推動社區對話，用視覺展現走過十年後的品牌更新，變得更加活潑大膽，鼓舞人心，就像雪梨歌劇院所代表的一樣。

雪梨歌劇院：由澳洲 Interbrand 體驗設計公司設計

我們結合了線上學習、個人化的數位工具和秘密訣竅，幫助你了解阻礙自己學習的是什麼，如何再往前邁進。

Unstuck 這個 app 是一個線上學習平台與內容網站，讓人們面對挑戰，讓人生可以大步前進。Unstuck 就像是一個即時數位教練，任何人在感到困難的時刻，都可以隨時打開這個 app，其中會提供鼓舞人心的問題，針對目標提出小訣竅，還有以行動為導向的工具，幫助人們看清現況，解決問題，

目標

領導個人成長的新產業，作為科技產品的先驅。

從頭開始設計全新品牌，全盤思考品牌擴展的發展。

結合心理學、人類行為和設計。

成立 Unstuck 線上學習平台，作為個人開發空間的獨特體驗。

我們相信，想要往前進不一定只有一條正確的路，所以 Unstuck 與傳統自我幫助的解決方案是不同的，我們的 app、生命課程和內容是採取不躁進的鼓舞方式，幫助人們發掘適合自己的正確途徑 。

南希・赫利
Nancy Hawley

Unstuck 副總裁暨總經理
Vice President + GM,
Unstuck

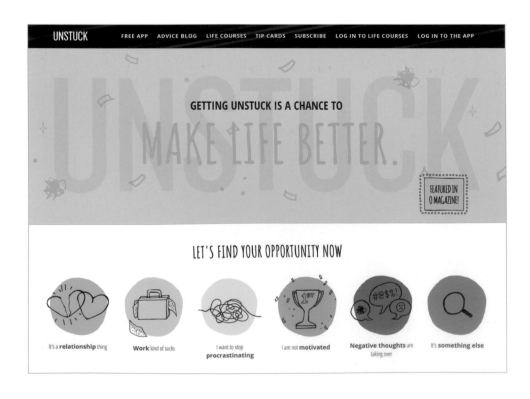

品牌塑造流程與策略： Unstuck 的創意來自 SYPartners 品牌顧問公司。這家顧問公司長期幫助個人、領導人、團隊與組織成為更好的自己，曾合作過的知名企業包括 IBM、星巴克、臉書和奇異等。SYPartners 希望 Unstuck 將自己的方法帶給個人聽眾，因此先在蘋果 iPad 推出此服務，之後終於覺得自己找到對的媒介創造具體的系統，使軟體夠吸引人，（最重要的是）以人為本，成為第一個 Unstuck 的產品。

品牌塑造的核心團隊包括策略、產品設計、專案管理與產品開發等技術人員，他們運用三個關鍵設計原則來引導品牌創建：軟體必須要夠聰明但便於存取，要能激勵使用者採取行動，並且需要有熱情和理想抱負。這個團隊還從遊戲中獲得靈感，也對傳統療法技術進行廣泛的研究，反覆試用與失誤、進行使用者測試等，都幫助團隊在開發過程中更上軌道，並與使用者保持步調一致，持續為產品品項的擴張提供更多資訊。

充滿創意的解決方案： 這個 app 提供的學習流程有三個不同階段，彼此無縫銜接：找出你被困住的原因、學習如何脫困、採取行動。每個階段都非常誠摯，充滿機智與資訊，並帶有趣味，以上這些功能都不需要太複雜的操作，讓軟體發揮最大功效。

從使用者的觀點來看，第一階段包含不同的選擇題，像遊戲一樣吸引人。後端演算法則根據人類的行為模式，取決於每個人上一個回答的不同，每個人可以看到的答案也會不同。 第二階段（如何脫困）則是從一個簡單但適用各種情況的概念出發，也就是每個卡住的瞬間，造成原因大多是因為看待事物的立場不同、相信的事實不一以及思考或行動方式的落差。在第三階段，幫助使用者採取行動的工具，包括流程與摘要螢幕，使用者將透過思考誘導練習和簡報，獲得不間斷的系統回饋，任何使用者最後都可以獲得：在真實生活中實際可行的個人化深度剖析。

成果： Unstuck 這個 app 在 2011 年 12 月推出，本來只是一個小團隊在處理所有的事情，包括行銷、公共關係、客戶服務和社群媒體，當然還有技術偵錯。後來 Unstuck 受到許多網站報導，包括《紐約人》、《歐普拉網站》、《TechCrunch》、《Lifehacker》和《快公司》。最後是 iTunes 的使用者評價確立了 Unstuck 的成功，擁有 4.5 顆星的評價，下載次數持續成長。Unstuck 產品目前已經增加了 Web 應用程式工具、線上學習平台以及一個不斷成長的編輯程式。

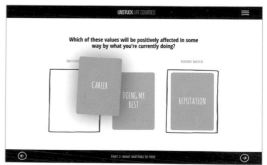

Unstuck：由 SYPartners 品牌顧問公司設計

伏林航空（Vueling Airlines SA）的成長有如火箭般一飛沖天。這不僅因為它是廉航，而是與我們所做的一切事情都有相關，只要能貼近一般人的生活，就能領先一步。

伏林航空目前是西班牙第二大航空公司，服務航線橫跨歐亞非洲，包括一百多個目的地。伏林航空成立於 2002 年，總部位於西班牙巴塞隆納。

目標

新品牌的展望與命名。

打造跨類別、突破極限、劃時代的航空公司。

設計一致的識別系統，包含視覺、語言與行為。

讓客戶滿意。

伏林航空已經成為我們設計時所想像的樣子：劃時代的航空公司，結合低票價、高時尚與優秀的客戶服務。

璜・帕布羅・拉米雷斯
Juan Pablo Ramírez

Saffron 品牌顧問公司
品牌策略師
Brand Strategist,
Saffron Brand Consultants

伏林航空：由 Saffron 品牌顧問公司設計

品牌塑造流程與策略：伏林航空一開始的想法是成為第一家廉航，利用巴塞隆納為據點，加入西班牙本土與南歐的航空市場競爭。當時的輿論對廉價航空一直沒有好評，覺得廉航很難用，無法信任航空公司等，民眾對廉航的感受很複雜。伏林航空的創辦人卡洛斯・穆紐茲（Carlos Muñoz）與 Saffron 品牌顧問設計公司一起發想，他們面臨的挑戰是要重塑廉航的形象，證明便宜的航班不代表服務比較糟。這次廉航的品牌重塑從命名開始，在西班牙當然要用西班牙語，「Vuela」意指飛行，於是誕生了「伏林」（Vueling）這個名字，而且 URL 還沒被註冊，這對主要在線上銷售的伏林航空來說是決定性關鍵。Saffron 也為客戶設計消費者體驗，讓品牌直接簡單，超越客戶期待，並以便宜票價貼近庶民生活，當然還有優質的服務。所有品牌表達都要體現「espiritu Vueling」，意思就是「伏林航空的精神」，以伏林航空的方式執行業務，線上交易就像從一數到三那麼簡單，而且是搭乘嶄新的飛機從主要機場起飛，是的，伏林的廉航不是舊飛機，旅客也不用去偏遠的二線機場。

伏林航空的成功，來自從自身做起。它是由一群夢想家建立的，他們夢想建立一個在歐洲西南部飛行、讓人喜愛的航空公司。從營運的第一天起，工作人員就具有充分的經驗和效率，用關懷和熱情的態度迎接顧客，因此獲得市民讚賞。員工們每天努力工作和學習，其中也包括向顧客道歉等失誤，幾乎沒有休息。

卡洛斯・穆紐茲
Carlos Muñoz

伏林航空創辦人
Founder, Vueling

充滿創意的解決方案：Saffron 打造了品牌名稱和整體識別系統，不只視覺和語言，也包括營運操作，從頭到尾，從員工接待到網路介面，到音樂與菜單規劃，直接明白，方便快速分享。伏林航空的精神成為接觸點的靈感來源，客戶接觸點讓人覺得新鮮、國際化、走在流行最前線。品牌聲音是伏林航空改造的第一優先，Saffron 設計了從正式到休閒的文化轉換，所有品牌溝通都採用「tú」，西班牙語的意思是「你」，而不是「您」。空中巴士甚至為了伏林航空的機隊重新書寫機上標識，從一開始，Saffron 與伏林航空的管理階層就一致認為，品牌既然以服務為主，人是最重要的，品牌識別系統的建立，構成航空公司的人力資源政策，之後並引導許多員工培訓課程。Saffron 完成核心的品牌參與工作以後，仍透過品牌專業委員會的訓練與合作，繼續把伏林航空的精神推廣到每一件事情上。

成果：伏林航空開業後，營收達到歐洲新航空史上最高，前六個月就達到全年營收目標 2100 萬歐元，不到一年的時間裡，伏林航空於 14 座城市 22 個航線載運超過 120 萬名乘客。2008 年伏林航空宣佈併購點擊航空（Clickair），調查結果顯示，民眾支持併購後的公司使用伏林航空的名稱，證實了品牌在客戶與員工心中的地位。

我寫這本書時獲得最大的禮物，是聽見世界各地同業的聲音，從執行長到設計總監、行銷總監、教授、企業家等，還有政府機關的人，在你們滿懷熱情為未來打造品牌的過程裡，我對自己可以身在其中感到很榮幸。

如何使用本書

當作品牌創始指南

重新整理你已經知道的知識

學習新的東西

教育你的客戶

教育你的員工

教育你的學生

起草更好的合約

在個案研究中獲得靈感

打破閉門造車的工作模式

準備好西裝和滿腦子的創意與其他人對話

引述專家或代表人物的名言

在你最喜歡的篇章貼上便利貼

在簡報中使用圖表

跳出你的舒適圈

幫自己充電

當作生日禮物

裝飾你的小茶几

十件關於作者愛麗娜‧惠勒你不知道的事

結婚前我的名字是愛麗娜‧拉潔優歐斯卡（Alina Radziejowska），母語是波蘭語。我的父親是船長，他總是用他在世界各地港口發生的冒險故事來款待我。

我總是對人們表達自己的方式著迷，像是文字、動作、價值觀、環境等等。

品牌架構的介紹，是來自我二年級時教理問答的原罪圖，我把它們改成彩色。

我曾經一起工作的夥伴包括上市公司、私人企業、非營利組織和夢想家。

我在 1977 年 7 月 7 日嫁給聖誕老人，詳情請看 santaclassics.com，我們有兩個女兒和兩個孫子女。

我的靈魂住在山上，當我不旅行或不住在費城時，我都住在阿迪朗達克山（Adirondacks）的天光之家（Skylight）。

我在 1963 年看過披頭四，在 1966 年與米克‧傑格相遇了十億分之一秒，並為大衛‧鮑伊癡迷不已。

我的口頭禪是：「你是誰？誰需要知道？他們要怎麼發現你？為什麼他們要關心你？」

我一直想跟隨的座右銘：「成為你所能成為的人，永遠不會太遲。」

寫這本書帶給我的禮物是來自七大洲的新朋友和有相同想法的心靈知己，這個版本是我的代表作，是我的天鵝之歌。

愛麗娜‧惠勒 (Alina Wheeler) 是品牌塑造的專家，也是受歡迎的明星演講者，美國與世界各地的設計人和商界聽眾非常享受她激勵人心的演講。惠勒女士曾為上市公司與私人企業帶領品牌塑造和設計團隊，她經常在設計的第一現場，也曾參與執行長的簡報。她總是採用書中所教的執行步驟，幫助許多公司品牌、產品與新創公司打造優質品牌。

若是對作者有任何意見、諮詢服務或演講邀請，請寄信到：
alina@alinawheeler.com

@alinawheeler